蝠鲼多模态运动水动力机理

黄桥高　潘　光　高鹏骋　罗　扬　宋　东　著

科 学 出 版 社

北　京

内 容 简 介

本书主要介绍蝠鲼的形态学和运动学建模、多模态水动力特性和流场演变规律。全书共8章，首先梳理国内外相关研究工作；接着介绍通过长期开展生物观测建立的高相似蝠鲼形态学及运动学模型；然后针对蝠鲼滑翔、稳速巡航、转弯三种状态，基于浸入边界法和球函数气体动理学格式提出大变形流固耦合计算方法；针对蝠鲼启动加速、交替滑扑两种状态，基于商用软件FLUENT提出自主游动计算方法；最后在此基础上对蝠鲼单体滑翔、主动推进、转弯、交替滑扑状态的水动力特性和流场演化特性进行系统性研究，并开展了蝠鲼集群游动的数值研究。

本书可供船舶与海洋工程、仿生水动力学等领域的科研工作者及高等院校相关专业的师生阅读。

图书在版编目（CIP）数据

蝠鲼多模态运动水动力机理 / 黄桥高等著. -- 北京 : 科学出版社, 2024. 6. -- ISBN 978-7-03-078713-2

Ⅰ. TV131.2

中国国家版本馆CIP数据核字第2024151FN3号

责任编辑：陈 婕 / 责任校对：任苗苗
责任印制：肖 兴 / 封面设计：有道设计

科学出版社 出版
北京东黄城根北街16号
邮政编码: 100717
http://www.sciencep.com
涿州市般润文化传播有限公司印刷
科学出版社发行 各地新华书店经销
*
2024年6月第 一 版 开本：720 × 1000 1/16
2024年6月第一次印刷 印张：13 1/4
字数：264 000

定价：128.00 元

（如有印装质量问题，我社负责调换）

序

为实施海洋生态保护、海洋安全保障等国家重大战略，科技部牵头立项“深海和极地关键技术与装备”“海洋环境安全保障与岛礁可持续发展”等重点专项，其中“海洋仿生技术装备”“海洋生态环境保护”“岛礁与海域安全监测”是重要发展方向。针对珊瑚礁生态保护、深远海隐蔽侦察等战略需求，亟须发展具备广域长时监测、复杂地形原位观测、生物同游抵近侦察等综合能力强的仿生航行器。

自然界中的生物经历上亿年的自然选择与进化获得了非凡的环境适应能力，尤其是在水中，鱼类高超的游动技术、优美的运动姿态、广阔的活动空间给人类带来无限的遐想和启示。鱼类主要分为尾鳍推进和胸鳍推进两类。蝠鲼等胸鳍推进鱼类较尾鳍推进鱼类速度稍慢，但它们可以利用两侧宽大的胸鳍实现独特的弓形滑翔与扑动交替运动，具有滑翔高效率、扑动高机动、游动高稳定等优势，具有很高的仿生价值。因此，蝠鲼成为水下仿生航行器的热门仿生对象。

西北工业大学自主水下航行器团队长期从事仿生流体动力学仿真、仿生航行器研制及应用等研究，并在该领域取得了丰硕的成果，承担了国家重点研发计划、国家自然科学基金项目等多项重大科研课题。近年来，该团队在蝠鲼多模态运动水动力领域进行了全面且深入的研究，相关成果已发表于世界顶级期刊，获得了学术界的高度认可。基于此，团队将研究成果总结并撰写成《蝠鲼多模态运动水动力机理》一书。

该书以蝠鲼为仿生对象，首先对蝠鲼生物展开了形态学和运动学两方面的研究，建立了蝠鲼高相似外形模型及多模态运动学方程，随后提出了蝠鲼多模态运动水动力计算方法，系统性研究了蝠鲼在滑翔、启动加速、稳速巡航、机动转弯、交替滑扑和集群游动状态下的水动力特性及流场演变规律。该书逻辑完整，层次清晰，内容饱满，细节考究，为仿蝠鲼航行器研制及应用奠定了坚实的理论与实践基础，将有助于我国仿生航行器技术的快速发展。

宋保维

2024年1月20日

前　言

保障海洋安全、保护生态环境、开发海洋资源是海洋强国重大战略，深远海隐蔽抵近侦察与生态长时自主监测是国家海洋战略迫切关注的任务使命，亟须发展具备广域巡航、原位观测、长时驻留、隐蔽侦察等能力的无人潜水器。对于螺旋桨推进潜水器，其航速、机动性较高，但航程、隐蔽性不足；对于水下滑翔机，其航程、隐蔽性较好，但机动性不足。蝠鲼是一种兼具高效率滑翔与高机动扑动能力的大型鱼类，具有很高的仿生价值。

对仿生对象的充分认知是成功研制高性能仿生航行器的关键，本书内容是作者所在团队近年来对蝠鲼多模态水动力性能研究成果的总结。全书共 8 章，第 1 章是绪论，主要介绍鱼类游动水动力性能的国内外研究现状；第 2 章为蝠鲼形态学及运动学建模；第 3 章介绍蝠鲼多模态水动力计算方法及验证；第 4 章为蝠鲼滑翔状态水动力特性分析，建立了蝠鲼弓形滑翔模型，并探究了不同弓形角和攻角对蝠鲼滑翔水动力及流场特性的影响规律；第 5 章为蝠鲼主动推进状态水动力特性分析，系统性分析了主动推进状态下的启动加速和稳速巡航两个阶段；第 6 章为蝠鲼转弯状态水动力特性分析，揭示了蝠鲼在转弯状态下如何通过胸鳍变形进行流动控制以及不同柔性变形方式对水动力的影响；第 7 章为蝠鲼交替滑扑状态水动力特性分析，揭示了蝠鲼在扑动-滑翔下直线前游的自主游动机理，详细讨论了占空比对扑动-滑翔运动特性和水动力性能的影响；第 8 章为蝠鲼集群状态水动力特性分析，探究了蝠鲼典型集群队形和相位差对集群推进性能及流场结构的影响。

本书第 2、5、6 章由黄桥高教授撰写，第 1、4 章由潘光教授撰写，第 3、8 章由高鹏骋博士撰写，第 7 章由罗扬副教授和宋东副教授撰写，全书由黄桥高教授进行统稿。本书内容涉及的相关项目获得了国家重点研发计划、国家自然科学基金的资助与支持，在此深表谢意！撰写本书过程中，博士研究生张栋、陈晓、马云龙，硕士研究生千哲、田徐顺、褚勇给予了帮助，在此表示感谢！

由于作者水平有限，书中难免存在不足之处，敬请广大读者批评指正。

目　录

第1章 绪 论

1.1 海洋战略和研究意义

我国是一个海洋大国，拥有漫长的海岸线和极其辽阔的领海。走向海洋，维护海权，经略海洋是我国由海洋大国向海洋强国转变的必由之路[1]。建设海洋强国需要提高海洋资源开发能力，发展海洋经济，保护海洋生态环境，坚决维护国家海洋权益，这就要求推动海洋科技以实现高水平自立自强。海洋环境复杂多变，需要研制兼具长续航、高机动、高隐蔽及高生物亲和性的自主水下航行器(autonomous underwater vehicle, AUV)进行军事和民用应用[2-4]。当前常见的水下自主航行器有螺旋桨AUV和变浮力水下滑翔机。其中，螺旋桨AUV具备机动性强的优点，但其环境扰动大、推进效率低、航程较短且无法做到生物亲和；变浮力水下滑翔机具备长续航、高隐蔽性的优点，但其机动性和生物亲和性较差。螺旋桨 AUV 和变浮力水下滑翔机均无法兼顾四项能力需求。因此，采用仿生手段进一步提高水下航行器的推进效率、隐蔽性及生物亲和性已经成为国际研究的热点[5,6]。值得注意的是，自然界中集群运动现象广泛存在[7]，学者通过对编队行进的鸭子[8,9]、游鱼[10]及飞鸟[11]的研究发现，特定编队的集群运动可显著提高游动效率[12]，这进一步提升了人们对仿生相关研究的兴趣。

鱼类经历亿万年自然选择后已经进化出卓越的运动能力，它们可借助身体和各类鳍(胸鳍、尾鳍、腹鳍、背鳍和臀鳍等)完成复杂多样的运动，如低能耗、长距离的巡航，原位悬停和转弯，爆发式启动等。蝠鲼属鳐类生物，如图1-1所示，采用中间鳍/对鳍推进(median and/or paired fin, MPF)作为主要推进方式[13,14]。从生物形态学角度来说，蝠鲼拥有大展弦比的胸鳍，能满足大升阻比和大负载空间需求；从推进性能角度来说，其巡游速度可达0.25～0.47m/s[15]，采用滑扑结合的推进方式，其推进效率远高于其他水中生物[16-18]，因此无论是蝠鲼的外形结构还是推进性能都极具仿生价值。

此外，仿生水下航行器根据所执行任务的要求，往往需要多个航行器协同工作，编队航行。在自然界中，学者发现生物具有同种群集群捕食、迁移的生物特性。同时在实际应用中，世界各国也考虑利用航行器集群开展海洋环境高时空分辨、多要素同步观测、多维信息融合探测、攻击、区域封控、海洋测绘、海洋生态预警监测等军事和民用活动。

图 1-1　蝠鲼生物

1.2　鱼类推进模式分类

不同种群的鱼类，它们形态各异，游动模式不尽相同，游动性能上也存在差异。因此，在开始鱼类游动机理研究之前需要对鱼类的推进模式进行分类，目前普遍采用的方法是按照鱼类推进部位不同进行分类，即 Breder 分类法[19]。首先结合文献[20]对鱼类推进部位(鱼鳍)进行简单介绍(图 1-2)。鱼鳍主要分为对鳍(paired fin)、中间鳍(median fin)和尾鳍(caudal fin)三类。其中，对鳍通常是指成对出现且对称分布在身体两侧的胸鳍(pectoral fin)和腹鳍(pelvic fin)，中间鳍是指位于身体中部的背鳍(dorsal fin)和臀鳍(anal fin)。

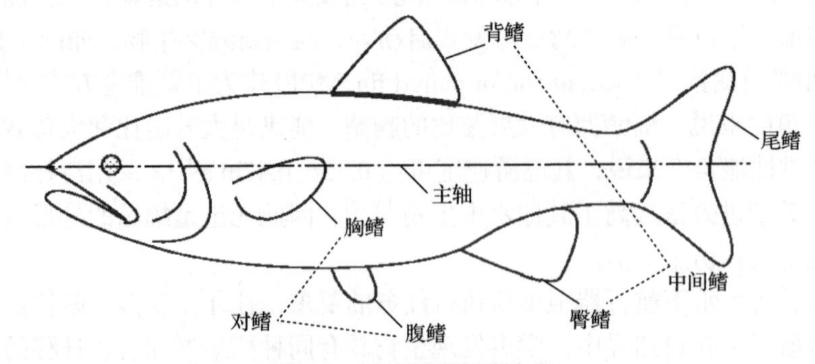

图 1-2　鱼类推进部位介绍

根据 Breder 分类法将鱼类推进模式分为身体/尾鳍推进(body and/or caudal fin, BCF)模式和中间鳍/对鳍推进(MPF)模式。BCF 模式通常是通过弯曲身体产生行进波，行进波带动尾鳍产生推力；MPF 模式通常采用中间鳍或是对鳍扑动产生推力。图 1-3 给出了这两种推进模式的具体分类。由图 1-3(a)可以看出，BCF 模式还可以根据鱼类在推进过程中身体是否存在完整行进波分为 BCF 波动推进模式和 BCF 摆动推进模式两类。其中，BCF 波动推进模式包含鳗鲡模式(anguilliform)、亚鲹科模式(subcarangiform)、鲹科模式(carangiform)、鲔科模式(thunniform)四种，BCF 摆动推进模式包含箱鲀科模式(ostraciiform)。以往的研究表明，相比于 BCF 摆动推进模式，BCF 波动推进模式的推进速度更快且推进效率更高，因此得到了广泛的研究和应用。

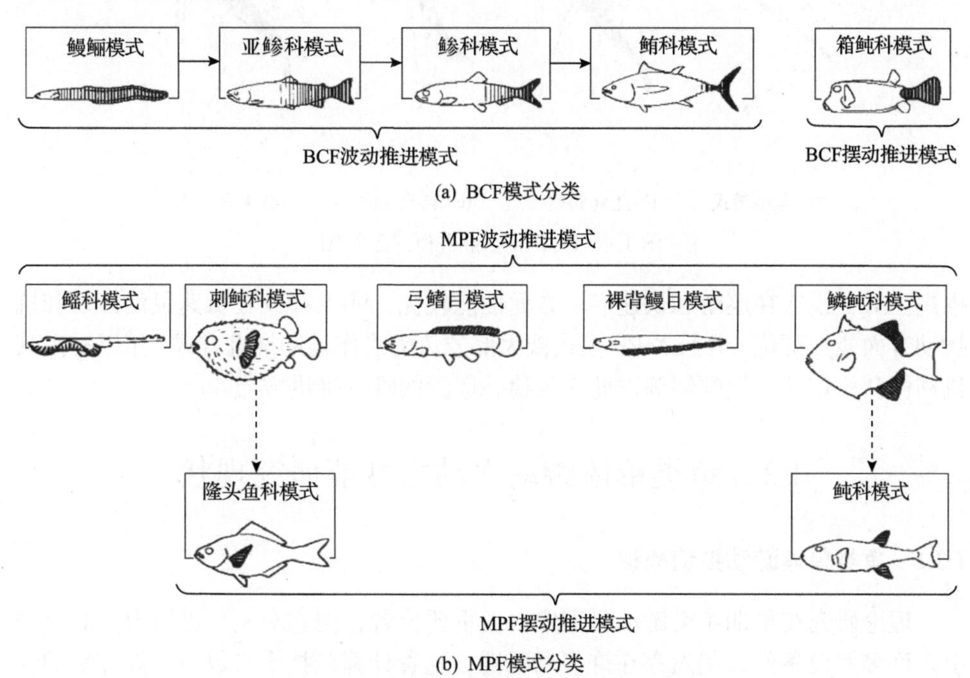

(a) BCF模式分类

(b) MPF模式分类

图 1-3　BCF 模式分类和 MPF 模式分类

由图 1-3(b)可以看出，MPF 模式同样可分为 MPF 波动推进模式和 MPF 摆动推进模式两类。其中，MPF 波动推进模式包含鳐科模式(rajiform)、刺鲀科模式(diodontiform)、弓鳍目模式(amiiform)、裸背鳗目模式(gymnotiform)、鳞鲀科模式(balistiform)五种模式，MPF 摆动推进模式包含隆头鱼科模式(labriform)和鲀科模式(tetraodontiform)两种模式。

图 1-4 给出了 BCF 波动推进模式示意图。图 1-4(a)～(d)分别为鳗鲡模式、亚鲹科模式、鲹科模式、鲔科模式。由图可以看出，鱼类身体外形逐步演变为流线型，且在推进过程中横向摆幅减小，这使得推进过程中的阻力减小，推进效率提高，远距离航行能力增强，因此鲔科鱼类通常被选作水下航行器的仿生原型。

大部分鱼类采用 BCF 模式进行推进，只有约 15%的鱼类采用 MPF 模式进行

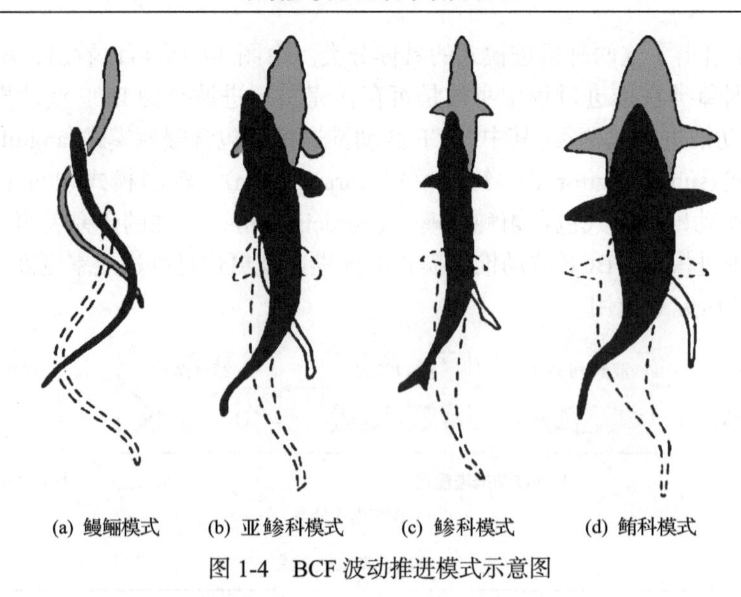

图 1-4 BCF 波动推进模式示意图

推进。BCF 模式在巡游和快速启动方面性能较优，MPF 模式在低速灵活机动和抗扰动方面能力更优，并且 MPF 模式被大部分鱼类当作辅助推进方式，用以提高其机动性和稳定性，但蝠鲼等以此作为稳态巡游的唯一推进方式。

1.3 鱼类单体游动水动力性能研究现状

1.3.1 鱼类单体游动数值模拟

理论研究在早期鱼类游动机理中占据重要位置，但它对模型进行大量简化并引入许多假设条件，仍然存在许多局限性。随着计算机技术与数值计算方法的快速进步，采用计算流体力学(computational fluid dynamics, CFD)的方法进行数值模拟研究成为探索鱼类运动机理的重要手段，其优势在于：①通过仿真能定量得到流场信息，如速度、压力、涡量等；②能够模拟各种真实生物的运动姿态和模式，得到更接近真实生物的流体动力学参数，有助于探究鱼类推进性能和游动机理[21-23]；③可模拟多种流场环境，如近壁面或波浪面、集群游动等[24]；④可解决活体实验观测难控制的问题。

当前仿真通过不同数值方法求解 Navier-Stokes(纳维-斯托克斯)方程(简称 N-S 方程)，如有限差分法、有限体积法(finite volume method, FVM)、有限元法等，对各种游动模式和运动变形方式的鱼类游动机理进行研究。目前二维模型仿真研究较为广泛[25-30]，对三维鱼类的数值模拟则集中在尾鳍运动[31-33]，对运动参数、尾鳍形状、雷诺数等进行了讨论，结果表明，鱼游动的尾涡结构主要取决于施特鲁哈尔数(St)。当 St 较小时，尾涡呈现单列反卡门涡街；当 St 较大时，尾涡呈现双列反卡门涡街，这与鱼类推力的产生及高效推进的性能息息相关。目前，针对采用 MPF 模式推进的鱼类研究较少。

在鳐鱼类研究中，胡文蓉[34]为研究鳐鱼的运动方式，提取胸鳍二维剖面做拍动运动和波动运动，分别代表蝠鲼和萨宾魟，蝠鲼胸鳍上受到的作用力比萨宾魟大，承载区域也不同，这与它们的骨骼结构有关，蝠鲼拍动推进的效率也大于波动模式，这与其生活习性有关，但两种运动模式的推进机制及各运动学参数对力学性能的影响趋势保持一致。Liu 等[35]采用浸入边界法(immersion boundary method, IBM)计算了一组运动参数下蝠鲼的流体动力性能和尾涡结构，发现净推力与胸鳍弯曲角度息息相关，且推力主要是由胸鳍远端部分产生的，距胸鳍根部约 0.62SL(SL 为胸鳍展长)，恰好与胸鳍弯曲的拐点位置相同，如图 1-5 所示。杨少波[36]根据结构相似、质量及刚度等效原则建立了蝠鲼三维有限元模型，利用鳍条模仿肌肉的内力作用，通过多鳍条组合实现胸鳍拍动。结果表明，鳍面上自前向后的波动对蝠鲼有推进作用，升力模式的推进效率较高，柔性鳍条能够控制胸鳍摆动从而形成反卡门涡街，产生射流获得推力和升力。朝黎明[37]采用简化版蝠鲼胸鳍运动方程，对不同变形模式及运动参数下的自主变形翼水动力性能进行模拟仿真计算。数值仿真结果表明，在沿弦向和展向的双向耦合变形下可获得较优的水动力性能，大展弦比且厚度较小的“薄长”翼能获得较优的水动力性能，间歇性运动能够提高平均推力和推进效率，双翼对拍运动产生的平均推力超过单翼的 2 倍，揭示了蝠鲼运动的流体机理。Thekkethil 等[38]用圆盘模型模拟鳐鱼运动，改变展弦比和波长类比鳐鱼和蝠鲼的运动。结果表明，小波长带来最大推进效率，中等波长下推力最大，鳐鱼模式尾涡是涡环组成的双排涡，蝠鲼模式为多个涡环组成的马蹄涡。

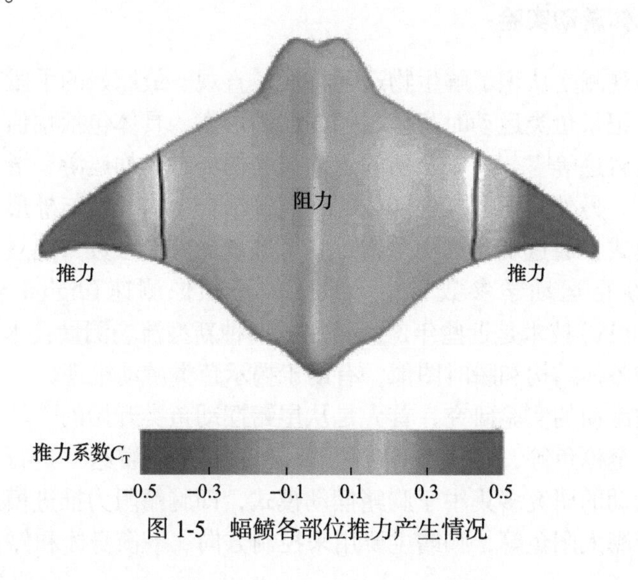

图 1-5 蝠鲼各部位推力产生情况

张栋等[39-41]结合浸入边界法和基于球函数的气体动理学格式(spherical gas kinetic scheme, SGKS)提出一种改进的IB-SGKS方法，用以解决大变形带来的网格畸变问题，研究了蝠鲼在主动推进、转弯以及滑翔状态下的水动力特性，发现在运动频率较高时鳍尖产生的涡是推力的主要来源，而前缘涡与后缘涡不利于推力的产生，揭示了蝠鲼高效、高机动的游动机理，计算的尾涡如图1-6所示。Menzer等[42]研究了蝠鲼的水动力性能和前缘涡的变化，发现胸鳍俯仰角对推力和效率都有显著的影响，在俯仰角较小时，推力较大，存在一组胸鳍俯仰角和弯曲角使推进效率最高。

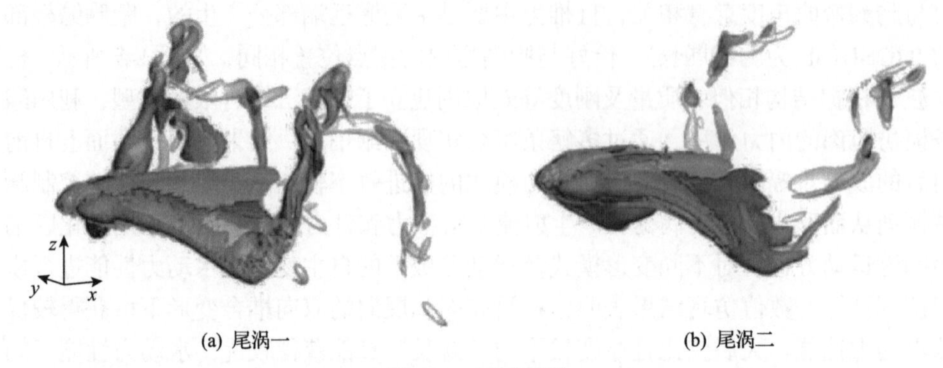

(a) 尾涡一 (b) 尾涡二

图1-6 蝠鲼尾涡

虽然数值模拟方法不断推陈出新，但针对鱼类游动这种动边界问题，尤其是蝠鲼这种运动复杂、雷诺数高、变形面积大、幅度大的生物，对计算机性能、变形方法及精度都有很高的要求，目前还没有一种十分完美的方法能兼顾所有难点。

1.3.2 鱼类单体游动实验

活体实验观测是认识了解生物运动特性最直观、最原始的手段。高速摄影技术帮助研究者记录鱼类运动时身体与鳍的摆动形态，具体包括幅值、频率、鱼体上各点的运动轨迹等[43-47]，以及不同运动行为的姿态，如巡游、滑行、转弯、快速启动等[48-52]。另外，根据推进部位的不同，结合生物习性与外形，分析其游动特点及游动模式，通过观测真实生物可获得准确的外形参数，建立三维模型，分析运动轨迹获得运动学参数[53-55]。数字粒子图像测速(digital particle image velocimetry, DPIV)技术是近些年广泛使用的一种新型流场测量技术[56,57]，能够获得平面流场的整体结构和瞬时图像，有助于揭示鱼类游动机理。

对于鱼类游动的实验研究，首先是从尾鳍摆动鱼类开始的[58-63]，如鲷鱼、白鲨条、鲭鱼、金枪鱼等，后续还对背鳍[64,65]、腹鳍[66]、臀鳍[67]进行了研究。而对于鱼类胸鳍运动的研究多集中于胸鳍摆动模式，即胸鳍阻力推进模式[68-71]，如鲟鱼、海鲫、蓝鳃太阳鱼等，胸鳍主要用来控制方向、平衡身体和停止。

1992 年，Heine[72]观测了两种蝠鲼的运动，首次详尽地记录了完整的运动学数据，分析认为，游动速度与上冲程的最大鳍尖速度高度相关，且采用升力推理模式运动。2001 年，Rosenberger[73]观测比较了鳐鱼类中 8 种生物的胸鳍运动，统计了外形参数与运动参数，并给出运动参数随游动速度的变化，其中蝠鲼拍动频率最低，幅值最大，在向下拍动时胸鳍不会低于身体，显示出幅值非对称的特点。2010 年，杨少波[36]观测了蝠鲼与鳐鲼的运动，认为蝠鲼游动的特点是自主游动、展向柔性以及胸鳍的非对称摆动，并建立了胸鳍扇动的二维简化运动方程。2012 年，Blevins 和 Lauder[74]使用三台高速摄像机拍摄黄貂鱼在慢游和快游时胸鳍上 31 个点的运动，首次在三维下记录分析了鳐科类生物的胸鳍表面波动参数，认为运动频率和波速是黄貂鱼提高游速的主要原因。2015 年，Russo 等[75]利用计算机断层扫描技术研究比较了萨宾魟和蝠鲼的骨骼排列、结缔组织以及外形对胸鳍运动的影响，建立了生物力学模型，预测了胸鳍三维形变及骨骼间的轴向应变，其中蝠鲼胸鳍展向和弦向均发生柔性变形，而萨宾魟只有弦向变形。2016 年，Fish 等[76]使用高速摄像机拍摄蝠鲼自由游动，建立运动学模型，统计了游动速度与频率、幅值间的关系，并发现蝠鲼具有非对称幅值拍动及时间非对称的特点。2017 年，Fish 等[77]在之前工作的基础上展示了 DPIV 测量的蝠鲼自由游动的尾涡，如图 1-7 所示，向上或向下拍动时各脱落一个涡，形成 2S 涡有利于提高游动效率。2020 年，张栋[39]采用高清相机及专业运动分析软件对蝠鲼在主动推进、转弯及滑翔状态下的运动轨迹进行了记录，并建立胸鳍变形方程，由统计学分析得到上下振幅之和、上下振幅之比、滑翔姿态角、滑翔时胸鳍高度等一系列统计参数。

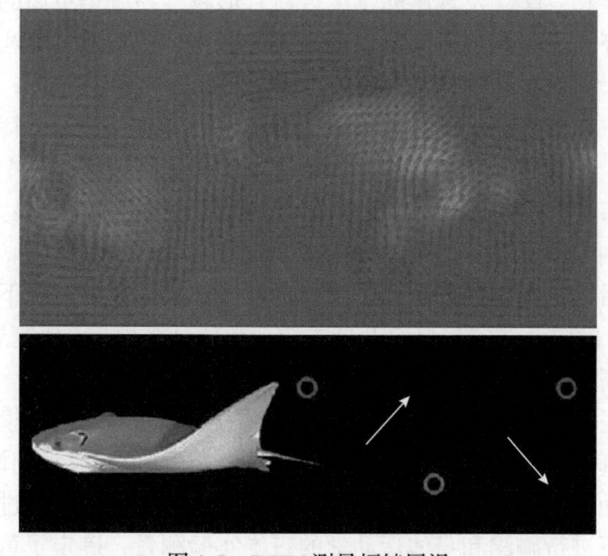

图 1-7 DPIV 测量蝠鲼尾涡

1.3.3　鱼类自主游动数值模拟

自主游动是一种瞬变型的非定常流体动力学问题[78]，不仅需要探索鱼体和流体之间的相互作用机理和能耗机制，还需要了解鱼体自身运动学的主动变形和流场对鱼体反作用的被动刚性运动，考虑鱼体动力学和流体动力学之间的耦合。

在流体研究的初始阶段主要采用实验手段，在均匀来流下固定模型测试流体动力，数值仿真技术发展后也多以均匀来流研究为主，一直以来通过实验研究自主游动较为困难。自主游动得到越来越多的学者的关注与研究，首先在二维模型中得到广泛研究[79-87]，近几年逐渐过渡到三维模型的简单运动[88-92]乃至更复杂的鱼类游动，由这些研究成果可以看到数值仿真是目前研究自主游动的有效途径。

对于鱼类最常出现的直线前游运动，通过观察研究分为常规游动，即尾鳍、胸鳍等不间断运动，以及间歇性运动(burst-and-coast)，对于纺锤形的鱼类称为摆动-滑行运动，对于鳐鱼类称为扑动-滑翔运动。

1. 鱼类常规自主游动

自主游动的研究依然是从尾鳍运动的鱼类开始发展的，Carling 等[93]首次基于牛顿定律和 N-S 方程展示了二维鳗鲡式自主游动，但是尾涡与实验结果不相符，后续 Kern 和 Koumoutsakos[94]的三维仿真结果解决了这一差异，并指出二维模拟不能捕捉到真实的三维流场。随后，针对鳗鲡模式、鲹科模式等侧向弯曲且身体呈正弦波函数的鱼类展开一系列的三维仿真模拟。Xin 和 Wu[95]通过优化尾鳍形状提高自推进速度和效率，发现尾鳍越接近新月形越容易获得更高的游动速度和效率。van Rees 等[96]从工程应用角度以鳗鲡类为原型，使用遗传算法优化关键外形参数得到高速、高效游动的最优外形，虽然整体外观与鳗鱼不同，但在工程上能保证在足够输入功的情况下可以得到超越真实生物的游动性能。针对鲹科类金枪鱼的自主游动，陈维山团队和苏玉民团队进行了全面的研究，其中夏丹等[97-99]讨论了身体运动参数(频率、摆幅)、尾鳍运动参数(尾鳍相位差、最大击水角)以及尾鳍展向柔性对单自由度自主游动性能的影响；刘焕兴等[100,101]、冯亿坤[102-104]等建立了鱼体后部链式摆动的运动模型，在保证体长不变的情况下，建立了仿生金枪鱼在纵向、横向及艏向三自由度自主游动数值计算模型，研究尾鳍平移幅度、摇摆幅度、尾鳍弦向柔性变形幅度对加速-巡游过程的影响。

目前对于鳐鱼类自主游动的研究非常少。伍志军[105]对晶吻鳐模型的直线前游进行了数值仿真研究，分析了胸鳍波动频率、波数和幅值对直线前游性能的影响，并判断不同运动参数下晶吻鳐推进性能的优劣。Bottom 等[106]通过对黄貂鱼在快速和缓慢游动下进行胸鳍和身体运动学的三维实验测量，确定了黄貂鱼的身体运动规律，随后采用浸入边界法与大涡模拟计算自主游动，发现快速游动的 Froude

效率更高，主要原因是黄貂鱼在快速游动时其胸鳍前部会产生一个低压区，前缘涡对推力的贡献更高。Fish 等[77]计算了蝠鲼在不同运动频率下的前游速度与自主游动效率，随着频率增大，前游速度增大，稳态速度无量纲化后均为常数 1.5 倍体长，自主游动效率最高可达 89%，Froude 效率约为 50%，尾涡结构如图 1-8 所示。Bianchi 等[107]采用嵌套网格，通过 OpenFOAM 计算蝠鲼由静止加速至稳态速度的单自由度自主游动过程，分析了频率和波长对推力、速度及效率的影响，研究表明，蝠鲼的高效率只依赖于波长，而与频率无关。

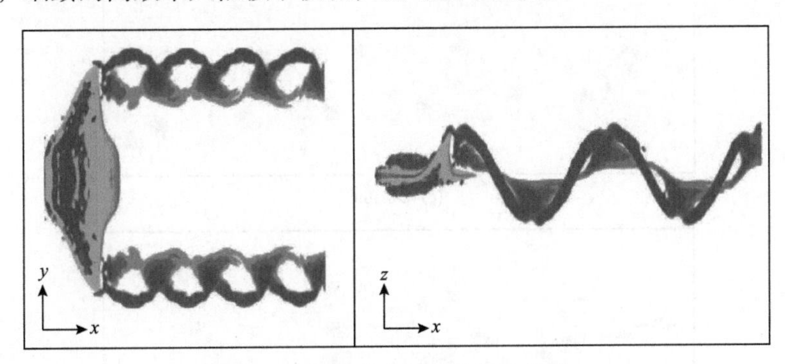

图 1-8 蝠鲼自主游动的尾涡结构

2. 鱼类间歇性运动的自主游动

生物经过上亿年的进化形成各自独特的推进方式，同时也发展出适合自身的运动方式，间歇性运动就是其中之一，被多种生物在飞行和游动中应用，常见于长途迁徙或转弯等机动性动作。Gleiss 等[108]和 Weihs[109]通过对多种生物的观察发现，飞行生物和海洋生物在做间歇性运动时具有一定的共性，间歇性运动是生物减少能量消耗的主要方式之一。

目前对于鱼类间歇性运动的数值仿真研究属于初步探索阶段，并且间歇性运动联合自主游动研究更有意义[110-114]。一些理论性研究已经表明，在移动同样距离时，相比于连续性运动，间歇性运动的二维翼模型最高节省的能量超过 50%[115]，由数值仿真结果可发现两种运动方式的尾流场结构大不相同，如图 1-9 所示。间歇性运动每个周期生成四个涡，涡间距大且能量低，消耗连续性运动 60%的能量即可达到与之相同的游速[116,117]。

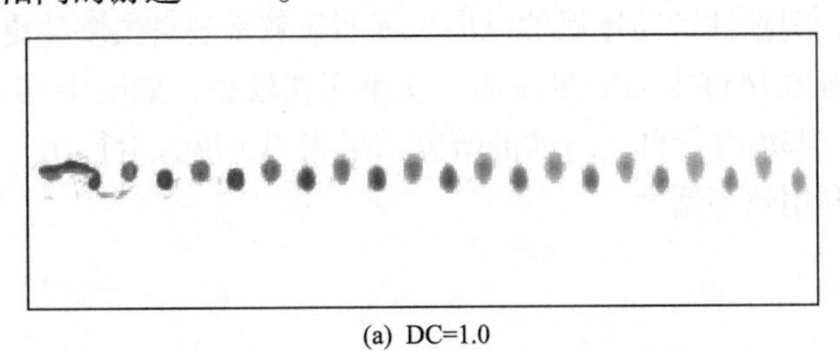

(a) DC=1.0

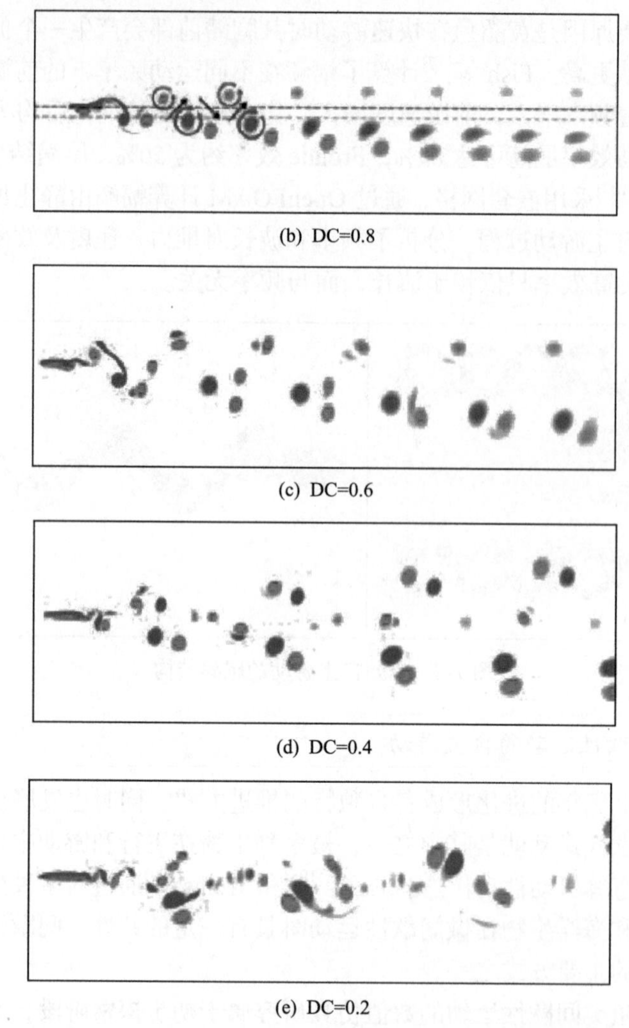

(b) DC=0.8

(c) DC=0.6

(d) DC=0.4

(e) DC=0.2

图 1-9　不同占空比(DC)下二维翼间歇性运动的尾流场结构

夏丹[99]通过改变摆尾次数和占空比研究了鲔科加速-滑行自主游动的机理和力学性能，对比常规自主游动，两者各有利弊，若要实现相同的游速，常规自主游动更有利，若是游动相同的距离，间歇性运动可以大大降低功率消耗，显著节约能量。另外，间歇性运动尾涡的纵向长度明显较常规自主游动更短，涡量强度更弱，所以损耗在尾迹中的能量减弱，功率消耗较小，如图 1-10 所示。刘焕兴等[118]对金枪鱼摆动-滑行自主游动的研究结果表明，增大滑行比，平均游动速度降低，但能量利用效率增大。

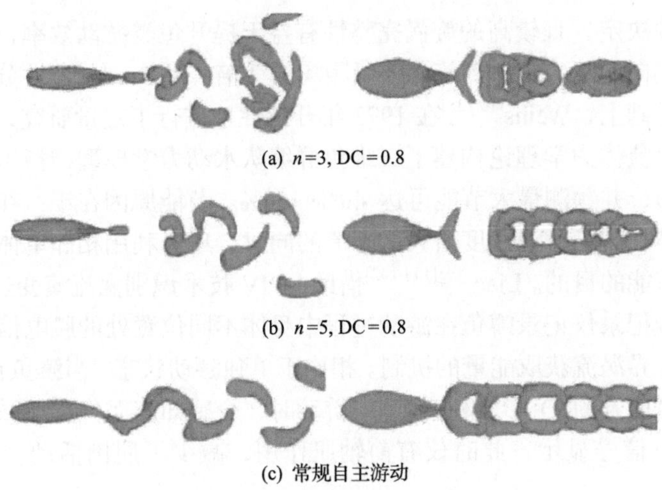

(a) n=3, DC = 0.8

(b) n=5, DC = 0.8

(c) 常规自主游动

图 1-10 涡量等值面比较

1.4 鱼类集群游动水动力性能研究现状

鱼类集群运动的现象随处可见，集群游动能帮助鱼群中各个体有效规避捕食者，提升自身的捕食效率，增加繁殖机会等[119-124]。此外，许多学者认为鱼类可通过高度组织化的群体运动来保存能量，获得水动力优势，提高个体运动性能。

大多数研究认为，鱼群游动的水动力优势是由于涡流假说和槽道效应[125-130]。其中，涡流假说认为，鱼群中后鱼置身于前鱼尾涡中，通过传入尾涡结构的诱导速度降低了鱼和水流间的相对速度，后鱼同时还能借助前鱼尾涡提高游动效率。槽道效应指出，通过增加相邻鱼之间在游泳方向的水流速度可降低鱼和水流间的相对速度，同时鱼类还可借助相邻鱼涡街诱导出的流动来提高游动效率。本节根据研究手段的不同，将鱼类集群节能机理研究分为三类，即生物观察、仿真研究和实验研究。

1.4.1 鱼类集群游动生物观察

生物观察主要通过对真实鱼群进行观察分析得到鱼类集群节能机理。早期由于受到图像技术的限制，各学者通常通过肉眼观察鱼群特点(如编队形式、游动快慢等)，再结合流体力学相关知识进行理论分析。随着科技进步，近年来各学者主要借助高速相机、DPIV 仪、生物肌电信号记录仪等实验设备对鱼群的生物信息和集群游动过程进行记录，再通过处理实验数据得到鱼群水动力特性、速度场、压力场、尾涡时空演变过程，最终揭示集群节能机理[131-136]。

1965 年，Breder[137]通过观察鱼群运动发现，鱼群中各单体相互接近程度由保持旋涡完整性决定，且较高的旋涡完整性有益于提升鱼类游动效率，研究表明，鱼群中单体侧向间距为鱼体到旋涡外缘距离的 2 倍。在 Breder 定性分析鱼类集群节能机理的基础上，Weihs[10,138]在 1973 年开创性地进行了定量研究，通过观察鱼群运动并结合流体力学理论构建了二维鱼群编队水动力学模型，指出鱼类最优集群队形为菱形，并预测最大节能可达 40%～50%。节能原因在于：在此队形下，鱼群中各单体在避免遭遇速度增大的来流的同时，还可利用相邻单体涡街诱导出的流动达到节能的目的。Liao 等[139-142]借助 DPIV 技术识别涡流演变过程，并利用生物肌电信号记录仪记录鳟鱼在游动过程中身体不同位置处的肌电信号，以此来探究鳟鱼从外界涡流获取能量的机制。相比于单独游动状态，当鳟鱼在涡流(涡流由放置在鳟鱼前方的 D 形圆柱产生)中游动时，会感知旋涡位置并做出相应的大幅摆动；肌电信号显示，此时仅有前轴肌作用，减少了肌肉活动，降低了游动成本。

Burgerhout 等[143]在可变流速的水槽中进行了七条鳗鲡的集群游动实验，并记录了它们在不同流速下的尾拍频率和耗氧量。实验结果显示，鳗鲡在单独游动时，尾拍频率为 3.8Hz，单位质量单位时间的耗氧量为 32mg，而在集群游动时，尾拍频率降低至 2.6Hz，耗氧量降低为 21.3mg，这表明鳗鲡集群游动时能耗减少 33.4%。但鳗鲡在集群游动过程中更倾向于并联排布，即沿展向平行排布，如图 1-11 所示，这与 Weihs 预测相悖，且无法通过涡流假说中鱼群中各单体利用尾流来节能进行解释。Burgerhout 指出，鳗鲡集群游动过程中各单体利用相互间侧向力来实现节能。

图 1-11 鱼类集群观测[143]

Marras 等[144]为探究焦点鱼(核心关注的某一单体)和最近邻的相对位置是否会影响其节能效果开展了实验研究，将焦点鱼放置在不同位置(近邻后方、前方、并排)进行游动，通过测量焦点鱼尾拍频率、振幅、耗氧量等来量化其能耗。结果表明，与单独游动相比，焦点鱼在任何位置游动均能降低运动成本，当其处于最佳位置时，尾拍频率降低 28.5%，耗氧量降低 19.4%。Ashraf 等[145,146]借助立体视频记录仪观测了鲤鱼集群游动时各单体三维位置和尾拍姿态，结果表明，鱼群在被迫高速游动时，更倾向于选择矩形或并联编队，在这两种队形下，各单体能有效利用近邻侧向力来实现节能。此外，Ashraf 等还指出，菱形编队的局限性在于强行精准定位了集群中各单体和运动的高度同步性。

1.4.2 鱼类集群游动仿真

近年来，随着计算方法及数值仿真软件的发展，各学者对鱼群水动力性能进行了大量仿真计算，并得到了许多有意义的结论。CFD 仿真方法可更加精准地计算出鱼群中各单体水动力参数以及更精细地显示出尾涡演变规律，且随着仿真技术和计算机性能的提升，鱼类集群仿真也从两条鱼变为多条鱼，从二维变为三维。

Deng 和 Shao[147]采用改进的浸入边界法对菱形鱼群中的三条鱼进行了数值模拟。结果表明，位于前一列两条鱼之间的后鱼可利用上游鱼脱落的反卡门涡街来提高推进效率及降低功耗。随后，Chung[148]在 Deng 和 Shao[147]研究的基础上进行了更深入的研究，给定了三条鱼最优的位置及运动参数设置，即两条前鱼横向间距为 40%弦长，进行反相波动运动，后鱼的前缘距前鱼后缘 20%弦长。Chao 等[149,150]借助 FLUENT 软件对两平行 D 形圆柱及两个 NACA0012 翼型在串联、并联、交错队形下的非定常流动进行了数值模拟，结果表明，流向和展向间距影响了前后翼型的旋涡脱落形式，从而导致推力改变。

Tian 等[151,152]通过有限元法数值求解不可压缩的 N-S 方程来研究子母鱼对的游泳性能和涡结构。计算结果表明，母鱼和小鱼在串联和交错排列中都受益，通过改变它们的相位差和相速度，可增加推力和降低功耗。目前，还有不少学者利用强化学习算法对领航-跟随群游结构中的跟随鱼进行运动控制，其中领航鱼运动方式固定，跟随鱼通过强化学习来调整运动方式，以实现跟随鱼利用领航鱼涡流来提升推进效率[153-157]。

王亮[158]对二维仿真鱼群游动进行了数值模拟，其指出，当鱼群中各个体存在体形差异时，主要利用侧向水动力(槽道效应)来提高推进效率；当个体体形相近时，主要利用前鱼尾涡提高效率。Li 等[159]对串联、并联、菱形、矩形四种编队的鱼群游动进行了数值模拟，如图 1-12 所示。结果表明，效率受到尾流和侧向压力

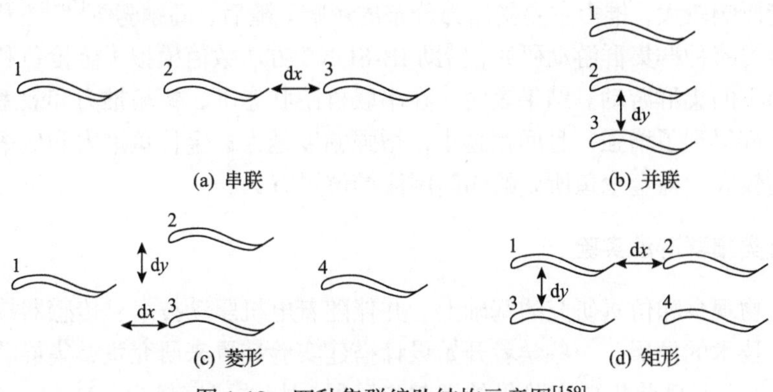

图 1-12 四种集群编队结构示意图[159]

的影响，其中尾流主要影响推力，横向功率损失受到侧向压力的影响。

Dai 等[160]分别数值模拟了由 2 条、3 条和 4 条仿真鱼组成的编队自主游动（图 1-13），并用运输成本来量化稳定编队的游动效率，结果表明，集群游动相对于单体游动最多可减少 16%的运输成本，但相较于其他编队，菱形编队并没有表现出任何节能优势。Lin 等[124,161-163]对二维鳗式游动鱼群开展了系列研究，探究了相位差、间距对串联鱼群及交错布置鱼群的水动力性能影响。

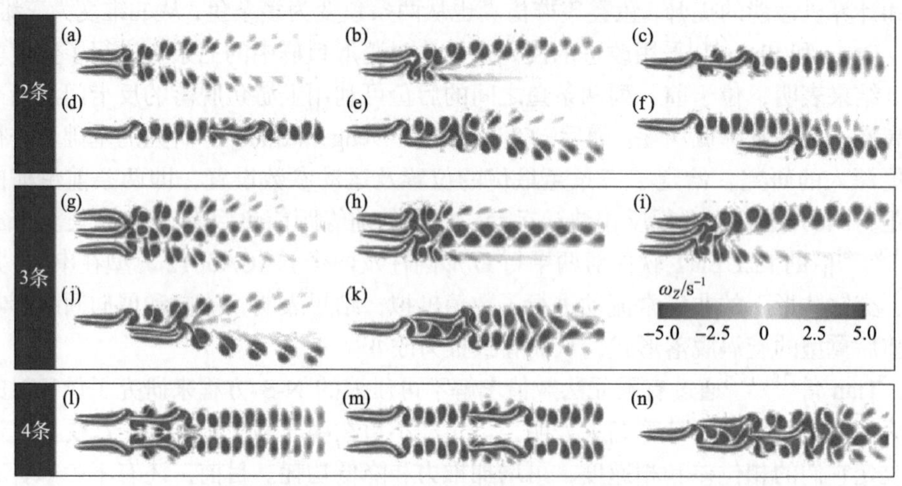

图 1-13　由 2 条、3 条和 4 条鱼组成的编队及涡度结构示意图[160]

当前关于鱼类集群游动的研究主要集中在二维翼型，但也有部分学者开展了三维生物集群水动力数值模拟。Li 等[164]通过扫描金枪鱼获得形状参数并完成结构建模，然后在 FLUENT 软件中对不同编队金枪鱼进行数值模拟。结果表明，垂直分布的鱼群游动时，个体推力和推进效率更高。高鹏骋等[165-169]对蝠鲼群体滑翔进行了研究，模拟了两条蝠鲼以串联、平行和垂直排布变攻角滑翔，以及三条蝠鲼以三角形排布变攻角滑翔，结果表明，集群滑翔时攻角和间距对个体和系统的推进性能影响较大，推力主要受压力分布的影响。随后，高鹏骋等[169]还开创性地进行了鱼类跨种群集群游动研究，借助 IB-SGKS 方法数值模拟了金枪鱼和蝠鲼在串联队形下的集群游动。结果表明，在串联群游状态下，蝠鲼推力和效率在大多数间距下都得到了增强，且间距越小，增强幅度越大；金枪鱼推力和效率曲线随间距波动较大，与金枪鱼所处的蝠鲼尾流场位置有关。

1.4.3　鱼类集群游动实验

在生物观察和仿真研究的基础上，并伴随着电机驱动技术、传感器技术以及流场显示技术的发展，一些学者开始设计搭建实验装置来研究鱼类集群游动节能机理[170-177]，但目前集群实验仍处于起步阶段，相关研究较少。Dewey 等[170,171]

与Boschitsch等[172]分别实验研究了两个柔性扑翼在并联与串联布置时的水动力性能，并利用 DPIV 系统进行了流场记录及显示。实验结果表明，对于并联结构，两翼型推进特性相同：同相拍动时，效率提升而推力减小(相对于单个翼型)；反相拍动时，推力增加而效率基本不变。对于串联结构，前翼推力和效率在分离距离较大时与单个翼型一致，而后翼由于受到前翼尾流的影响，其动力学特性与分离距离和相位差相关。裴正楷等[175,176]实验研究了两条仿鲹科机器鱼并排运动，结果显示并排游动的机器鱼在特定相位差时可相互促进，提高运动效率。西北工业大学潘光团队[178-181]以蝠鲼为仿生对象，研制了仿蝠鲼航行器并开展了大量的水池、湖海实验。

第2章　蝠鲼形态学及运动学建模

2.1　引　　言

形态学及运动学参数是理解生物运动过程中水动力特性的基础，也是仿生工作的基础。生物形态学研究可以为仿生航行器外形及结构设计提供参考，生物运动学研究可用来指导仿生航行器运动模式规划。本章对海洋馆中真实蝠鲼展开形态学研究，使用三维建模软件建立蝠鲼外形模型，采用高清相机及专业运动分析软件对不同行为状态下蝠鲼胸鳍的运动模式进行记录，并结合统计学分析得出不同参数之间的关系，给出蝠鲼胸鳍运动模式的数学描述。

2.2　形态学观测及建模

2.2.1　观测设备及数据处理方法

本节生物学观测内容为蝠鲼在多模态游动时的胸鳍变形特征，拍摄场地选取在 S.E.A 海洋馆，观测设备为 Nikon 7100 单反数码相机，分辨率为 1920×1080，采样频率为 60Hz。后处理软件为开源代码 DLT cal5，该软件采用直接线性变换方法[182]，可将二维三视图下物体的运动变换为三维空间运动，从而提取物体的运动参数。海洋馆不具备对蝠鲼进行三个视角同时观测记录的条件，因此本节仅对二维单视图下蝠鲼的运动图像进行处理，通过对拍摄视频进行逐帧分析，观察蝠鲼胸鳍外形的变化。利用软件对运动物体的特征点进行标记，并将点的坐标输出至地面坐标系下，通过对特征点轨迹的追踪，得出连续的特征点运动曲线。在形态学研究中，通过在观测窗旁设置比例尺来达到测量蝠鲼真实外形特征尺寸的目的；在运动学研究中，对蝠鲼胸鳍的鳍尖、头部以及尾部端点进行标记，并使用蝠鲼体长 BL 对长度量进行无量纲化处理。

为方便模型建立，首先依据右手定则，以蝠鲼重心为原点，以头部和尾部顶点连线为 x' 轴，以胸鳍展向方向(右侧为正)为 y' 轴建立随体坐标系 $O\text{-}x'y'z'$，以重心速度的反方向为 x_0 轴，以胸鳍展向方向为 y_0 轴，建立速度坐标系 $O\text{-}x_0y_0z_0$，如图 2-1 所示。定义蝠鲼的姿态角 θ 为随体坐标系与大地坐标系之间的夹角，方向角 ψ 为速度坐标系与大地坐标系之间的夹角，攻角 α 为速度坐标系与随体坐标系之间的夹角。

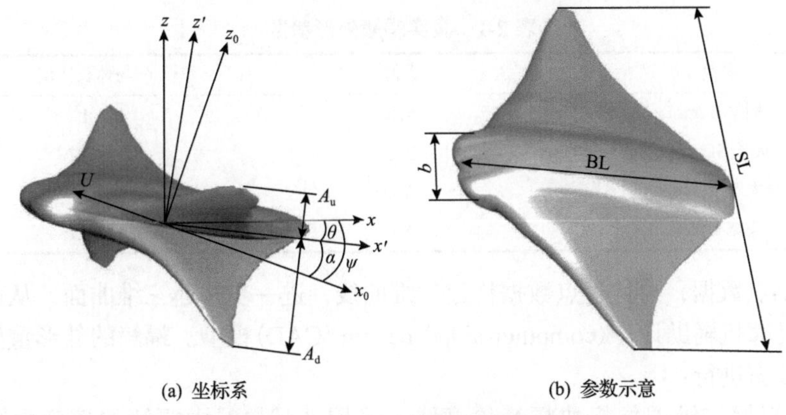

(a) 坐标系　(b) 参数示意

图 2-1　坐标系及模型参数示意图

本节研究中测量以下参数:

(1) 体长 BL、单侧胸鳍展长 SL、最大厚度 a、头宽 b，测量方式为通过相关位置处的坐标相减获得，并通过比例尺得到实际尺寸。

(2) 周期 T, 测量方式为记录胸鳍运动一个完整周期所用的帧数并除以视频采样频率。

(3) 重心速度 U, 通过测量一个周期内重心坐标的变化率得到。由于模型的对称性，重心近似取在头尾端点连线中点。

(4) 方向角 ψ, 其大小为在所记录的侧向视图中重心运动轨迹切线与水平面的夹角，切线绕垂直于视图向外的轴顺时针转动时为正。

(5) 攻角 α，其大小为方向角 ψ 减去姿态角θ, 而姿态角θ的测量方式为蝠鲼头部端点、尾部端点连线与水平面的角度在一个周期内的平均，头尾连线绕垂直于视图向外的轴顺时针转动时为正。

(6) 胸鳍上挑时的振幅 A_u 和下扑时的振幅 A_d，测量方式分别为胸鳍鳍尖在上挑和下扑时最大位置处的坐标与蝠鲼头尾端点连线的垂直距离。

2.2.2　蝠鲼形态学建模

1. 蝠鲼外形特征

与采用身体/尾鳍方式的鱼类不同，蝠鲼身体构造为翼身融合式布局，其展长和体长具有相同的数量级。表 2-1 为观测样本中某一真实蝠鲼个体的外形参数，其展弦比在 0.77 左右，其整个身体剖面近似为低阻力翼型剖面，最大厚度与弦长比为 0.18 左右。

2. 蝠鲼三维外形建模

蝠鲼外形模型的建立采用逆向工程技术，即通过丈量实际物体的尺寸获得物

表 2-1　真实蝠鲼外形参数

参数	数值	与体长比值
体长 BL/mm	410	1
展长 SL/mm	316	0.77
最大厚度 *a*/mm	73	0.18
头宽 *b*/mm	85	0.21

体的三维点数据，再通过点数据构建三维曲线，进一步构建三维曲面，从而重构实物的计算机辅助设计(computer-aided design, CAD)模型。蝠鲼的外形重构按以下三个步骤进行：

(1)根据二维图像提取蝠鲼轮廓线。采用文献[19]中蝠鲼的精确中纵剖面 *A-A*、1/2 展向位置处的剖面 *B-B* 以及俯视图进行建模，正视图轮廓线根据观测样本绘制，如图 2-2 所示。

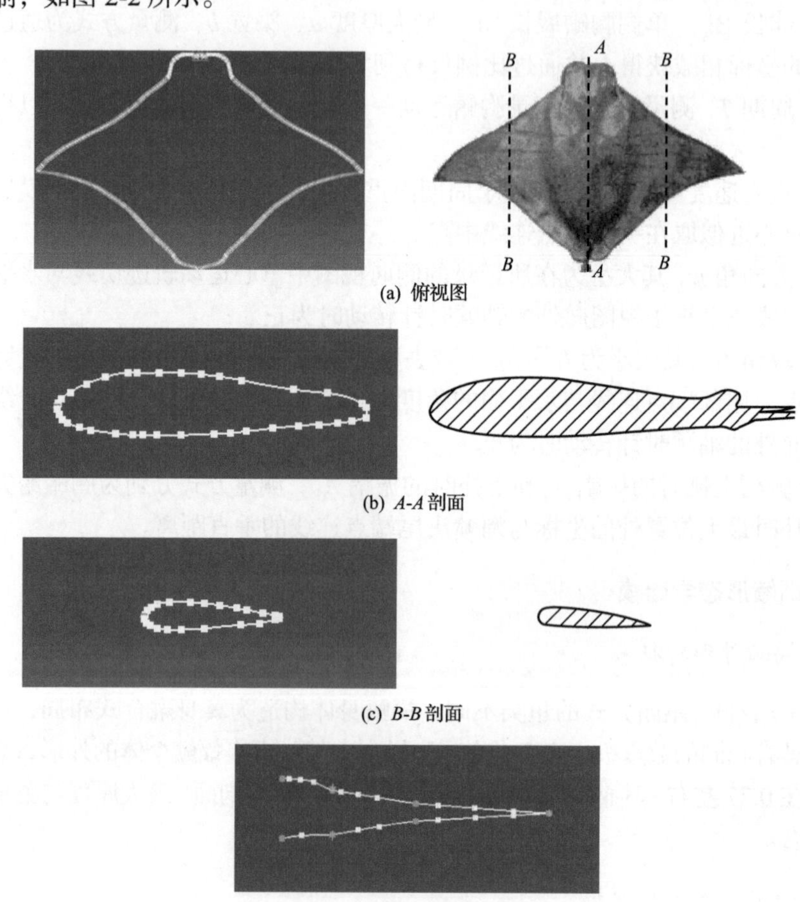

图 2-2　蝠鲼特征视图

(2)以三个不同展向位置处的侧视剖面图为草图，以俯视图和正视图中蝠鲼的轮廓线为引导线进行放样得到单侧胸鳍曲面。

(3)以中纵剖面为对称面对单侧胸鳍曲面进行镜像得到完整三维模型。

在蝠鲼外形重构过程中，对模型进行一定程度的简化，本节重点关注胸鳍变形对水动力的影响，因此未对一些附体如背鳍、尾鞭进行建模。建立的蝠鲼外形模型如图 2-3 所示，可以看出与观测样本的相应视图(图 2-4)相比，本节所建立的外形模型与真实生物外形具有较高的一致性。所建立的仿真模型具体外形参数如表 2-2 所示。

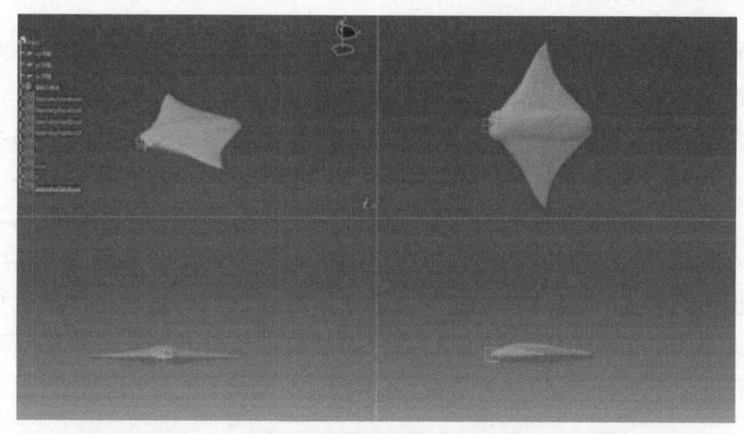

图 2-3　蝠鲼外形模型示意图

图 2-4　真实蝠鲼外形图

表 2-2　蝠鲼仿真模型外形参数

参数	数值	与体长比值
体长 BL/m	1.85	1
展长 SL/m	1.453	0.785

续表

参数	数值	与体长比值
最大厚度 a/m	0.33	0.18
头宽 b/m	0.39	0.21

2.3 运动学观测及建模

2.3.1 蝠鲼运动学观测

蝠鲼采用中鳍/对鳍模式进行推进，其胸鳍在运动过程中产生较大变形，展现出较强柔性。在游动过程中，蝠鲼时而进行频率和幅值较大的快速游动，时而进行频率和幅值较小的缓慢游动，且缓慢游动过程中伴随着大量的滑翔运动。除了直线游动，蝠鲼还具有非常强的机动性能，如快速启停、快速原地转弯、悬停、翻跟头等。此外，蝠鲼喜好贴底或者贴壁游动，也有蝠鲼喜欢呈前后队列共同游动。通过对蝠鲼运动观测的定性分析可以看出，蝠鲼的游动展现出非常丰富的生物特性，但是其背后的水动力特性及柔性变形对水动力的作用机理尚未得到充分研究，因此本节将结合仿生水下航行器长时间高效航行及高机动性的需求，选取蝠鲼主动推进、转弯、滑翔及交替滑扑四种行为状态下的运动进行研究。

1. 描述蝠鲼运动状态的无量纲参数

在蝠鲼胸鳍运动模式研究中，采用如下无量纲参数进行运动状态的描述。

由于蝠鲼胸鳍上挑和下扑时的振幅并不完全相同，分别定义上挑和下扑时鳍尖的最大无量纲振幅为 A_u / BL 和 A_d / BL。

对生物来说，可采用施特鲁哈尔数 St 表征生物尾流场中涡脱的快慢程度，表达式为

$$St = \frac{(A_u + A_d) f}{U} \tag{2-1}$$

式中，f 为胸鳍拍动频率；U 为生物游动速度。

雷诺数 Re 表达式为

$$Re = \frac{U\mathrm{BL}}{\nu} \tag{2-2}$$

式中，ν 为流体介质的运动黏性系数。

波数 W 为在胸鳍弦向上呈现出的完整行波的个数，其表达式为

$$W=\frac{\mathrm{BL}}{\lambda} \tag{2-3}$$

式中，λ 为行波的波长。

2. 蝠鲼主动推进状态运动学特征

对 35 条次蝠鲼主动推进状态下的运动特征进行分析和统计，其主动推进过程中胸鳍在展向和弦向方向均展现出较大的柔性变形，通过逐帧静态分析发现(图 2-5)，其变形可以分解为展向柔性变形和弦向柔性变形。其中，展向柔性变形表现为以纵轴 x 轴为轴心的上下拍动，并且上下拍动的过程并不是刚性绕轴转动，而是如同鞭子一般产生较大的弯曲对周围流体进行抽打，弦向柔性变形表现为沿弦向的正弦波动，其弦向行波的波数在 0.4 左右。

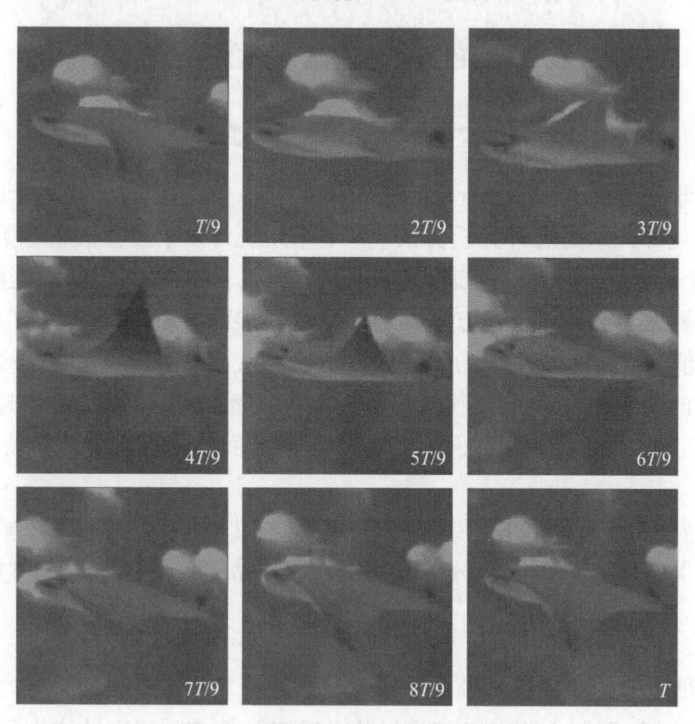

图 2-5　蝠鲼主动推进过程示意图

由运动轨迹图 2-6 可以看出，在蝠鲼运动过程中，其身体重心会在小范围内上下波动；鳍尖运动轨迹近似为一正弦函数，在大振幅快速游动时，鳍尖上挑和下扑的振幅基本相等，其正弦函数为以身体纵轴为对称轴的标准正弦函数(图 2-6(a))，但在慢速游动过程中，鳍尖上挑振幅大于下扑振幅，正弦函数的对称轴高于身体纵轴(图 2-6(b))。图中直线近似分别为头部和尾部的运动轨迹，正弦函数曲线为鳍尖运动轨迹。

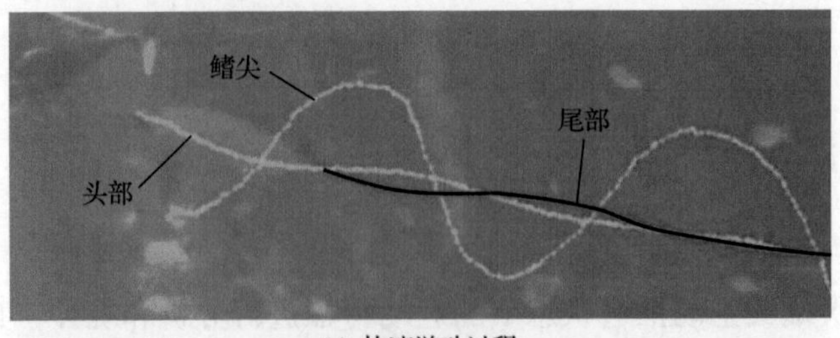

(a) 快速游动过程

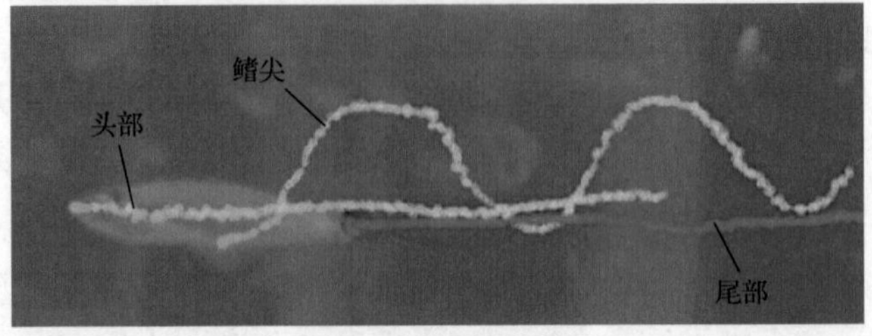

(b) 慢速游动过程

图 2-6　蝠鲼主动推进轨迹图

在统计学中，回归分析(regression analysis)是一种确定两个或两个以上变量间相互依赖的定量关系的统计分析方法。本节采用统计学手段将测量参数f、A_u+A_d、A_u/A_d对速度U进行回归分析。通过回归分析研究，可以得到表现因变量与自变量具体关系的回归方程，并通过方程确定性系数r^2表示方程中变量X对Y的解释能力。r^2的取值为0～1，越接近于1，表明方程中X对Y的解释能力越强。通过对拒绝原假设的值P的检验来判断回归系数是否显著，本节采用 Tukey-Kramer 检验来检测P值，当$P<0.01$时，说明回归系数显著。回归分析在统计学软件 SPSS 中进行。

图 2-7 为 35 条次样本下频率f、上下振幅之和A_u+A_d以及上下振幅之比A_u/A_d与相应速度关系图。通过回归分析，蝠鲼胸鳍扑动频率与速度的回归方程为

$$f = 0.4318U + 0.2464,\quad r^2 = 0.723;\ P < 0.001 \tag{2-4}$$

$P<0.001$说明回归系数显著，频率与速度具有统计学相关性。r^2为 0.723，说明模型拟合效果良好。回归方程(2-4)表明，扑动频率随着游动速度的增大呈线性增大。上下振幅之和A_u+A_d(r^2=0.176, P=0.012)及上下振幅之比A_u/A_d(r^2=0.035, P=0.280)与速度的关系没有表现出较强的相关性，在此用统计量的平均值加标准偏差值来反映统计量的变化，平均上下振幅之和为(0.676±0.201)BL，平均上下振幅之比为2.343±3.304。

蝠鲼主动推进状态下游动速度范围为每秒 0.3BL～2.2BL，频率为 0.2～1.4Hz。对于某一体长 BL=410mm，A_u+A_d=0.65BL 的典型蝠鲼个体，其游动速度范围为

0.123～0.902m/s，对应雷诺数 Re 为 5.04×10^4～3.70×10^5。根据式(2-4)所得到的频率与速度的关系，其施特鲁哈尔数随着速度的增加呈非线性递减的趋势，如图 2-8 所示。文献[183]表明，鱼类游动时其施特鲁哈尔数在 0.2～0.4 范围时具有较高的效率。本节研究表明，蝠鲼只有在较高的速度游动时其施特鲁哈尔数才能进入 0.2～0.4 的最优范围，此结果与 Fish 等[76]对蝠鲼的研究结果保持一致。

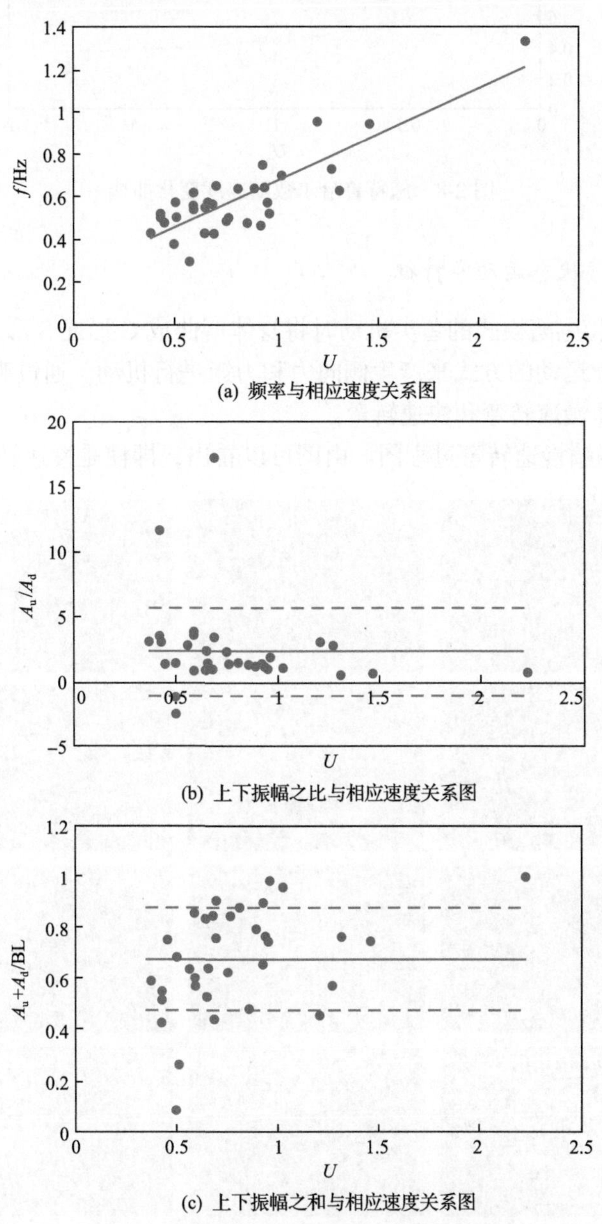

图 2-7　观测样本主动推进状态下统计数据

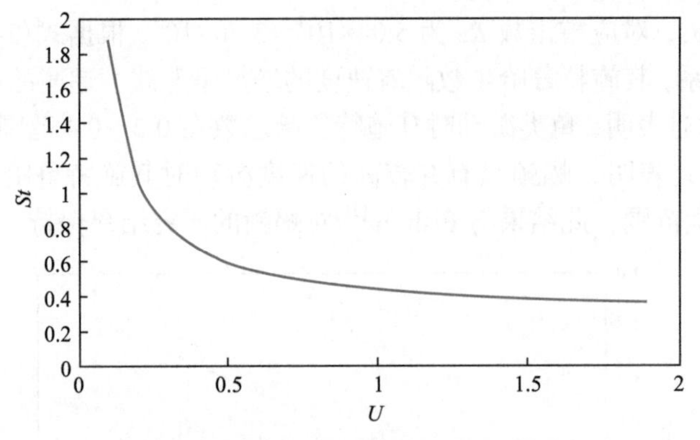

图 2-8　施特鲁哈尔数随速度变化曲线

3. 蝠鲼转弯状态运动学特征

与采用身体/尾鳍模式的鱼类机动时将身体弯曲成 C 形或 S 形不同，蝠鲼采用左右胸鳍非对称运动的方式来产生侧向力和力矩进行机动。通过观测，将蝠鲼转弯分为两类，即慢速转弯和快速转弯。

图 2-9 为蝠鲼慢速转弯过程图。由图可以看出，即使是慢速转弯，蝠鲼依然

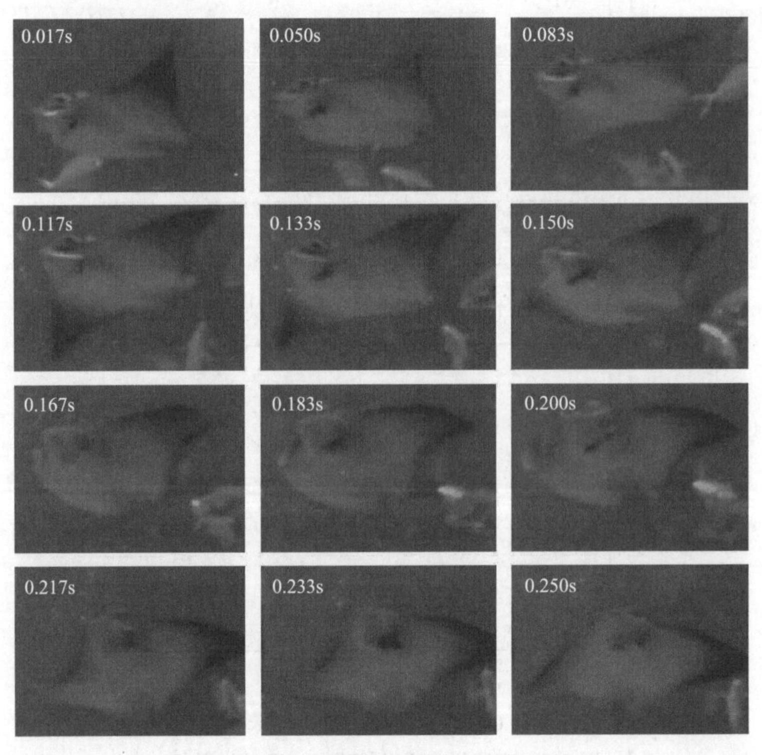

图 2-9　蝠鲼慢速转弯过程图

能在 0.25s 的时间内完成半径非常小的转弯运动，表现出极强的机动性能。转弯过程中左侧胸鳍基本保持不动，右侧胸鳍分别于 0.017～0.167s 和 0.183～0.250s 完成两个周期的运动，右侧胸鳍在运动过程中展现出极强的柔性，在 0.183s 时甚至出现了折叠的形态，其极度弯曲的胸鳍像鞭子一样抽打周围流体将所储存的能量在很短的时间内释放出来，从而产生较大的力矩，完成转弯过程。

图 2-10 为蝠鲼快速转弯过程图。图中，右侧曲线为右侧胸鳍鳍尖运动轨迹，空心圆圈为鳍尖在当前时刻的位置，左侧曲线为左侧胸鳍鳍尖运动轨迹，三角形标记为左侧鳍尖在当前时刻的位置，箭头为鳍尖运动方向。在转弯开始阶段(0.017s)，其左右胸鳍运动就表现出非对称性，由于弦向波的存在，左侧胸鳍出现明显翻转，而右侧胸鳍只是鳍尖进行振幅很小的下扑运动；0.050s 时，左侧胸鳍依然进行下扑运动，只是由于弦向波的传递，方向略有改变，右侧胸鳍已完成下扑过程，进入上挑阶段；0.083s 时，左侧胸鳍也开始进入上挑阶段，在 0.100s 左右完成上挑过程并于 0.117s 左右开始第二个周期的下扑运动，而此时右侧胸鳍才刚刚到达上挑的最大振幅处。

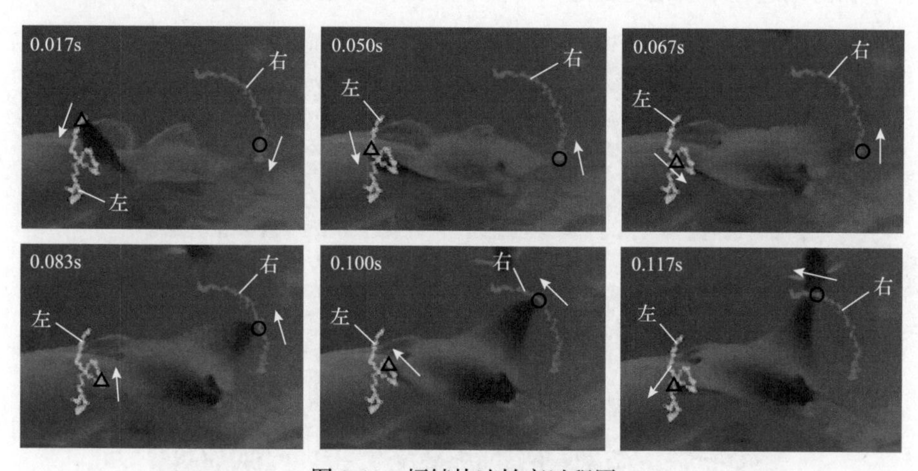

图 2-10　蝠鲼快速转弯过程图

由以上分析可以看出，左右侧胸鳍运动存在明显的相位差，左侧胸鳍相对于右侧胸鳍的运动有一定的滞后性，其下扑幅度较大，上挑幅度较小；右侧胸鳍下扑幅度较小，上挑幅度较大。这种左右非对称性的胸鳍运动方式为蝠鲼快速转弯的主要特征。

4. 蝠鲼滑翔状态运动学特征

普通飞机、水下滑翔机在滑翔状态时的机翼保持水平状态，但蝠鲼在滑翔时，其胸鳍呈现为上挑弯曲变形，并且弯曲度随着滑翔速度和角度的不同发生变化。图 2-11 为滑翔状态下蝠鲼胸鳍的不同姿态，其弯曲程度从左到右依次增加。

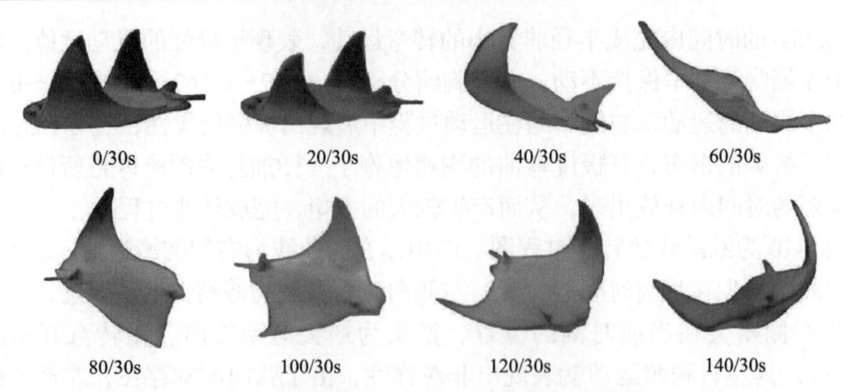

图 2-11　滑翔状态下蝠鲼胸鳍的不同姿态

在保持胸鳍整体外形向上弯曲的同时，胸鳍的局部由于柔性作用，会在流体及身体内力的作用下在小范围内摆动。图 2-12(a)为蝠鲼样本在主动推进 1.5 个周期后滑翔状态下鳍尖的运动轨迹曲线，其鳍尖在小范围内上下摆动。图 2-13 为蝠鲼样本在滑翔过程中胸鳍弯曲过大时由于柔性作用左右摆动的现象。

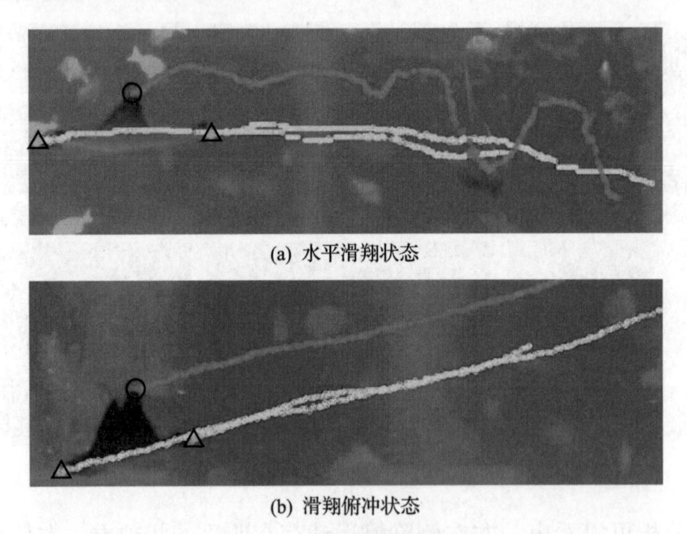

(a) 水平滑翔状态

(b) 滑翔俯冲状态

图 2-12　滑翔状态轨迹图

通过统计 16 条次蝠鲼样本滑翔状态下的运动参数，得出滑翔时鳍尖的上挑幅度 A_u、方向角 ψ、滑翔攻角 α 与速度 U 的统计学关系，如图 2-14 所示。回归分析结果表明，鳍尖上挑幅度(r^2=0.040, P=0.460)和方向角(r^2=0.004, P=0.822)不随速度的变化而显著变化，鳍尖垂向高度的平均值为 0.4，变化范围为 0.32～0.48，其方向角基本上为负值，说明绝大多数滑翔状态是从高处向低处俯冲时发生的(图 2-12(b))，但由于滑翔速度为多个参数共同作用的结果，其与方向角的统计结果并没有表现出很强的正相关性。在滑翔过程中，蝠鲼的身体纵轴会与重心速

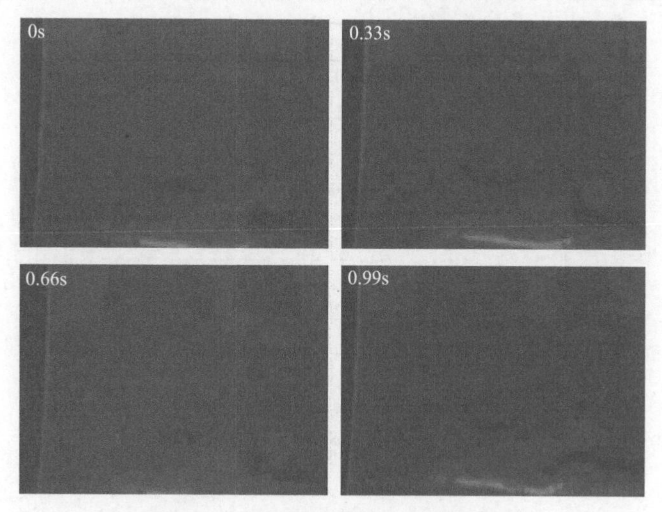

图 2-13　滑翔状态胸鳍左右摆动现象

度方向保持一个攻角，滑翔攻角与速度回归方程为

$$f=-11.613U+16.328,\quad r^2=0.554;\ P<0.001 \tag{2-5}$$

说明蝠鲼可以通过调整攻角来控制滑翔速度，小攻角有利于产生较大的速度。

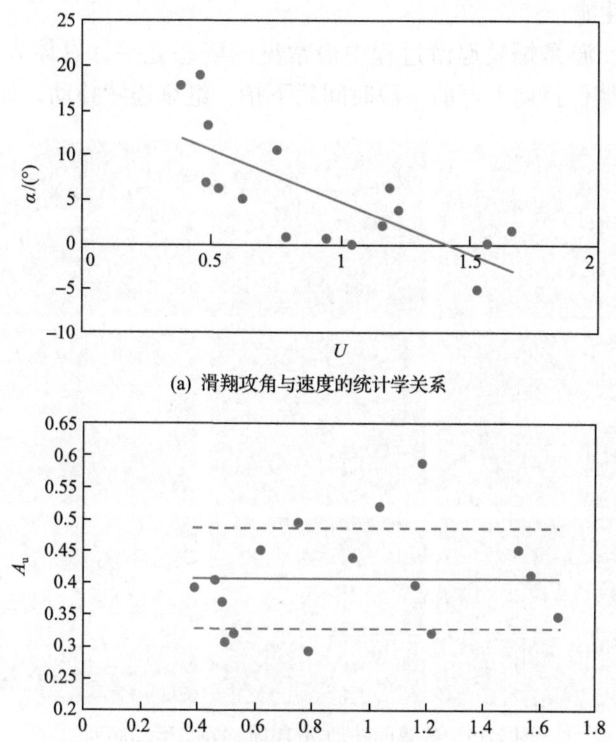

(a) 滑翔攻角与速度的统计学关系

(b) 鳍尖上挑幅度与速度的统计学关系

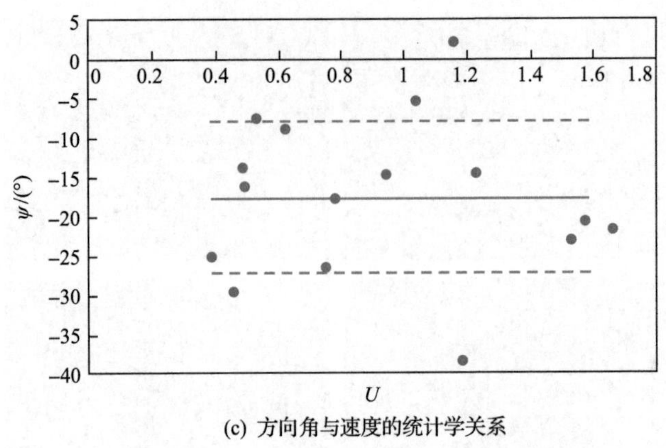

(c) 方向角与速度的统计学关系

图 2-14　观察样本滑翔状态下统计数据

5. 蝠鲼交替滑扑状态运动学特征

在巡游过程中，根据 Bone-Lighthill 边界层假设，主动运动的水生生物会比滑翔运动的水生生物遭受更多的摩擦力，从而产生更多的能量消耗。因此，水生生物可以通过主动运动与被动滑翔运动相结合的间歇性运动方式来减少能量消耗，提高其水动力性能。

滑扑一体前游是蝠鲼巡游过程中最常见的姿态之一，具体表现为连续扑动 1～3 周期，胸鳍保持向上弯曲一段时间后下拍，继续连续扑动，如图 2-15 所示。

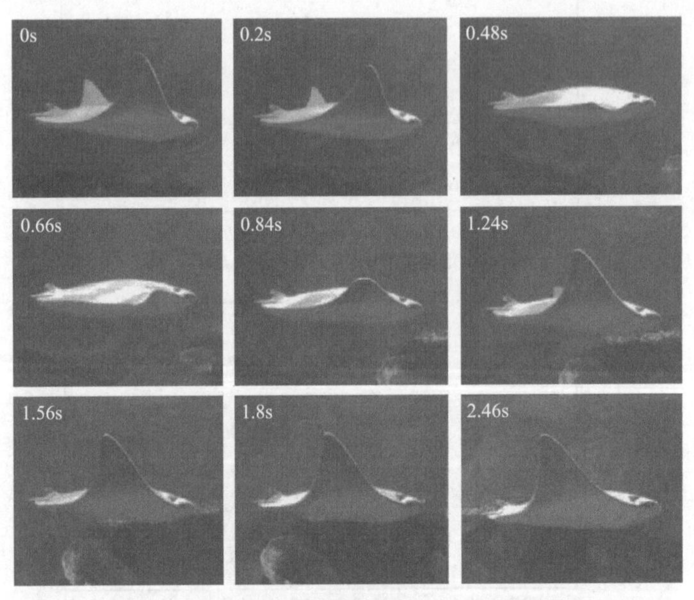

图 2-15　蝠鲼的扑动-滑翔前游姿态运动序列

通过多次观察和分析发现，蝠鲼从滑翔状态切换到扑动状态都是从直接下扑过渡的，从扑动状态切换到滑翔状态，过渡顺滑而迅速。当蝠鲼扑动产生一定速度后，蝠鲼保持上挑进行滑翔，待速度有减慢的趋势后或前方有障碍物时，立马切换为扑动状态。而在胸鳍保持上挑进行滑翔的过程中，蝠鲼可通过调整两侧胸鳍非对称上挑弯曲角度，实现滑翔转弯姿态，而且在滑翔过程中，几乎保持不动状态，能量消耗极低。另外，还发现蝠鲼在滑翔时大多是从高处向低处俯冲，逐渐向下游动。

2.3.2　蝠鲼运动学建模

1. 蝠鲼主动推进状态运动学建模

本节通过给定任意时刻下胸鳍上任意一点的坐标值$(x(x_f, y_f, t), y(x_f, y_f, t), z(x_f, y_f, t))$来描述胸鳍的运动变化，其中$x_f$、$y_f$、$z_f$为初始状态下胸鳍坐标点。首先以蝠鲼头部顶点为原点，首尾端连线为x轴，右侧胸鳍展向方向为y轴，胸鳍上挑方向为z轴建立如图2-16所示的坐标系，并认为上挑和下扑时的振幅相等，即正弦波的对称轴为模型的纵轴x轴。

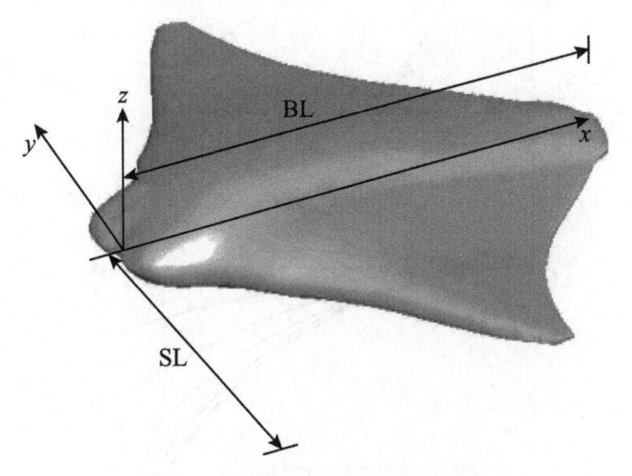

图2-16　胸鳍变形方程坐标系

鱼类运动数学模型的建立，一般都是基于投影长度不变的原则，即鱼在摆动过程中，身体上的坐标点仅z向发生变化，并通过定义不同位置处的振幅值来表现不同部位的摆动程度。这样的描述方式较简单，但在运动过程中身体会被拉长，不符合生物真实特征。本节的数学方程是将展向变形写成胸鳍上各点绕身体纵轴转动的形式，转动过程中不同展向位置处的最大转动角不同，从鳍尖到鳍根呈线性递减，转动半径通过线性系数来控制，以使身体的拉伸量保持在一个较小的范围，胸鳍上各点均处于展向变形最大值时的方程如下：

$$\begin{cases} x(x_f, y_f, t) = x_f \\ y(x_f, y_f, t) = y_f \left[1 - \dfrac{(1-k) y_f}{SL} \right] \cos\left(\dfrac{\theta_{max} y_f}{SL} \right) \\ z(x_f, y_f, t) = z_f + y_f \left[1 - \dfrac{(1-k) y_f}{SL} \right] \sin\left(\dfrac{\theta_{max} y_f}{SL} \right) \end{cases} \tag{2-6}$$

其中，$k = \sin\theta_{max} / \theta_{max}$ 表示最大变形角度下弦长与弧长的比值，如图 2-17 所示，将胸鳍在最大振幅处的轮廓视为圆弧的一部分。假设胸鳍没有发生展向拉伸，则圆弧 $\overset{\frown}{AO}$ 的弧长应等于展长，即

$$SL = \overset{\frown}{AO} = l \cdot 2\theta_{max}$$

式中，l 为圆弧所对应的半径。

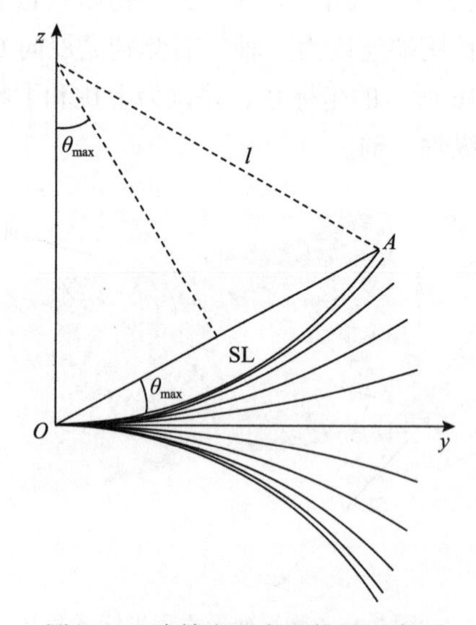

图 2-17　胸鳍变形方程推导示意图

k 的实际意义为鳍尖在最大振幅处的转动半径 AO 与展长 SL 的比值，θ_{max} 为鳍尖处的最大转动角，在 y_f <SL 位置处，转动半径 AO 随着 y_f 的减小线性递减。将 y_f =SL 代入式(2-6)即为鳍尖最大振幅，根据式(2-7)可求得不同最大振幅时的 θ_{max}：

$$SL \cdot k \cdot \sin\theta_{max} = A \tag{2-7}$$

将胸鳍上各点随时间的变化及弦向波代入式(2-7)，可得到胸鳍运动在上下对称轴为身体纵轴时的数学表达式。当 $y_f \geqslant 0$ 时，有

$$
\begin{cases}
x(x_{\mathrm{f}}, y_{\mathrm{f}}, t) = x_{\mathrm{f}} \\
y(x_{\mathrm{f}}, y_{\mathrm{f}}, t) = y_{\mathrm{f}}\left[1-(1-k)\left|\theta(x_{\mathrm{f}}, t)\right|\dfrac{y_{\mathrm{f}}}{\mathrm{SL}}\right]\cos\left[\dfrac{\theta_{\max} y_{\mathrm{f}}}{\mathrm{SL}}\theta(x_{\mathrm{f}}, t)\right] \\
z(x_{\mathrm{f}}, y_{\mathrm{f}}, t) = z_{\mathrm{f}} + y_{\mathrm{f}}\left[1-(1-k)\left|\theta(x_{\mathrm{f}}, t)\right|\dfrac{y_{\mathrm{f}}}{\mathrm{SL}}\right]\sin\left[\dfrac{\theta_{\max} y_{\mathrm{f}}}{\mathrm{SL}}\theta(x_{\mathrm{f}}, t)\right] \\
\theta(x_{\mathrm{f}}, t) = \sin\left(\omega t - \dfrac{2\pi W x_{\mathrm{f}}}{\mathrm{BL}}\right)
\end{cases}
\tag{2-8a}
$$

此方程为 $y_{\mathrm{f}} \geqslant 0$ 时的胸鳍运动方程，其中 $\omega = 2\pi f$ 为胸鳍拍动的角频率，W 为波数。由于主动推进状态下左右胸鳍运动对称，可得 $y_{\mathrm{f}} < 0$ 时的胸鳍运动方程：

$$
\begin{cases}
x(x_{\mathrm{f}}, y_{\mathrm{f}}, t) = x_{\mathrm{f}} \\
y(x_{\mathrm{f}}, y_{\mathrm{f}}, t) = -(-y_{\mathrm{f}})\left[1-(1-k)\left|\theta(x_{\mathrm{f}}, t)\right|\dfrac{(-y_{\mathrm{f}})}{\mathrm{SL}}\right]\cos\left[\dfrac{-\theta_{\max} y_{\mathrm{f}}}{\mathrm{SL}}\theta(x_{\mathrm{f}}, t)\right] \\
z(x_{\mathrm{f}}, y_{\mathrm{f}}, t) = z_{\mathrm{f}} + (-y_{\mathrm{f}})\left[1-(1-k)\left|\theta(x_{\mathrm{f}}, t)\right|\dfrac{(-y_{\mathrm{f}})}{\mathrm{SL}}\right]\sin\left[\dfrac{-\theta_{\max} y_{\mathrm{f}}}{\mathrm{SL}}\theta(x_{\mathrm{f}}, t)\right] \\
\theta(x_{\mathrm{f}}, t) = \sin\left(\omega t - \dfrac{2\pi W x_{\mathrm{f}}}{\mathrm{BL}}\right)
\end{cases}
\tag{2-8b}
$$

式(2-8)即为主动推进状态下胸鳍变形方程，根据上述运动方程，可得 $A_{\mathrm{u}}=A_{\mathrm{d}}=0.35\mathrm{BL}$。当波数 $W=0.4$ 时，一个周期内蝠鲼胸鳍的变化如图 2-18 所示。

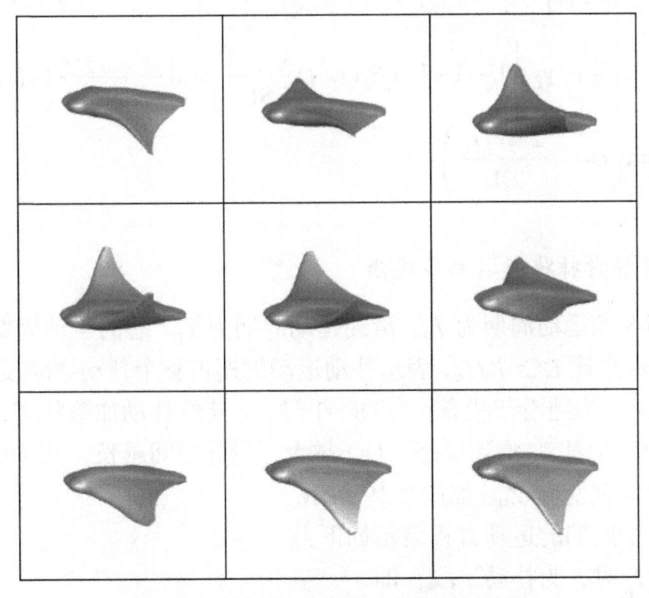

图 2-18　主动推进状态下胸鳍变形过程

2. 蝠鲼转弯状态运动学建模

蝠鲼机动状态时的胸鳍运动为左右非对称运动，因此在前面研究的基础上，定义k_1、$\theta_{\max 1}$、ω_1、W_1分别为右侧胸鳍的控制系数、最大转动角、角频率、波数，定义k_2、$\theta_{\max 2}$、ω_2、W_2分别为左侧胸鳍的控制系数、最大转动角、角频率、波数，定义φ为左右胸鳍运动的相位差，可得到转弯状态下蝠鲼胸鳍的运动方程如下：

当$y_{\mathrm{f}} \geqslant 0$时，有

$$\begin{cases} x(x_{\mathrm{f}}, y_{\mathrm{f}}, t) = x_{\mathrm{f}} \\ y(x_{\mathrm{f}}, y_{\mathrm{f}}, t) = y_{\mathrm{f}}\left[1-(1-k_1)\left|\theta_1(x_{\mathrm{f}}, t)\right|\dfrac{y_{\mathrm{f}}}{\mathrm{SL}}\right]\cos\left[\dfrac{\theta_{\max 1} y_{\mathrm{f}}}{\mathrm{SL}}\theta_1(x_{\mathrm{f}}, t)\right] \\ z(x_{\mathrm{f}}, y_{\mathrm{f}}, t) = z_{\mathrm{f}} + y_{\mathrm{f}}\left[1-(1-k_1)\left|\theta_1(x_{\mathrm{f}}, t)\right|\dfrac{y_{\mathrm{f}}}{\mathrm{SL}}\right]\sin\left[\dfrac{\theta_{\max 1} y_{\mathrm{f}}}{\mathrm{SL}}\theta_1(x_{\mathrm{f}}, t)\right] \\ \theta_1(x_{\mathrm{f}}, t) = \sin\left(\omega_1 t - \dfrac{2\pi W_1 x_{\mathrm{f}}}{\mathrm{BL}} + \varphi\right) \end{cases} \tag{2-9a}$$

当$y_{\mathrm{f}} < 0$时，有

$$\begin{cases} x(x_{\mathrm{f}}, y_{\mathrm{f}}, t) = x_{\mathrm{f}} \\ y(x_{\mathrm{f}}, y_{\mathrm{f}}, t) = -(-y_{\mathrm{f}})\left[1-(1-k_2)\left|\theta_2(x_{\mathrm{f}}, t)\right|\dfrac{(-y_{\mathrm{f}})}{\mathrm{SL}}\right]\cos\left[\dfrac{-\theta_{\max 2} y_{\mathrm{f}}}{\mathrm{SL}}\theta_2(x_{\mathrm{f}}, t)\right] \\ z(x_{\mathrm{f}}, y_{\mathrm{f}}, t) = z_{\mathrm{f}} + (-y_{\mathrm{f}})\left[1-(1-k_2)\left|\theta_2(x_{\mathrm{f}}, t)\right|\dfrac{(-y_{\mathrm{f}})}{\mathrm{SL}}\right]\sin\left[\dfrac{-\theta_{\max 2} y_{\mathrm{f}}}{\mathrm{SL}}\theta_2(x_{\mathrm{f}}, t)\right] \\ \theta_2(x_{\mathrm{f}}, t) = \sin\left(\omega_2 t - \dfrac{2\pi W_2 x_{\mathrm{f}}}{\mathrm{BL}}\right) \end{cases} \tag{2-9b}$$

3. 蝠鲼交替滑扑状态运动学建模

定义蝠鲼扑动运动周期为T_{p}，滑翔运动周期为T_{g}，总的运动周期为T_{c}，所以有$T_{\mathrm{c}}=T_{\mathrm{p}}+T_{\mathrm{g}}$，占空比$\mathrm{DC}=T_{\mathrm{p}}/T_{\mathrm{c}}$，表示扑动运动周期占整个扑动-滑翔运动周期的比值。当DC=0时，为纯滑翔状态；当DC=1时，为连续扑动加速状态，此时$T_{\mathrm{c}}=T_{\mathrm{p}}$；当$0<\mathrm{DC}<1$时，为扑动-滑翔状态。DC越大，滑翔时间越长。当DC=0.5时，一个周期内鳍尖位置变化(Z_{tip})如图2-19所示。

蝠鲼在整个周期的运动方程表示如下：

当$0 \leqslant t \leqslant T_{\mathrm{p}}$时，为扑动阶段，即

$$\begin{cases} x(x_{\mathrm{f}}, y_{\mathrm{f}}, t) = x_{\mathrm{f}} \\ y(x_{\mathrm{f}}, y_{\mathrm{f}}, t) = y_{\mathrm{f}} \left[1 - (1-k)\left|\theta(x_{\mathrm{f}}, t)\right| \dfrac{y_{\mathrm{f}}}{\mathrm{SL}} \right] \cos\left[\dfrac{\theta_{\max} y_{\mathrm{f}}}{\mathrm{SL}} \theta(x_{\mathrm{f}}, t) \right] \\ z(x_{\mathrm{f}}, y_{\mathrm{f}}, t) = z_{\mathrm{f}} + y_{\mathrm{f}} \left[1 - (1-k)\left|\theta(x_{\mathrm{f}}, t)\right| \dfrac{y_{\mathrm{f}}}{\mathrm{SL}} \right] \sin\left[\dfrac{\theta_{\max} y_{\mathrm{f}}}{\mathrm{SL}} \theta(x_{\mathrm{f}}, t) \right] \\ \theta(x_{\mathrm{f}}, t) = \sin\left(\omega t - \dfrac{2\pi W x_{\mathrm{f}}}{\mathrm{BL}} \right) \end{cases} \tag{2-10}$$

当 $T_{\mathrm{p}} < t \leqslant T_{\mathrm{c}}$ 时，为滑翔阶段，蝠鲼保持上挑时最大幅值状态，即

$$\begin{cases} x(x_{\mathrm{f}}, y_{\mathrm{f}}, t) = x_{\mathrm{f}} \\ y(x_{\mathrm{f}}, y_{\mathrm{f}}, t) = y_{\mathrm{f}} \left[1 - (1-k)\left|\theta(x_{\mathrm{f}}, T_{\mathrm{p}})\right| \dfrac{y_{\mathrm{f}}}{\mathrm{SL}} \right] \cos\left[\dfrac{\theta_{\max} y_{\mathrm{f}}}{\mathrm{SL}} \theta(x_{\mathrm{f}}, T_{\mathrm{p}}) \right] \\ z(x_{\mathrm{f}}, y_{\mathrm{f}}, t) = z_{\mathrm{f}} + y_{\mathrm{f}} \left[1 - (1-k)\left|\theta(x_{\mathrm{f}}, T_{\mathrm{p}})\right| \dfrac{y_{\mathrm{f}}}{\mathrm{SL}} \right] \sin\left[\dfrac{\theta_{\max} y_{\mathrm{f}}}{\mathrm{SL}} \theta(x_{\mathrm{f}}, T_{\mathrm{p}}) \right] \\ \theta(x_{\mathrm{f}}, t) = \sin\left(\omega t - \dfrac{2\pi W x_{\mathrm{f}}}{\mathrm{BL}} \right), \quad t = T_{\mathrm{p}} \end{cases} \tag{2-11}$$

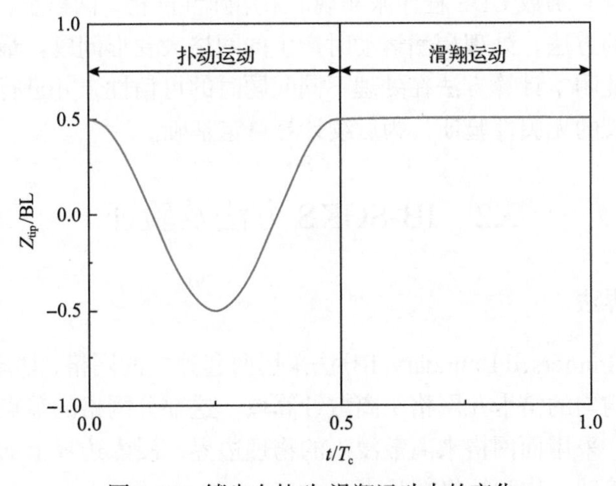

图 2-19　鳍尖在扑动-滑翔运动中的变化

第3章 蝠鲼多模态水动力计算方法

3.1 引　　言

本章首先针对蝠鲼滑翔、稳速巡航、转弯三种状态建立IB-SGKS计算方法，运用浸入边界法来解决动边界带来的网格畸变问题，运用基于球函数的气体动理学格式降低程序计算量，并通过对线性方程组的求解算法、欧拉网格点的搜索策略、内部质量效应等问题的研究，提出一个具有高精度、高效率的适用于生物游动流体性能计算的数值方法。随后，针对蝠鲼启动加速、滑扑结合两种状态，基于计算流体力学软件FLUENT建立自主游动数值计算方法。该模型利用松弛因子对流体动力学方程与蝠鲼动力学方程进行耦合求解，其中流体运动求解采用雷诺平均Navier-Stokes(Reynolds averaged Navier-Stokes, RANS)方法。蝠鲼运动的求解及与流体的耦合，通过对FLUENT软件二次开发而编写的流体-蝠鲼运动相互作用的用户自定义函数UDF程序来实现。采用弹性网格、网格重构、网格整体运动技术相结合的方法，处理蝠鲼运动时产生的网格大变形问题。最后，通过一系列验证算例来证明本计算方法在处理不同问题时的可信性，并进行网格、计算域大小及时间步长的无关性验证，为后续计算奠定基础。

3.2 IB-SGKS方法及验证

3.2.1 浸入边界法

浸入边界(Immersed Boundary, IB)法采用两套独立的网格，如图3-1所示。计算过程中采用均匀的笛卡儿网格来离散计算域，这部分网格的节点是固定的，因此称为欧拉点，采用面网格来离散浸入的物理边界，浸入边界上的网格节点随着边界的变形而移动，称为拉格朗日点。

浸入边界法的基本原理是：让物体充满绕流物所在的空间，物体的边界效应通过在流体运动方程的右端添加一个附加力项加以实现。在不可压等温流中，常规N-S方程如下[184]：

$$\frac{\partial \rho}{\partial t}+\nabla\cdot(\rho \boldsymbol{u})=0 \tag{3-1}$$

$$\frac{\partial \rho \boldsymbol{u}}{\partial t}+\nabla\cdot(\rho\boldsymbol{u}\boldsymbol{u}+p\boldsymbol{I})=\nu\nabla\cdot[\nabla(\rho\boldsymbol{u})+\nabla(\rho\boldsymbol{u})^{\mathrm{T}}] \tag{3-2}$$

式中，ρ 为流体的密度；$\boldsymbol{u}$ 为速度；p 为压力；ν 为运动黏性系数；$\boldsymbol{I}$ 为单位张量。

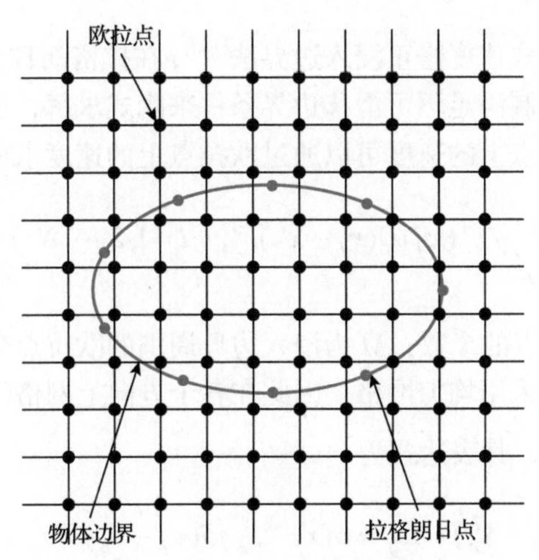

图 3-1　浸入边界法网格示意图

加入边界的影响后，式(3-2)可以改写为

$$\frac{\partial \rho \boldsymbol{u}}{\partial t}+\nabla\cdot(\rho\boldsymbol{u}\boldsymbol{u}+p\boldsymbol{I})=\nu\nabla\cdot[\nabla(\rho\boldsymbol{u})+\nabla(\rho\boldsymbol{u})^{\mathrm{T}}]+\boldsymbol{f} \tag{3-3}$$

式中，$\boldsymbol{f}$ 为代表边界效应的附加力项。

方程(3-1)和(3-3)可以采用分步法进行求解。首先通过求解不包含 $\boldsymbol{f}$ 的 N-S 方程(3-2)得到新时间步下的密度 ρ^{n+1} 和预测速度 $\boldsymbol{u}^{*}$：

$$\frac{\rho^{n+1}\boldsymbol{u}^{*}-\rho^{n}\boldsymbol{u}^{n}}{\Delta t}+\nabla\cdot(\rho^{n}\boldsymbol{u}^{n}\boldsymbol{u}^{n}+p\boldsymbol{I})=\nu\nabla\cdot[\nabla(\rho^{n}\boldsymbol{u}^{n})+\nabla(\rho^{n}\boldsymbol{u}^{n})^{\mathrm{T}}] \tag{3-4}$$

其次通过校正步更新速度场：

$$\frac{\partial \rho \boldsymbol{u}}{\partial t}=\boldsymbol{f} \tag{3-5}$$

式(3-5)的离散形式为

$$\frac{\rho^{n+1}(\boldsymbol{u}^{n+1}-\boldsymbol{u}^{*})}{\Delta t}=\frac{\rho^{n+1}\delta\boldsymbol{u}}{\Delta t}=\boldsymbol{f} \tag{3-6}$$

式中，$\delta\boldsymbol{u}$ 为校正速度，表示浸入边界的效果；Δt 为用来求解式(3-3)的时间步长。由此可以得到新的时间步下的更新速度：

$$\boldsymbol{u}^{n+1} = \boldsymbol{u}^{*} + \delta\boldsymbol{u} \tag{3-7}$$

本节采用一种隐式速度修正浸入边界法[185]，在拉格朗日点上的校正速度定义为未知量，并通过强制满足不可滑移边界条件来隐式求解，通过使用 Dirac 函数进行插值，拉格朗日点上的速度可以通过欧拉点上的速度求得，即

$$\boldsymbol{u}^{n+1}(\boldsymbol{x}_B^l) = \sum_j \boldsymbol{u}^{n+1}(\boldsymbol{x}_j) D(\boldsymbol{x}_j - \boldsymbol{x}_B^l) h^3, \quad l = 1,2,\cdots,N; j = 1,2,\cdots,M \tag{3-8}$$

式中，N 为拉格朗日点的个数；M 为浸入边界周围的欧拉点个数。

浸入边界的周围采用均匀网格，因此在各个方向上网格间距均为 h，$D(\boldsymbol{x}_j - \boldsymbol{x}_B^l)$ 为连续分布函数，其表达式为

$$\begin{aligned} & D(\boldsymbol{x}_j - \boldsymbol{x}_B^l) = D_{lj} = \delta(x_j - x_B^l)\delta(y_j - y_B^l)\delta(z_j - z_B^l) \\ & \delta(r) = \begin{cases} \dfrac{1}{4h}\left[1 + \cos\left(\dfrac{\pi|r|}{2h}\right)\right], & |r| \leqslant 2h \\ 0, & |r| > 2h \end{cases} \end{aligned} \tag{3-9}$$

同理，欧拉点处的校正速度为

$$\delta\boldsymbol{u}(\boldsymbol{x}_j) = \sum_j \delta\boldsymbol{u}(\boldsymbol{x}_B^l) D(\boldsymbol{x}_j - \boldsymbol{x}_B^l) \Delta s^l \tag{3-10}$$

式中，$\delta\boldsymbol{u}(\boldsymbol{x}_B^l)$ 为拉格朗日点处的校正速度；Δs^l 为相应节点处的面积。

根据不可滑移边界条件，拉格朗日点的速度 $\boldsymbol{u}^{n+1}(\boldsymbol{x}_B^l)$ 为已知量，将式(3-10)和式(3-7)代入方程(3-8)中，可以得到

$$\begin{aligned} \boldsymbol{u}^{n+1}(\boldsymbol{x}_B^l) = & \sum_j \boldsymbol{u}^{*}(\boldsymbol{x}_j) D(\boldsymbol{x}_j - \boldsymbol{x}_B^l) h^3 \\ & + \sum_j \sum_j \delta\boldsymbol{u}(\boldsymbol{x}_B^l) \Delta s^l \times D(\boldsymbol{x}_j - \boldsymbol{x}_B^l) D(\boldsymbol{x}_j - \boldsymbol{x}_B^l) h^3 \end{aligned} \tag{3-11}$$

将式(3-11)写为矩阵形式：

$$\boldsymbol{AX} = \boldsymbol{B} \tag{3-12}$$

其中，

$$A = h^3\begin{bmatrix} D_{11} & D_{12} & \dots & D_{1M} \\ D_{21} & D_{22} & \dots & D_{2M} \\ \vdots & \vdots & & \vdots \\ D_{N1} & D_{N2} & \dots & D_{NM} \end{bmatrix}\begin{bmatrix} D_{11} & D_{12} & \dots & D_{1N} \\ D_{21} & D_{22} & \dots & D_{2N} \\ \vdots & \vdots & & \vdots \\ D_{M1} & D_{M2} & \dots & D_{MN} \end{bmatrix}$$

$$B = \begin{bmatrix} u(x_B^1) \\ u(x_B^2) \\ \vdots \\ u(x_B^N) \end{bmatrix}^{n+1} - h^3\begin{bmatrix} D_{11} & D_{12} & \dots & D_{1M} \\ D_{21} & D_{22} & \dots & D_{2M} \\ \vdots & \vdots & & \vdots \\ D_{N1} & D_{N2} & \dots & D_{NM} \end{bmatrix}\begin{bmatrix} u^*(x_1) \\ u^*(x_2) \\ \vdots \\ u^*(x_M) \end{bmatrix}$$

$$X = [\delta u(x_B^1)\Delta s^1, \delta u(x_B^2)\Delta s^2, \cdots, \delta u(x_B^N)\Delta s^N]^{\mathrm{T}}$$

求解线性方程(3-12)，可以得到拉格朗日点的校正速度 $\delta u(x_B^l)\Delta s^l$，并通过式(3-10)得到欧拉点的校正速度。

根据牛顿第二定律，拉格朗日点位置处流体的受力为

$$f(x_B^l) = \frac{\rho(x_B^l)\delta u(x_B^l)}{\Delta t} \tag{3-13}$$

浸入边界施加给流体的合力为

$$F_{\text{fluid}} = \sum_l f(x_B^l)\Delta s^l \tag{3-14}$$

根据作用力与反作用力原理，浸入边界的受力为

$$F_{\text{wall}} = -F_{\text{fluid}} \tag{3-15}$$

3.2.2 SGKS 方法

方程(3-1)和方程(3-2)可以用有限体积法进行如下方式的离散：

$$\frac{\mathrm{d}W_I}{\mathrm{d}t} = -\frac{1}{\Omega_I}\sum_{i=1}^{N_{\mathrm{f}}} F_{n(i)}S_{(i)} \tag{3-16}$$

$$\begin{aligned} W &= (\rho, \rho u, \rho v, \rho w)^{\mathrm{T}} \\ F_n &= (F_\rho, F_{\rho u}, F_{\rho v}, F_{\rho w})^{\mathrm{T}} \end{aligned} \tag{3-17}$$

式中，I、Ω_I、N_{f} 和 $S_{(i)}$ 分别表示控制体编号、控制体体积、控制体面编号和控制

体中第 i 个交界面面积；$\boldsymbol{W}$、$\boldsymbol{F}_n$ 分别表示守恒变量、通量。$\boldsymbol{u}$ 定义为在体心处的全局坐标系下的速度向量，其表达式为

$$\boldsymbol{u}=(u,v,w) \tag{3-18}$$

由式(3-17)可以看出，求解式(3-16)的关键在于交界面处通量 $\boldsymbol{F}_n$ 的计算。

为便于推导，本节在交界面处引入局部坐标系，如图 3-2 所示。交界面中心设置为局部坐标系原点，坐标轴设置满足右手法则，X_1 轴正向为交界面的外法线方向，X_2 轴和 X_3 轴正向为交界面的两个切向，它们相互正交。

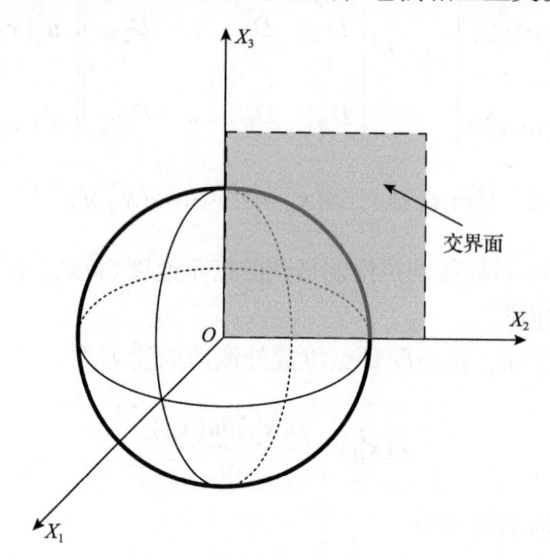

图 3-2　交界面局部坐标系

式(3-17)和式(3-18)在局部坐标系下的形式如下：

$$\begin{aligned}&\overline{\boldsymbol{W}}=(\rho,\rho u_1,\rho u_2,\rho u_3)^{\mathrm{T}}\\&\overline{\boldsymbol{F}}_n=(F_\rho,F_{\rho u_1},F_{\rho u_2},F_{\rho u_3})^{\mathrm{T}}\\&\boldsymbol{u}=(u_1,u_2,u_3)\end{aligned} \tag{3-19}$$

通过坐标变换，全局坐标系下的 $\boldsymbol{W}$ 和 $\boldsymbol{F}_n$ 可用局部坐标系下的 $\overline{\boldsymbol{W}}$ 和 $\overline{\boldsymbol{F}}_n$ 表示：

$$\begin{cases}u=n_{1x}u_1+n_{2x}u_2+n_{3x}u_3\\v=n_{1y}u_1+n_{2y}u_2+n_{3y}u_3\\w=n_{1z}u_1+n_{2z}u_2+n_{3z}u_3\end{cases} \tag{3-20}$$

$$\begin{cases}F_{\rho u}=n_{1x}F_{\rho u_1}+n_{2x}F_{\rho u_2}+n_{3x}F_{\rho u_3}\\F_{\rho v}=n_{1y}F_{\rho u_1}+n_{2y}F_{\rho u_2}+n_{3y}F_{\rho u_3}\\F_{\rho w}=n_{1z}F_{\rho u_1}+n_{2z}F_{\rho u_2}+n_{3z}F_{\rho u_3}\end{cases} \tag{3-21}$$

$$\begin{cases} \boldsymbol{n}_1=(n_{1x},n_{1y},n_{1z}) \\ \boldsymbol{n}_2=(n_{2x},n_{2y},n_{2z}) \\ \boldsymbol{n}_3=(n_{3x},n_{3y},n_{3z}) \end{cases} \tag{3-22}$$

式中，$\boldsymbol{n}_1$、$\boldsymbol{n}_2$和$\boldsymbol{n}_3$分别为X_1轴、X_2轴和X_3轴的单位向量。

Bhatnagar-Gross-Krook(BGK)碰撞模型下的玻尔兹曼方程为

$$\frac{\partial f}{\partial t}+\xi\cdot\nabla f=\frac{g-f}{\tau_v} \tag{3-23}$$

式中，f为气体分子分布函数；g为f对应的平衡态分布函数；$\xi=(\xi_1,\xi_2,\xi_3)$为分子速度；τ_v为弛豫时间，与分子间的平均碰撞时间具有类似的物理意义。平衡态分布函数根据文献[186]和[187]可以简化为

$$g_{\mathrm{s}}=\begin{cases} \dfrac{\rho}{4\pi}, & (\xi_1-u_1)^2+(\xi_2-u_2)^2+(\xi_3-u_3)^2=c^2 \\ 0, & \text{其他} \end{cases} \tag{3-24}$$

$$c^2=\frac{Dp}{\rho}=DRT \tag{3-25}$$

式中，c^2为气体分子的平均动能；R为气体常数；D为空间维度。对于不可压缩流动，参考温度T_{ref}应为常数并且足够大，以保证马赫数足够小，从而满足不可压缩的限制。在本节中，c与马赫数Ma的关系如下：

$$c^2=\frac{D{u_0}^2}{Ma^2} \tag{3-26}$$

式中，u_0为参考速度；$Ma=u_0/\sqrt{RT_{\mathrm{ref}}}$，取$Ma$=0.1，$u_0$=1。

根据式(3-24)和图3-3，局部坐标系下分子速度分量可以表示为

$$\xi_1=u_1+c\sin\varphi\cos\theta \tag{3-27a}$$

$$\xi_2=u_2+c\sin\varphi\sin\theta \tag{3-27b}$$

$$\xi_3=u_3+\cos\varphi \tag{3-27c}$$

简化SGKS下守恒形式的矩可以通过式(3-24)和式(3-27)的积分得出：

$$\int_0^{2\pi}\int_0^{\pi}g_{\mathrm{s}}\sin\varphi\mathrm{d}\varphi\mathrm{d}\theta=\rho \tag{3-28a}$$

$$\int_0^{2\pi}\int_0^{\pi} g_s \xi_\alpha \sin\varphi \mathrm{d}\varphi \mathrm{d}\theta = \rho u_\alpha \tag{3-28b}$$

$$\int_0^{2\pi}\int_0^{\pi} g_s \xi_\alpha \xi_\beta \sin\varphi \mathrm{d}\varphi \mathrm{d}\theta = \rho u_\alpha u_\beta + p\delta_{\alpha\beta} \tag{3-28c}$$

$$\int_0^{2\pi}\int_0^{\pi} g_s \xi_\alpha \xi_\beta \xi_\chi \sin\varphi \mathrm{d}\varphi \mathrm{d}\theta = p\left(u_\alpha \delta_{\beta\chi} + u_\beta \delta_{\chi\alpha} + u_\chi \delta_{\alpha\beta}\right) + \rho u_\alpha u_\beta u_\chi \tag{3-28d}$$

式中，ξ_α、ξ_β、ξ_χ 以及 u_α、u_β、u_χ 为分子速度和宏观流体速度在 α、β、χ 方向的分量。由式(3-28)可以看出，分布函数与守恒变量以及通量的关系可以表示为

$$\overline{\boldsymbol{W}} = \int_0^{2\pi}\int_0^{\pi} \boldsymbol{\varphi}_\alpha f \sin\varphi \mathrm{d}\varphi \mathrm{d}\theta \tag{3-29}$$

$$\overline{\boldsymbol{F}}_n = \int_0^{2\pi}\int_0^{\pi} \xi_1 \boldsymbol{\varphi}_\alpha f \sin\varphi \mathrm{d}\varphi \mathrm{d}\theta \tag{3-30}$$

$$\boldsymbol{\varphi}_\alpha = (1, \xi_1, \xi_2, \xi_3)^{\mathrm{T}} \tag{3-31}$$

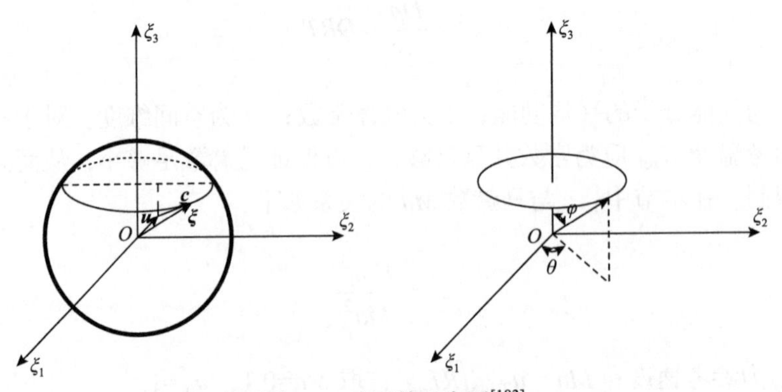

图 3-3　球函数示意图[183]

除此之外，根据 Chapman-Enskog 分析，运动黏性系数和弛豫时间的关系可以表示为

$$\tau_\nu = \frac{\nu}{RT_{\mathrm{ref}}} = \frac{\nu}{c^2 / D} \tag{3-32}$$

由式(3-30)可以看出，通量 $\overline{\boldsymbol{F}}_n$ 的计算可以通过分布函数 f 和交界面处的分子速度 $\boldsymbol{\varphi}_\alpha$ 获得。需要注意的是，体心处的守恒量不是通过式(3-29)获得的，而是通过求解式(3-16)获得的。

假设单元交界面位于$\boldsymbol{r}=0$处，则交界面处的分布函数[186]可以表示为

$$f(0,t) \approx g_{\mathrm{s}}(0,t) + \tau_{\nu}^{*}[g_{\mathrm{s}}(-\xi\delta t, t-\delta t) - g_{\mathrm{s}}(0,t)] \tag{3-33}$$

其中，

$$\delta t = \frac{0.4 \times \min\{\Delta l, \Delta r\}}{\max\{u_1{}^{+}, u_2{}^{+}, u_3{}^{+}\} + c^{+}}$$

式中，$g_{\mathrm{s}}(0,t)$和$g_{\mathrm{s}}(-\xi\delta t, t-\delta t)$分别为单元交界面和圆球表面的平衡分布函数；$\tau_{\nu}^{*} = \tau_{\nu} / \delta t$为无量纲的碰撞时间；$\delta t$为流动时间步长；$\Delta l$、$\Delta r$分别为交界面左侧和右侧单元的最短边长；$u_1{}^{+}$、$u_2{}^{+}$、$u_3{}^{+}$为预测平均宏观流动速度。

为了简化公式，下面将$(0,t)$和$(-\xi\delta t, t-\delta t)$分别简化为上标 face 和 sph，将式(3-33)代入式(3-30)，可得

$$\begin{aligned}\bar{\boldsymbol{F}}_n &= \iint \xi_1^{\mathrm{face}} g_{\mathrm{s}}^{\mathrm{face}} \boldsymbol{\varphi}_{\alpha}^{\mathrm{face}} \sin\varphi \mathrm{d}\varphi \mathrm{d}\theta + \tau_{\nu}^{*}\left[\iint \xi_1^{\mathrm{sph}} g_{\mathrm{s}}^{\mathrm{sph}} \boldsymbol{\varphi}_{\alpha}^{\mathrm{sph}} \sin\varphi \mathrm{d}\varphi \mathrm{d}\theta \right. \\ &\quad \left. - \iint \xi_1^{\mathrm{face}} g_{\mathrm{s}}^{\mathrm{face}} \boldsymbol{\varphi}_{\alpha}^{\mathrm{face}} \sin\varphi \mathrm{d}\varphi \mathrm{d}\theta \right] \\ &= \boldsymbol{F}^{\mathrm{I}} + \tau_{\nu}{}^{*}\left(\boldsymbol{F}^{\mathrm{II}} - \boldsymbol{F}^{\mathrm{I}}\right)\end{aligned} \tag{3-34}$$

式中，将通量中交界面处的部分记为$\boldsymbol{F}^{\mathrm{I}}$，将球面处的部分记为$\boldsymbol{F}^{\mathrm{II}}$。

平衡分布函数和矩向量均为流动变量的函数，因此应先确定相应位置处的流动变量。对于任意流动变量ϕ，其在球面处的值可以由式(3-35)求出：

$$\phi^{\mathrm{sph}} = \begin{cases} \phi^{\mathrm{L}} - \nabla\phi^{\mathrm{L}} \cdot \xi^{+}\delta t, & \xi_1{}^{+} \geqslant 0 \\ \phi^{\mathrm{R}} - \nabla\phi^{\mathrm{R}} \cdot \xi^{+}\delta t, & \xi_1{}^{+} < 0 \end{cases} \tag{3-35}$$

式中，ϕ^{L}和ϕ^{R}分别为ϕ在交界面左、右两侧的值；$\nabla\phi^{\mathrm{L}}$和$\nabla\phi^{\mathrm{R}}$分别为ϕ在左、右两侧靠近交界面的单元对ϕ的一阶导数；ξ^{+}为交界面处的预测分子速度，

$$\begin{aligned}\xi^{+} &= (\xi_1{}^{+}, \xi_2{}^{+}, \xi_3{}^{+}) \\ &= (u_1^{+} + c^{+}\sin\varphi\cos\theta, u_2^{+} + c^{+}\sin\varphi\sin\theta, u_3^{+} + c^{+}\cos\theta)\end{aligned} \tag{3-36}$$

预测平均宏观流动速度u_1^{+}、u_2^{+}及u_3^{+}可以通过 Roe 平均方法[188]获得，对于不可压流动，$c^{+} = c$。

通过相容性条件和式(3-29)，交界面处的守恒变量可以通过式(3-37)求出：

$$\begin{aligned}\overline{\boldsymbol{W}}^{\mathrm{face}} &= \iint \boldsymbol{\varphi}_{\alpha}^{\mathrm{face}} g_{\mathrm{s}}^{\mathrm{face}} \sin\varphi \mathrm{d}\varphi \mathrm{d}\theta \\ &= \iint\limits_{\xi_1^{+} \geqslant 0} \boldsymbol{\varphi}_{\alpha}^{\mathrm{sph,L}} g_{\mathrm{s}}^{\mathrm{sph,L}} \sin\varphi \mathrm{d}\varphi \mathrm{d}\theta + \iint\limits_{\xi_1^{+} < 0} \boldsymbol{\varphi}_{\alpha}^{\mathrm{sph,R}} g_{\mathrm{s}}^{\mathrm{sph,R}} \sin\varphi \mathrm{d}\varphi \mathrm{d}\theta\end{aligned} \tag{3-37}$$

式中的积分域由 ξ_1^+ 决定。根据文献[187]中的推导，一般情况下，式(3-37)可以改写为

$$\overline{\boldsymbol{W}}^{\text{face}}=\int_{-\theta_0}^{\theta_0}\int_0^{\pi}\boldsymbol{\varphi}_\alpha^{\text{sph,L}}g_{\text{s}}^{\text{sph,L}}\sin\varphi\text{d}\varphi\text{d}\theta+\int_0^{2\pi-\theta_0}\int_0^{\pi}\boldsymbol{\varphi}_\alpha^{\text{sph,R}}g_{\text{s}}^{\text{sph,R}}\sin\varphi\text{d}\varphi\text{d}\theta \tag{3-38}$$

其中，

$$\theta_0=\arccos\left(\frac{-u_1^{\ +}}{c^+}\right)$$

然而对于不可压流动，*Ma* 较小，因此 c^+ 远大于 $u_1^{\ +}$，所以可以近似认为

$$\theta_0=\arccos\left(\frac{-u_1^+}{c^+}\right)\approx\frac{\pi}{2} \tag{3-39}$$

也就是说，在交界面处的圆球可以近似为如图 3-1 所示的左右对称模型。因此，式(3-38)可以进一步简化为

$$\overline{\boldsymbol{W}}^{\text{face}}=\int_{-\pi/2}^{\pi/2}\int_0^{\pi}\boldsymbol{\varphi}_\alpha^{\text{sph,L}}g_{\text{s}}^{\text{sph,L}}\sin\varphi\text{d}\varphi\text{d}\theta+\int_{\pi/2}^{3\pi/2}\int_0^{\pi}\boldsymbol{\varphi}_\alpha^{\text{sph,R}}g_{\text{s}}^{\text{sph,R}}\sin\varphi\text{d}\varphi\text{d}\theta \tag{3-40}$$

在求出交界面处的守恒变量后，$\boldsymbol{\varphi}_\alpha^{\text{face}}$ 和 $g_{\text{s}}^{\text{face}}$ 可以通过将 $\overline{\boldsymbol{W}}^{\text{face}}$ 代入式(3-24)和式(3-27)求出，进而得到通量 $\boldsymbol{F}^{\text{I}}$。另一个更为简单的计算方法为直接将守恒变量代入非黏性通量的表达式中：

$$\boldsymbol{F}^{\text{I}}=\begin{bmatrix}\rho u_1\\ \rho u_1u_1+\rho c^+c^+/D\\ \rho u_1u_2\\ \rho u_1u_3\end{bmatrix}^{\text{face}} \tag{3-41}$$

同理，$\boldsymbol{F}^{\text{II}}$ 可以通过式(3-42)求出：

$$\boldsymbol{F}^{\text{II}}=\int_{-\pi/2}^{\pi/2}\int_0^{\pi}\xi_1^{\text{sph,L}}\boldsymbol{\varphi}_\alpha^{\text{sph,L}}g_{\text{s}}^{\text{sph,L}}\sin\varphi\text{d}\varphi\text{d}\theta+\int_{\pi/2}^{3\pi/2}\int_0^{\pi}\xi_1^{\text{sph,R}}\boldsymbol{\varphi}_\alpha^{\text{sph,R}}g_{\text{s}}^{\text{sph,R}}\sin\varphi\text{d}\varphi\text{d}\theta \tag{3-42}$$

将式(3-41)和式(3-42)代入式(3-34)中，即可得到三维 N-S 方程在单元交界面处的完整通量表达。

以上内容为 SGKS 和浸入边界法的相关理论推导。根据上述理论，求解流场的流程如下：

(1) 计算守恒变量的导数及其在交界面两侧的初始值。

(2) 使用 Roe 平均方法计算交界面处 u_1^+、u_2^+ 和 u_3^+，进而计算 c^+，并计算流动时间步长 δt 和无量纲碰撞时间 $\tau_\nu^* = \tau_\nu / \delta t$。

(3) 计算圆球表面的矩向量 $\boldsymbol{\varphi}_\alpha = (1, \xi_1, \xi_2, \xi_3)^{\mathrm{T}}$。

(4) 计算交界面处的 $\bar{\boldsymbol{W}}^{\text{face}}$，进而通过式 (3-41) 计算 $\boldsymbol{F}^{\mathrm{I}}$。

(5) 计算 $\boldsymbol{F}^{\mathrm{II}}$，进而得到 $\bar{\boldsymbol{F}}_n$，并根据式 (3-22) 将通量 $\bar{\boldsymbol{F}}_n$ 转换到全局坐标系中。

(6) 求解方程 (3-2) 得到 n+1 时刻的密度 ρ^{n+1} 和预测速度 $\boldsymbol{u}^*$。

(7) 求解线性方程组 (3-12) 得到拉格朗日点处的校正速度 $\delta\boldsymbol{u}(\boldsymbol{x}_B^l)$，并根据式 (3-15) 求得浸入边界的受力。

(8) 根据式 (3-10) 得到欧拉点处的校正速度，并根据式 (3-7) 更新流场速度。

(9) 重复步骤 (1)～(8)，直至结果收敛。

3.2.3　数值验证

1. 方法验证

本节的研究对象为蝠鲼和金枪鱼，涉及单体和异构集群水动力特性研究。在开始计算前，需要检验本求解器在解决相关鱼类游动问题时的可行性和可靠性。首先进行金枪鱼单体游动验证，计算域的大小为 7.5BL×2BL×2BL，网格数量为 287×121×121，加密区域大小为 1.5BL×1BL×1BL，加密区域网格尺寸为 0.01BL，如图 3-4 所示。

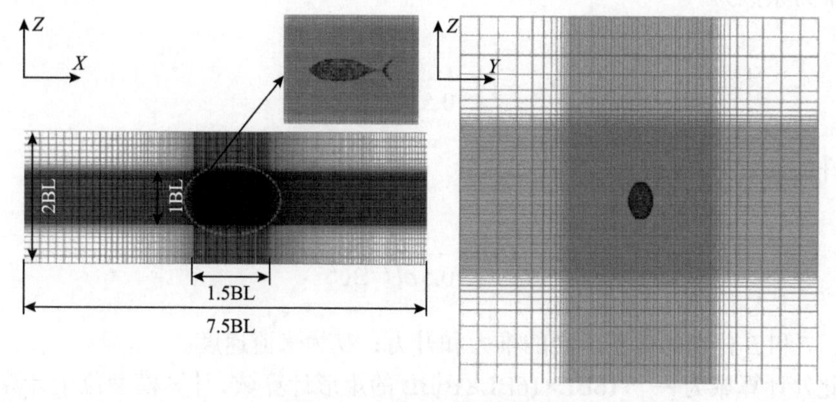

图 3-4　金枪鱼网格细节图

保持雷诺数 Re=2000 不变，在不同施特鲁哈尔数 St 下开展数值计算，并与张钧铎等[189]的数值计算结果进行对比。在张钧铎等的研究中，将金枪鱼所受流向力分为鱼体和鱼尾受力两部分，本节仅计算金枪鱼整体受力，故与张钧铎等研究的两部分力加和进行对比。流向力系数曲线如图 3-5 所示。本节计算结果与参考值趋势吻合较好，误差较小，说明利用本节计算方法进行 BCF 鱼类游动问题模拟具有较高的可信性。

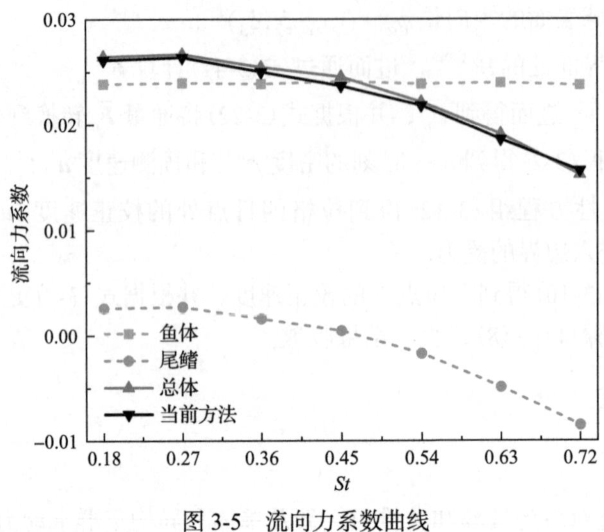

图 3-5　流向力系数曲线

2. 网格无关性验证

首先将蝠鲼受力无量纲化：

推力系数为

$$C_{\mathrm{T}} = \frac{T}{0.5\rho U^2 \mathrm{BL}^2}$$

升力系数为

$$C_{\mathrm{L}} = \frac{L}{0.5\rho U^2 \mathrm{BL}^2}$$

式中，T 和 L 分别为模型所受的推力和升力；U 为来流速度。

此处计算域为一个 16BL×16BL×16BL 的矩形计算域，计算模型位于计算域中心。计算域采用正交的笛卡儿网格进行离散，在模型周围有一个尺寸为 1.62BL×1.95BL×1.62BL 的矩形内域，内域内采用高分辨率的均匀加密网格，外域的网格尺寸由内域向远场逐渐均匀变疏。为了研究蝠鲼在均匀来流中的水动力性能，计算采用拘束模型方法，即模型系留在原地，通过入口给定速度边界条件来模拟模型在水中的运动，出口处为速度出口边界条件，其余边界条件为壁面边界条件，计算域的设计及网格的划分如图 3-6 和图 3-7 所示。蝠鲼模型由三角形网格进行划分，网格节点数量为 4102。

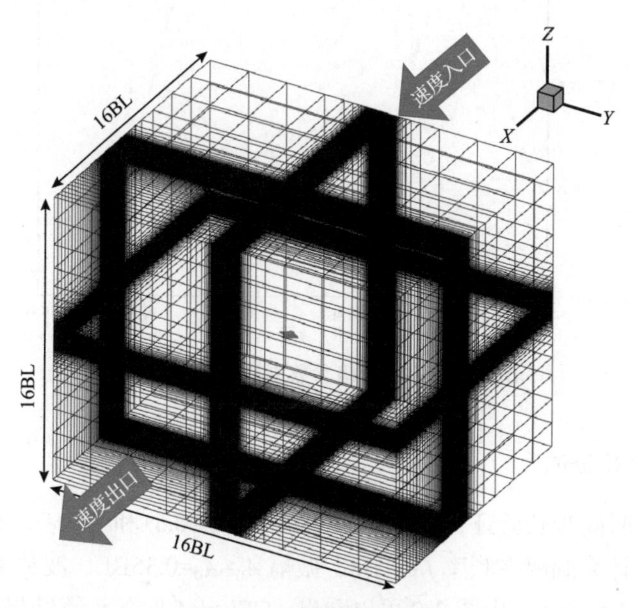

图 3-6　计算域网格划分

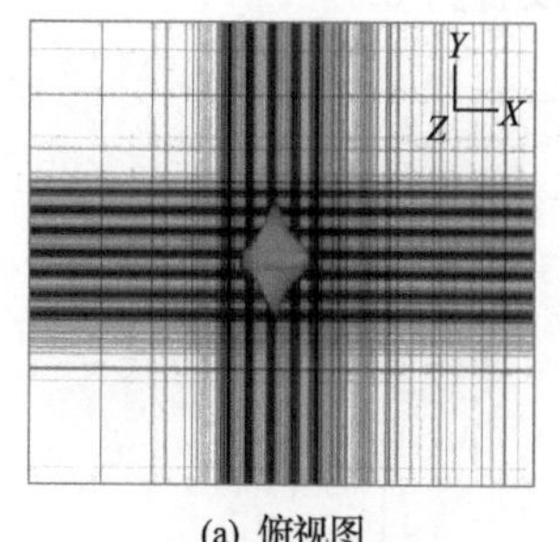

(a) 俯视图

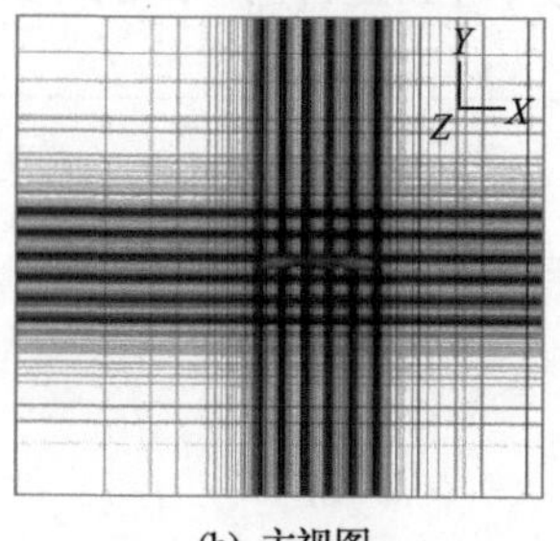

(b) 主视图

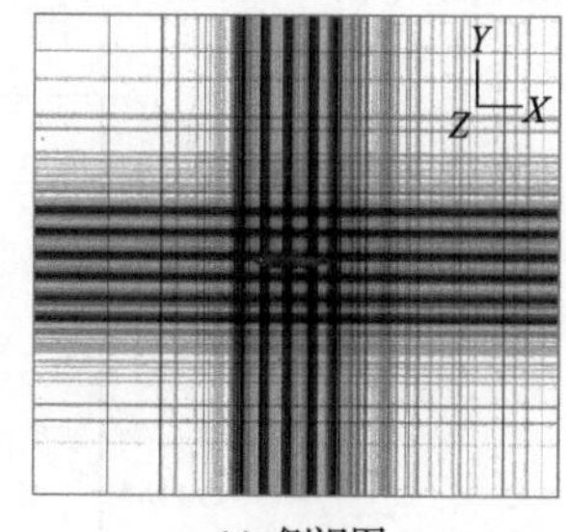

(c) 侧视图

图 3-7　网格细节图

为了进行网格无关性研究，选择粗网格、中等网格、加密网格三种方案，加密区域的网格大小分别为 0.016BL、0.014BL、0.012BL，分别对应 658 万、892 万、1177 万网格。选定时间步长 Δt = 0.5848ms（CFL 数为 0.5），计算蝠鲼在频率 f = 1Hz、振幅 A_u=A_d=0.35BL、波数 W= 0.4 时的推力系数，如图 3-8 所示。由图 3-8 可以看出，中等网格的计算结果达到了网格无关性要求，为节约计算资源，提升计算速度，在后续计算中加密区域网格大小选取为 0.014BL。

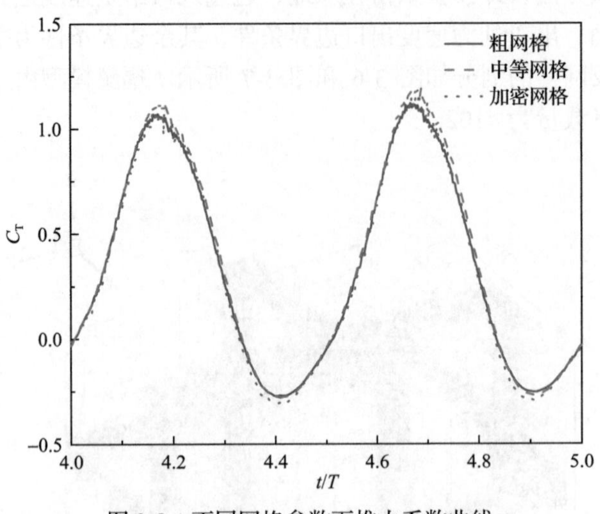

图 3-8　不同网格参数下推力系数曲线

3. 时间步长验证

为了进行时间步长验证，选择 0.5848ms（CFL=0.5）和 0.3509ms（CFL=0.3）两种时间步长，计算蝠鲼在频率 f= 1Hz、振幅 A_u=A_d=0.35BL、波数 W= 0.4 时的推力系数，如图 3-9 所示。由图 3-9 可以看出，CFL=0.5 时的计算结果达到了时间步无关性要求，为提升计算速度，在后续计算中时间步长设置为 0.5。

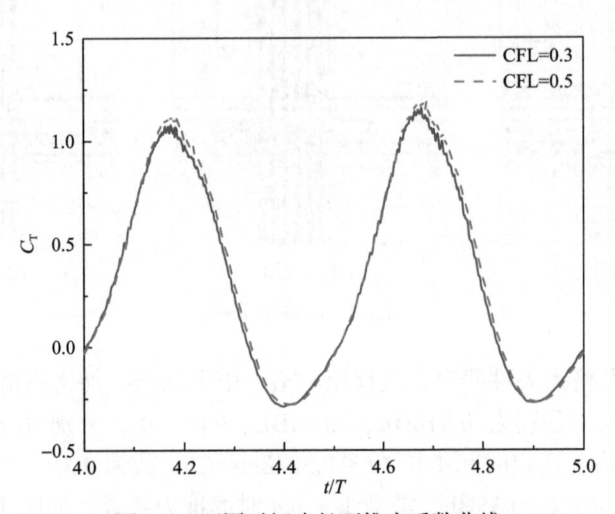

图 3-9　不同时间步长下推力系数曲线

3.3　自主游动数值计算方法及验证

3.3.1　自主游动动力学建模

1. 游动过程的受力分析

蝠鲼在游动过程中，主要受到两方面的力：一方面为内力，主要指蝠鲼身体内部由肌肉收缩而控制身体运动产生的力；另一方面为外力，即外部环境作用在蝠鲼身上的力，包括重力 G、浮力 F_{b}、表面法向力 F_{n} 及表面切向力 F_{τ}。

表面切向力是由黏性与边界面上速度梯度引起的，表面法向力是由边界面上压力强度变化引起的。切向力和法向力在 x、y、z 三坐标轴均有分量：表面切向力在 x 轴上的分量为摩擦阻力 D_{v}；表面法向力在 x 轴上的分量为压强阻力 D_{p}，也称形状阻力；而切向力和法向力在 y 轴上的分量和为侧向力 F_y，切向力和法向力在 z 轴上的分量和为升力 L。蝠鲼静态时重力基本上可以与浮力平衡，因此本节假设蝠鲼所受的这对作用力互相平衡抵消，即忽略重力和浮力的影响。随着蝠鲼胸鳍的周期性拍动，升力、侧向力、阻力将周期性地改变方向。如图 3-10 所示，蝠鲼受到的所有合力分量可表示为 F_x、F_y 与 F_z，图中各分力箭头指向取正值。另外，蝠鲼受到的力矩表示为横滚力矩 M_x、偏航力矩 M_y 与俯仰力矩 M_z。

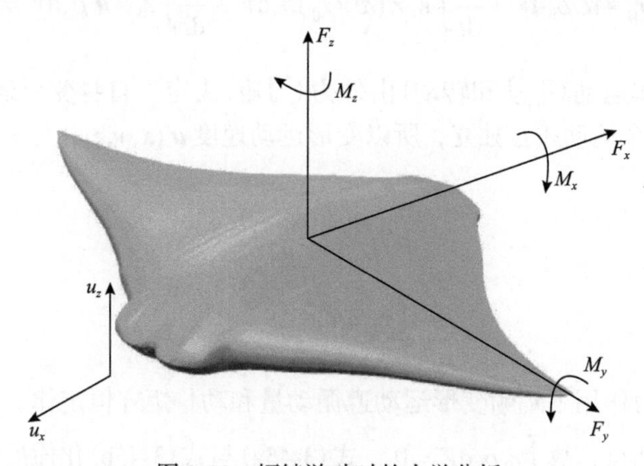

图 3-10　蝠鲼游动时的力学分析

2. 蝠鲼动力学方程

整个蝠鲼可以看成由无穷多个质点组成，根据质点系动力学理论，在全局坐标系下的蝠鲼模型的动力学方程由动量定理和动量矩定理组成，可表示为

$$\frac{\mathrm{d}}{\mathrm{d}t}\int \boldsymbol{u}(x,y,z,t)\rho_{\mathrm{b}}\mathrm{d}V = \boldsymbol{F} \tag{3-43a}$$

$$\frac{\mathrm{d}}{\mathrm{d}t}\int \boldsymbol{r}_0 \times \boldsymbol{u}(x,y,z,t)\rho_{\mathrm{b}}\mathrm{d}V = \boldsymbol{M} \tag{3-43b}$$

式中，ρ_{b}为蝠鲼密度；$\boldsymbol{F}$为作用在蝠鲼上的合外力；$\boldsymbol{M}$为作用在蝠鲼上合外力的力矩；$\boldsymbol{r}_0$为从质心指向蝠鲼上任意一点的矢径。

蝠鲼自主游动具有六个自由度，分别为沿三个坐标轴的平动和转动，全部运动可分解为整体平动、绕质心转动以及自身柔性变形运动，因此其运动方程可表示为

$$\boldsymbol{u}(x,y,z,t) = \boldsymbol{u}_{\mathrm{c}}(t) + \boldsymbol{\omega}_{\mathrm{c}}(t) \times \boldsymbol{r}_0 + \boldsymbol{u}'(x,y,z,t) \tag{3-44}$$

式中，$\boldsymbol{u}_{\mathrm{c}}(t)$为蝠鲼在全局坐标系下的平动速度；$\boldsymbol{\omega}_{\mathrm{c}}(t)$为蝠鲼在全局坐标系下的转动角速度；$\boldsymbol{u}'(x,y,z,t)$为蝠鲼变形运动速度相对于随体系的速度。

将式(3-44)代入式(3-43a)与式(3-43b)得到

$$\frac{\mathrm{d}}{\mathrm{d}t}\int \boldsymbol{u}_{\mathrm{c}}\rho_{\mathrm{b}}\mathrm{d}V + \frac{\mathrm{d}}{\mathrm{d}t}\int \boldsymbol{\omega} \times \boldsymbol{r}_0\rho_{\mathrm{b}}\mathrm{d}V + \frac{\mathrm{d}}{\mathrm{d}t}\int \boldsymbol{u}'\rho_{\mathrm{b}}\mathrm{d}V = \boldsymbol{F} \tag{3-45a}$$

$$\frac{\mathrm{d}}{\mathrm{d}t}\int \boldsymbol{r}_0 \times \boldsymbol{u}_{\mathrm{c}}\rho_{\mathrm{b}}\mathrm{d}V + \frac{\mathrm{d}}{\mathrm{d}t}\int \boldsymbol{r}_0 \times (\boldsymbol{\omega} \times \boldsymbol{r}_0)\rho_{\mathrm{b}}\mathrm{d}V + \frac{\mathrm{d}}{\mathrm{d}t}\int \boldsymbol{r}_0 \times \boldsymbol{u}'\rho_{\mathrm{b}}\mathrm{d}V = \boldsymbol{M} \tag{3-45b}$$

蝠鲼的整体运动(平动和转动)由外力(力矩)决定，自身变形运动由内力(力矩)决定，这两个运动相互独立，所以变形运动速度$\boldsymbol{u}'(x,y,z,t)$与$\boldsymbol{F}$、$\boldsymbol{M}$无关，即

$$\frac{\mathrm{d}}{\mathrm{d}t}\int \boldsymbol{u}'\rho_{\mathrm{b}}\mathrm{d}V = 0 \tag{3-46}$$

$$\frac{\mathrm{d}}{\mathrm{d}t}\int \boldsymbol{r}_0 \times \boldsymbol{u}'\rho_{\mathrm{b}}\mathrm{d}V = 0 \tag{3-47}$$

即质点系在内力作用下蝠鲼变形运动遵循动量和动量矩守恒定律。另外，由于蝠鲼以质心为转动点，故$\int r_0\rho_{\mathrm{b}}\mathrm{d}V = 0$，式(3-45a)与式(3-45b)化简后即为蝠鲼在外力作用下的整体运动：

$$\frac{\mathrm{d}}{\mathrm{d}t}\int \boldsymbol{u}_{\mathrm{c}}\rho_{\mathrm{b}}\mathrm{d}V = \boldsymbol{F} \tag{3-48a}$$

$$\frac{\mathrm{d}}{\mathrm{d}t}\int \boldsymbol{r}_0 \times (\boldsymbol{\omega} \times \boldsymbol{r}_0)\rho_{\mathrm{b}}\mathrm{d}V = \boldsymbol{M} \tag{3-48b}$$

本节采用的蝠鲼密度与水密度相等，整体处于零浮力状态，由此计算得到蝠鲼质量 m=500kg，式(3-48)可改写为

$$m\frac{\mathrm{d}\boldsymbol{u}_{\mathrm{c}}}{\mathrm{d}t}=\boldsymbol{F} \tag{3-49a}$$

$$\frac{\mathrm{d}}{\mathrm{d}t}(I_{\mathrm{c}}\cdot\boldsymbol{\omega})=\boldsymbol{M} \tag{3-49b}$$

式中，$I_{\mathrm{c}}=\int r_0\times r_0\rho_{\mathrm{b}}\mathrm{d}V$ 为蝠鲼关于质心的瞬时转动惯量；$m=\int\rho_{\mathrm{b}}\mathrm{d}V$ 为蝠鲼质量。

式(3-49)即为蝠鲼整体平动和整体转动的动力学方程。蝠鲼受到的外力和外力矩全部来自流体动力，因此必须求解流体动力学方程，此处对蝠鲼自主游动的研究只包括整体平动运动，未来会进行转动的研究。

3.3.2　自主游动流场求解

1. 非定常流场的控制方程及求解方法

本节研究的蝠鲼自主游动所处的流场为三维不可压缩非定常黏性流场，流体的控制方程是 RANS 方程和时均连续性方程，在笛卡儿坐标系下的张量形式表达如下：

$$\begin{cases}\dfrac{\partial}{\partial x_i}(\rho u_i)=0\\[2ex]\dfrac{\partial(\rho u_i)}{\partial t}+\dfrac{\partial}{\partial x_i}(\rho u_i u_j)=-\dfrac{\partial p}{\partial x_i}+\dfrac{\partial}{\partial x_j}\left(\mu\dfrac{\partial u_i}{\partial x_j}-\rho\overline{u_i'u_j'}\right)+S_i\end{cases},\quad i,j=1,2,3 \tag{3-50}$$

式中，ρ 为流体密度；μ 为动力黏度系数；x_i、x_j 分别为 i、j 方向的位移矢量；u_i、u_j 分别为 i、j 方向速度分量的时间均值；u_i'、u_j' 为速度分量的脉动值；$\overline{u_i'u_j'}$ 为速度脉动乘积的时间平均值；p 为压强时均值；S_i 为广义源项。以上两式组成的方程不封闭，需要添加湍流模型才能求解。

本书采用有限体积法求解控制方程，对计算域进行网格划分，得到有限个体积单元，共同构成计算所需的网格，将控制方程在网格上进行离散，转化为求解每个网格节点上的方程。求解不可压缩流场就是对离散后的连续方程和动量方程进行求解，基于压力求解的方法有很多，最具代表性的是压力耦合方程组的半隐式方法(semi-implicit method for pressure linked equations, SIMPLE)[190]。离散方法中梯度项采用 Least Squares Cell Based(基于单元的最小二乘法)，压力项为 Second Order(二阶格式)，动量项为 Second Order Upwind(二阶迎风格式)，时间项为 First

Order Implict（一阶隐式格式），湍流模型选用 SST k-ω。

2. 蝠鲼-流体耦合过程

实现蝠鲼自主游动就是在流体域与蝠鲼之间不断耦合交互的过程，在每一个时间步的求解步骤如下，耦合计算流程如图 3-11 所示。

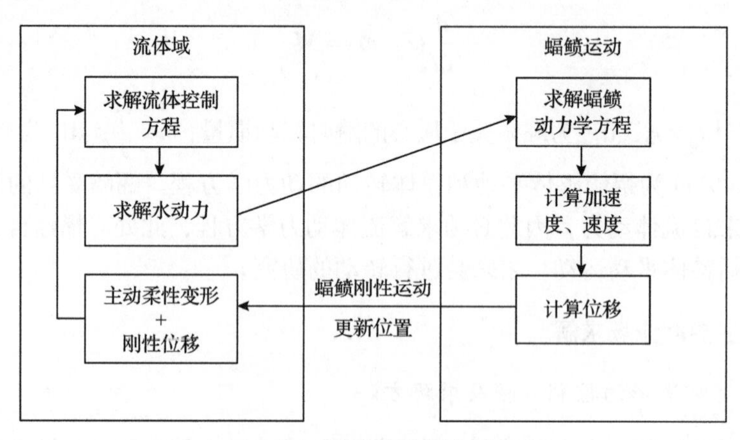

图 3-11　蝠鲼-流体耦合过程

(1) 在 t=n+1 时刻，蝠鲼根据运动学方程发生变形运动。

(2) 在 t=n+1 时刻，求解流体控制方程(3-50)，得到作用在蝠鲼上的流体动力。

(3) 求解蝠鲼动力学方程(3-49a)时，由于耦合的相互作用，数值计算过程中相邻两个时间步的值可能变化过大导致不收敛，需要引入松弛因子 α 使蝠鲼作用力稳定且逐渐收敛[100,101]，避免发散。本节使用隐式耦合方法，根据式(3-51)使用第 n 步和第 n+1 步的值进行计算，得到等效作用力：

$$\begin{cases} F_x^{n+1} = \alpha \tilde{F}_x^{n+1} + (1-\alpha) F_x^n \\ F_z^{n+1} = \alpha \tilde{F}_z^{n+1} + (1-\alpha) F_z^n \end{cases}, \quad 0 \leqslant \alpha \leqslant 1 \tag{3-51}$$

(4) 根据蝠鲼动力学方程(3-49a)计算得到 t=n+1 时刻的加速度，为保证精度，当前时刻的速度计算如式(3-52)所示，使用第 n−1 步、第 n 步和第 n+1 步的值，具有二阶精度。

$$\begin{cases} a_x^{n+1} = \dfrac{F_x^{n+1}}{m} = \dfrac{3u_x^{n+1} - 4u_x^n + u_x^{n-1}}{2\Delta t} \\ a_z^{n+1} = \dfrac{F_z^{n+1}}{m} = \dfrac{3u_z^{n+1} - 4u_z^n + u_z^{n-1}}{2\Delta t} \end{cases} \tag{3-52}$$

(5) 使用第 n 步和第 n+1 步的值计算蝠鲼在 n+1 时刻的位移，更新蝠鲼位

置，即

$$\begin{cases} x^{n+1} = x^n + \dfrac{1}{2}\left(u_x^{n+1} + u_x^n\right)\Delta t \\ z^{n+1} = z^n + \dfrac{1}{2}\left(u_z^{n+1} + u_z^n\right)\Delta t \end{cases} \tag{3-53}$$

(6)循环计算，直至蝠鲼达到稳态巡游。

3. 动力学参数的计算

根据本节坐标系的设置，蝠鲼沿全局坐标系 X 轴的负方向游动。为了便于对计算结果进行分析，定义蝠鲼前进游速 $u_f = -u_x$，定义蝠鲼前进方向的纵向力 $F_f = -F_x$。蝠鲼由初始静止状态加速向前游动，最终达到稳定巡游状态。在巡游状态下，蝠鲼前游速度 u_f 的时均值 $\overline{u}_f$ 恒定，巡游速度即为 U_s，当相邻两个周期内的时均速度变化小于 1%时，即认为游动达到稳定，x 轴与 z 轴方向的平均游动速度表示为

$$\begin{cases} \overline{u}_f = \dfrac{1}{T}\displaystyle\int_0^T u_f \mathrm{d}t = \dfrac{1}{T}\int_0^T \left(-\dfrac{\mathrm{d}X}{\mathrm{d}t}\right)\mathrm{d}t \\ \overline{u}_z = \dfrac{1}{T}\displaystyle\int_0^T u_z \mathrm{d}t = \dfrac{1}{T}\int_0^T \left(\dfrac{\mathrm{d}Z}{\mathrm{d}t}\right)\mathrm{d}t \end{cases} \tag{3-54}$$

在蝠鲼自主游动中，采用无量纲参数描述运动状态，蝠鲼进入巡游状态后的雷诺数 Re 和施特鲁哈尔数 St 分别为

$$Re = \frac{U_s \cdot \mathrm{BL}}{\nu} \tag{3-55}$$

$$St = \frac{(A_u + A_d)f}{U_s} \tag{3-56}$$

式中，ν 为运动黏性系数。

通过求解流体方程，可以得到蝠鲼表面的压力和黏性应力分布，将其沿蝠鲼表面积分，能够得到蝠鲼在 x 方向与 z 方向的瞬时作用力：

$$F_x(t) = \int_A (-pn_1 + \tau_{1j}n_j)\mathrm{d}A \tag{3-57}$$

$$F_z(t) = \int_A (-pn_3 + \tau_{3j}n_j)\mathrm{d}A \tag{3-58}$$

式中，$\mathrm{d}A$ 为蝠鲼表面微元；p 为蝠鲼表面微元 $\mathrm{d}A$ 上的压力；n_j 为蝠鲼表面微元

dA 上法向向量的第 j 个分量；τ_{1j}、τ_{3j} 为黏性应力张量。

$F_x(t)$ 根据在周期变化中的正负变化，可分为净推力 $F_{\mathrm{T}}(t)$ 和净阻力 $F_{\mathrm{D}}(t)$，分别表示为

$$\begin{cases} F_{\mathrm{T}}(t) = F_{\mathrm{Tp}} + F_{\mathrm{Tv}} = \dfrac{1}{2}\left(\displaystyle\int_A -pn_1 \mathrm{d}A + \left|\int_A -pn_1 \mathrm{d}A\right|\right) + \dfrac{1}{2}\left(\tau_{1j} n_j \mathrm{d}A + \left|\displaystyle\int_A \tau_{1j} n_j \mathrm{d}A\right|\right) \\ F_{\mathrm{D}}(t) = F_{\mathrm{Dp}} + F_{\mathrm{Dv}} = -\dfrac{1}{2}\left(\displaystyle\int_A -pn_1 \mathrm{d}A - \left|\int_A -pn_1 \mathrm{d}A\right|\right) - \dfrac{1}{2}\left(\tau_{1j} n_j \mathrm{d}A - \left|\displaystyle\int_A \tau_{1j} n_j \mathrm{d}A\right|\right) \end{cases} \tag{3-59}$$

式中，F_{Tp} 与 F_{Dp} 表示压力分量；F_{Tv} 与 F_{Dv} 表示黏性力分量。在蝠鲼游动至稳态巡游速度后，二者的时均值相等，合力为零，即 $F_x(t)=F_{\mathrm{T}}(t)-F_{\mathrm{D}}(t)$。

蝠鲼自主游动时克服侧向和垂向运动所做的功即为消耗功率，也称为输入功率：

$$P_{\mathrm{L}}(t) = \sum_{i=2}^{3} \int_A (-pn_j + \tau_{ij} n_j) \dot{h}_i \mathrm{d}A \tag{3-60}$$

由于巡游速度 U_{s} 不是一个独立值，所以选择特征速度 U_0=1BL/s 将以上动力学参数进行无量纲化处理，输入功率系数 C_{PL} 表示为

$$C_{\mathrm{PL}} = \frac{P_{\mathrm{L}}}{0.5\rho U_0^3 \mathrm{BL}^2} \tag{3-61}$$

目前，学术界关于自主游动效率的定义仍有争议，通常来说，鱼类游动的效率定义为推力 (x 向合力) 代表的输出功率与输入功率的比值，原地系留模型的效率也是如此计算，但是在自主游动中，当达到稳态游动时，推力与阻力相等，x 向合力为零，所以 Tytell 和 Lauder[191]使用净推力定义 Froude 效率，这是目前一种较为常用的定义。只有在鱼类达到稳态游动时，Froude 效率才有意义，即有用功率与总功率之比，表示如下：

$$\eta_{\mathrm{F}} = \frac{\bar{T} U_{\mathrm{s}}}{\bar{T} U_{\mathrm{s}} + \bar{P}_{\mathrm{L}}} = \frac{\bar{C}_{\mathrm{T}}}{\bar{C}_{\mathrm{T}} + \bar{C}_{\mathrm{PL}}} \tag{3-62}$$

另一种是 Schultz 和 Webb[192]提出的 MPG (miles per gallon) 效率，表示游动单位距离所需能量，即能量利用效率。MPG 效率越大越节能，它表示为

$$\eta_{\mathrm{M}} = \frac{U_{\mathrm{s}}}{\bar{P}_{\mathrm{L}}} \tag{3-63}$$

3.3.3　数值验证

1. 方法验证

1) 三维刚性拍动翼的自主游动

首先验证单自由度下的自主游动，计算模型采用截面形状为椭圆的三维翼型[88]，展长为 S，弦长为 c，椭圆厚度为 $0.1c$，展弦比 $AR=S/c$，质量 $m=\sigma\rho V$，其中密度比 σ 为翼型密度与流体密度的比值，V 为翼型体积，翼型运动方程为

$$h(t)=h_0 c\sin(2\pi ft) \tag{3-64}$$

式中，h_0 为升沉运动幅值；f 为升沉频率。在此次验证中，参数设置为 $h_0=0.5$，$AR=4.0$，$Re_{fr}=\rho f(hc)c/\mu=80$。

计算结果如图 3-12 所示，无量纲前游速度 U 及力系数 C_{Fx} 与文献[88]结果相比在较大时间范围内保持一致，尤其在静止-加速阶段速度误差很小。

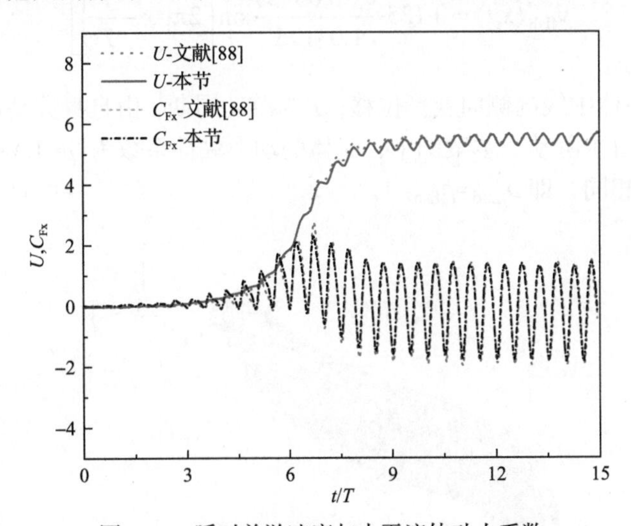

图 3-12　瞬时前游速度与水平流体动力系数

图 3-13 为三维涡结构对比图。由图可以看到，在两个时刻的涡结构与文献[88]中的较为吻合。

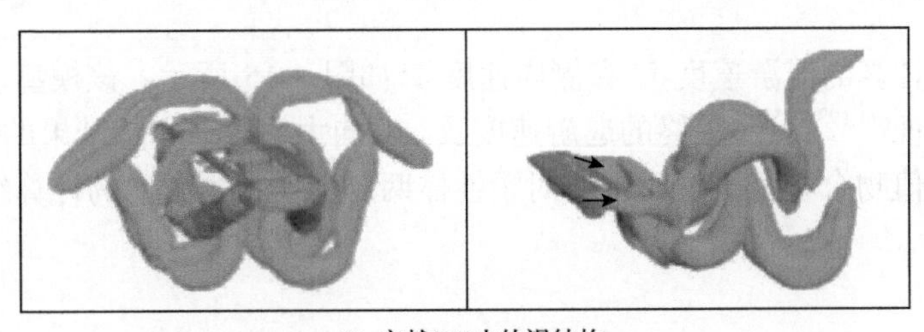

(a) 文献[88]中的涡结构

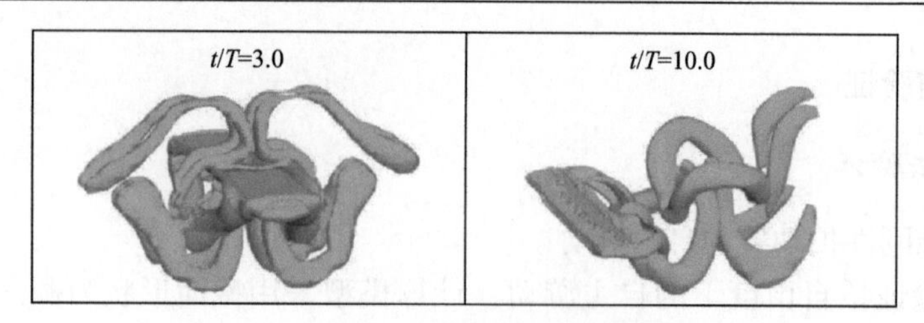

(b) 本节计算得到的涡结构

图 3-13　三维涡结构对比图

2）三维柔体的自主游动

为了更契合本节对蝠鲼自主游动的研究，接下来验证三维柔体的复杂运动问题，即仿生鱼的两自由度自主游动[97]，外形如图 3-14 所示，体长为 1m，波动方程为

$$y_{\text{fish}}(x,t) = 0.125\frac{x+0.03125}{1.03125}\sin\left[2\pi\left(x-\frac{t}{T}\right)\right] \tag{3-65}$$

式中，y_{fish} 为鱼体中线的侧向变形位移；T 为游动周期，由自身波动而自发在前进方向与侧向做自主游动。本案例中，流体的动力黏性系数为 $\mu=1.4\times10^{-4}$，流体密度与鱼的密度相同，即 $\rho_{\text{fluid}}=\rho_{\text{fish}}=1$。

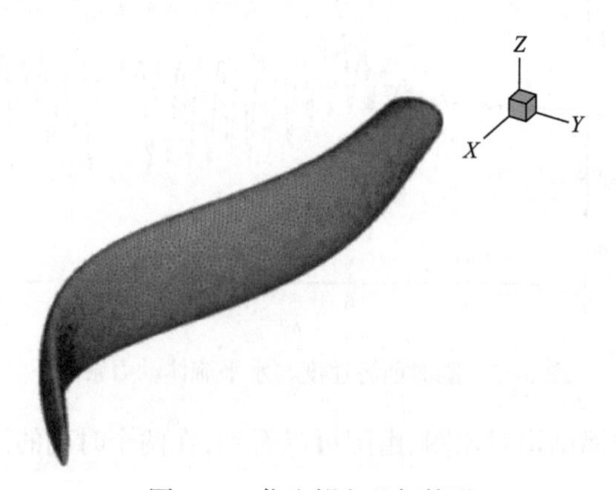

图 3-14　仿生鳗鱼几何外形

本节计算的前游速度 U 和侧向速度 V 如图 3-15 所示。该模型后续经不同算法计算验证[94,193-195]，最终的巡游速度及 x/y 向力系数与文献结果的对比如表 3-1 所示，数值吻合较好，说明本节对柔性体两自由度自主游动的计算结果具有较高的可信度。

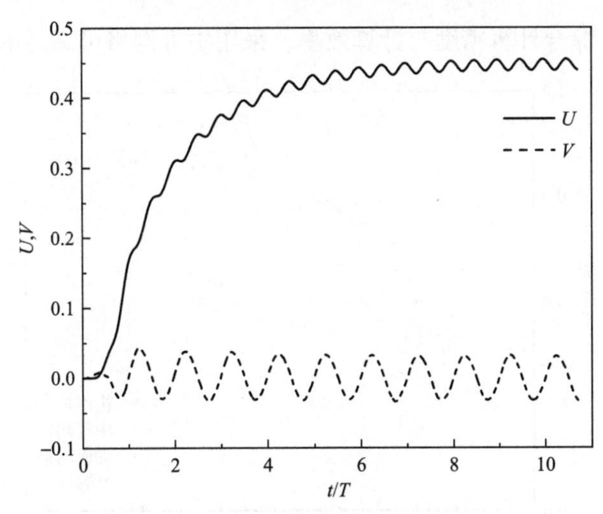

图 3-15　自主推进的前游速度与侧向速度

表 3-1　仿生鱼自主游动计算结果

参考文献	U	V	C_x	C_y
文献[94]	0.4	0.030	0.03	0.04
文献[193]	0.45	0.030	0.04	0.06
文献[194]	0.46	0.031	0.035	0.055
文献[195]	0.451	0.030	0.032	0.046
本节	0.43	0.0333	0.030	0.06

2. 网格无关性验证

将整个计算域视为无限流域中的一部分，当计算域较大时，网格数量大大增加，降低计算效率。以往的部分研究者在计算拘束模型，即模型固定在原地时，通常会进行计算域的无关性验证以避免壁面效应，而研究自主游动时并未讨论计算域大小的影响，鉴于目前对三维鱼类自主游动的研究较少以及整个计算体系的严谨性，本节通过改变外域进行验证，即将外域大小扩大为原来的 2 倍，为 24BL(X)×12BL(Y)×18BL(Z)。

网格数量对计算精度的影响很大，数量较少时无法完全显示流场信息，导致数值计算结果不够准确，数量较大时计算速度降低，影响计算效率。将内域和外域划分为三种不同数量的网格，分别为粗网格、中等网格、加密网格，对应蝠鲼表面网格逐渐减小。本节采用三种网格方案对自主游动参数为 f=1Hz、A=0.3BL、W=0.4 进行数值模拟。

不同网格方案下前游速度曲线的变化如图 3-16 所示。中等网格与加密网格的结果吻合较好，综合计算精度与计算效率，采用中等网格可满足本节计算要求。

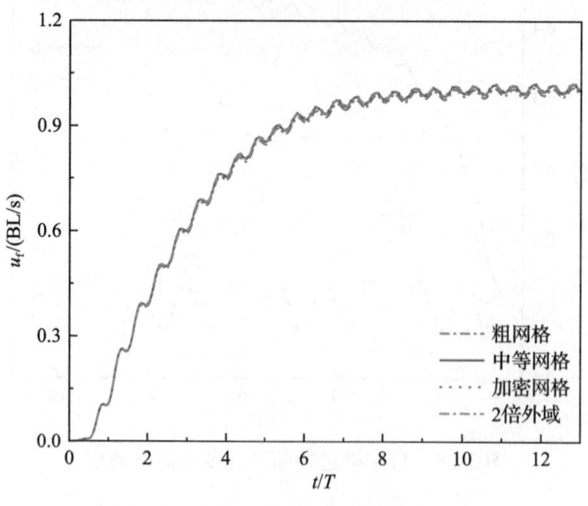

图 3-16 不同网格方案下的前游速度

3. 时间步长验证

在确定计算域和网格数量后，需要讨论时间步长Δt对计算结果精度的影响。选择三个时间步长分别为 $T/200$、$T/500$、$T/800$，且每个计算步中迭代 50 步，前游速度曲线变化如图 3-17 所示。由图可见，$T/500$ 与 $T/800$ 下的速度曲线较为接近，满足时间步长无关性，故选择$\Delta t=T/500$ 作为本节计算的时间步长。

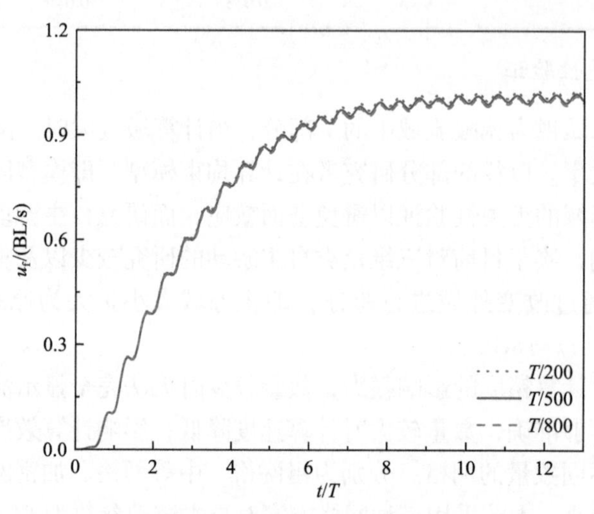

图 3-17 不同时间步长下的前游速度

第4章　蝠鲼滑翔状态水动力特性分析

4.1 引　　言

不同于人造滑翔机及飞行器飞行时机翼始终保持平直状态，蝠鲼胸鳍在滑翔过程中会产生一定的上挑变形，这种变形现象为自然界中一种特有的生物滑翔现象，至今尚未得到研究。本章对这种上挑变形状态下的水动力特性进行研究，首先根据观测数据建立四种不同的滑翔姿态模型，随后对不同攻角下的四种模型的水动力特性进行分析，以揭示滑翔状态下胸鳍上挑变形的原因。

4.2 滑翔模型建立

根据蝠鲼滑翔过程中的形态特征，选取主动推进过程中胸鳍在水平面上方的四个不同时刻下的胸鳍形态为滑翔姿态模型，建立 a、b、c、d 四种不同的滑翔姿态模型，图 4-1 为滑翔姿态模型的正视图，其中 h 为鳍尖距水平面距离，β 为胸鳍最大上扬角度。模型 a 中的胸鳍没有发生变形；由模型 b 到模型 d，胸鳍上挑程度不断增加。由表 4-1 可以看出，随着上挑程度的增大，h 和 β 均不断增大。

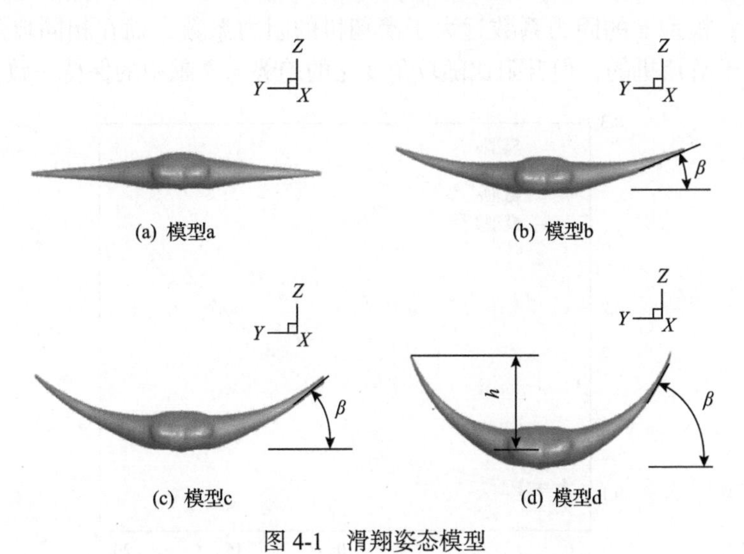

图 4-1　滑翔姿态模型

表 4-1　滑翔姿态模型参数

模型编号	h/BL	B/(°)
a	0	0
b	0.16	23
c	0.28	41
d	0.43	64

4.3　滑翔水动力特性分析

本节针对四种滑翔姿态模型计算在不同攻角下的阻力系数 C_d、升力系数 C_L 及升阻比 C_L/C_d，如图 4-2 所示。首先对蝠鲼胸鳍未产生变形时的滑翔受力进行分析。随着攻角的增加，模型 a 所受的阻力及升力均呈增长趋势，但阻力的增长趋势为二次函数形式，即攻角较小时，增长率较低，攻角较大时，增长率急剧升高，而升力的增大基本上随攻角呈线性变化。升阻比作为滑翔状态研究时的一个重要参数，对滑翔效率有重要的影响，大的升阻比往往能够带来更大的滑翔距离，提高滑翔效率。模型 a 的升阻比随着攻角的增大而增大，在攻角为 20°左右时升阻比达到最高点，为 1.916。一般回转体形滑翔机的升阻比为 4 左右，而类似于蝠鲼外形的飞翼布局滑翔机的升阻比能达到 10 左右[196]，这是由于蝠鲼的扁平外形使其在产生攻角时的迎流面积迅速增大，产生了非常大的升力，而其阻力的增加量远小于升力的增加量。与文献[196]、[197]中滑翔机的升阻比曲线相比，本节的蝠鲼模型升阻比小于飞翼布局滑翔机，原因是计算的雷诺数较低，摩擦阻力的成分较高；模型 a 的阻力系数远大于滑翔机的阻力系数，而在相同攻角下升力系数略高于滑翔机的，但升阻比随攻角变化的趋势与文献中的保持一致。

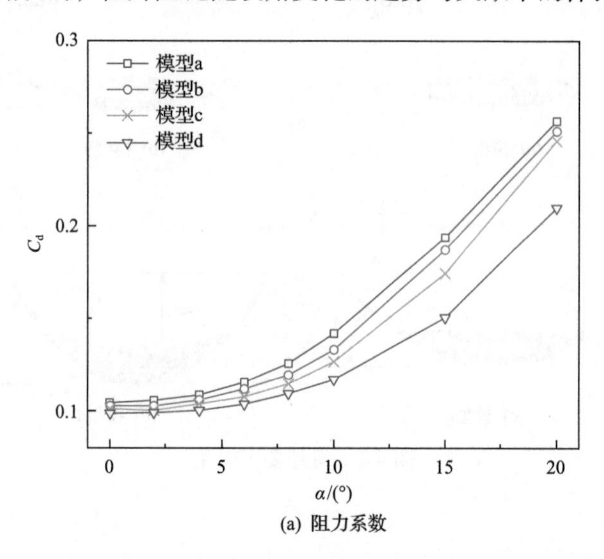

(a) 阻力系数

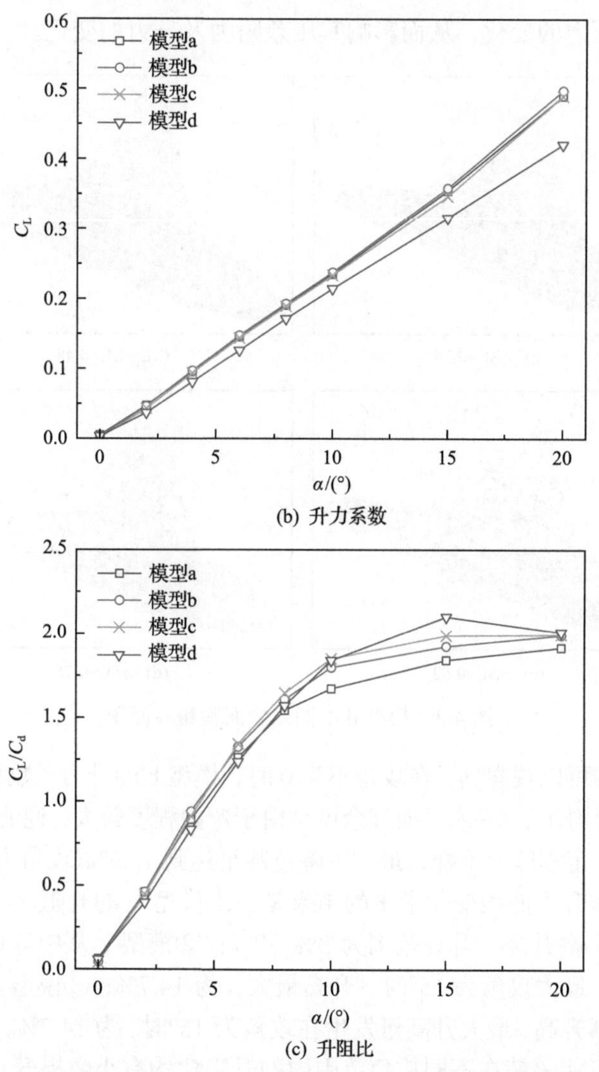

(b) 升力系数

(c) 升阻比

图 4-2　滑翔状态下不同模型的阻力系数、升力系数及升阻比随攻角的变化曲线

通过对比模型 b、c、d 的阻力曲线可以发现，在同一攻角下，随着胸鳍弯曲程度的增加，模型阻力系数降低，并且攻角越大，模型阻力系数降低的程度越大。在攻角为 6°时，模型 d 相比于模型 a 阻力下降了 10.23%；当攻角为 20°时，相应的阻力下降了 18.04%，这是由于胸鳍上挑变形导致相同截面处的胸鳍剖面形状改变。由图 4-3 可以看出，在不同位置剖面处，随着上挑变形程度的增加，剖面翼型的长度略微减小，并且越靠近鳍尖处，减小量越大。从图 4-3(d) 中甚至可以看出模型 d 在此位置已经无法与截平面相交(最上方翼型消失)，长度减小将导致摩擦阻力的降低；另一个原因是胸鳍剖面位置不断上升，导致流场重新分布，因此

影响胸鳍表面压力的变化，从而影响其压差阻力及升力的变化。

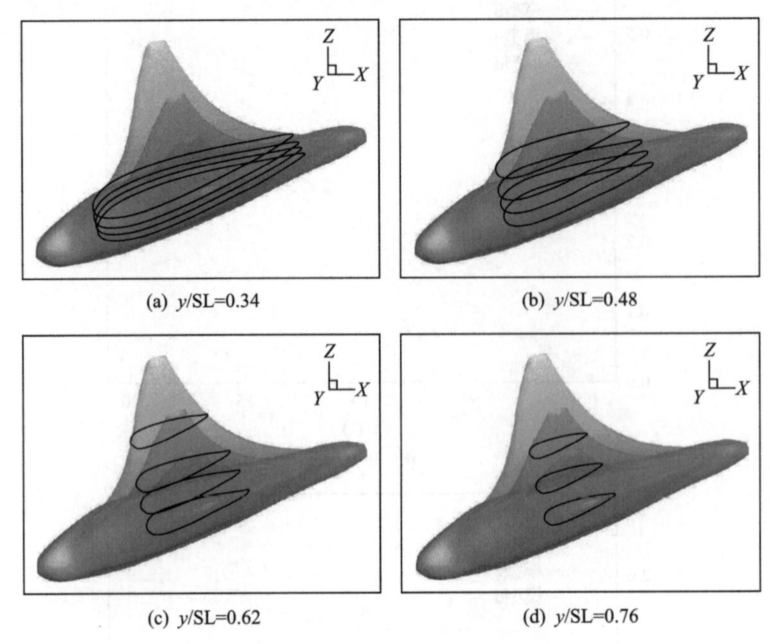

(a) y/SL=0.34　　(b) y/SL=0.48

(c) y/SL=0.62　　(d) y/SL=0.76

图 4-3　模型 d 不同纵剖面胸鳍界面图

由升力曲线可以观察到，在攻角不为 0 时，模型 b 的升力系数相比于模型 a 略有增大，增大量均在 2%左右；而其余模型由于弯曲程度较大，迎流面积大大降低，其升力系数在一定程度上下降，最大下降量甚至达到 13.9%(攻角为 20°时模型 d)。

上述阻力和升力曲线变化带来的结果是：①模型 b 的升阻比在除零攻角外相比于模型 a 有小幅升高，升高范围为 3%～7%；②模型 c 从中等攻角开始(4°)升阻比逐渐升高，最大攻角为 15°时，升高最大，为 14.7%；③模型 d 从大攻角(8°)开始升阻比逐渐升高，最大升高量发生在攻角为 15°时，为 14.7%。这些现象表明，轻微上挑变形可使蝠鲼在不同攻角范围内的升阻比均有小幅提升，而较大上挑变形可在较大攻角时使升阻比有较大提升，这也充分解释了真实蝠鲼生物在滑翔过程中胸鳍存在不同程度上挑变形现象的原因。

图 4-4 为四种蝠鲼滑翔模型在 20°攻角时的滑翔流线图。由图可以看出，由于攻角较大，在模型 a 的鳍尖后方，流体的方向发生急剧的变化，产生较大的横向速度，变化范围在 90°左右；模型 b、c、d 中，鳍尖产生上挑变形，会对流体产生一个向内的引流作用，使流体流至后方时能够较为平顺地改变方向；随着上挑变形程度的增加，流线方向变化程度大大减弱，模型 d 的流线方向变化范围已减弱至 30°左右。鳍尖上挑虽然可以对流体产生一定引导作用，但是在垂直方向胸鳍外形具有一定的高度差，使得流线在胸鳍下方形成大量的漩涡。

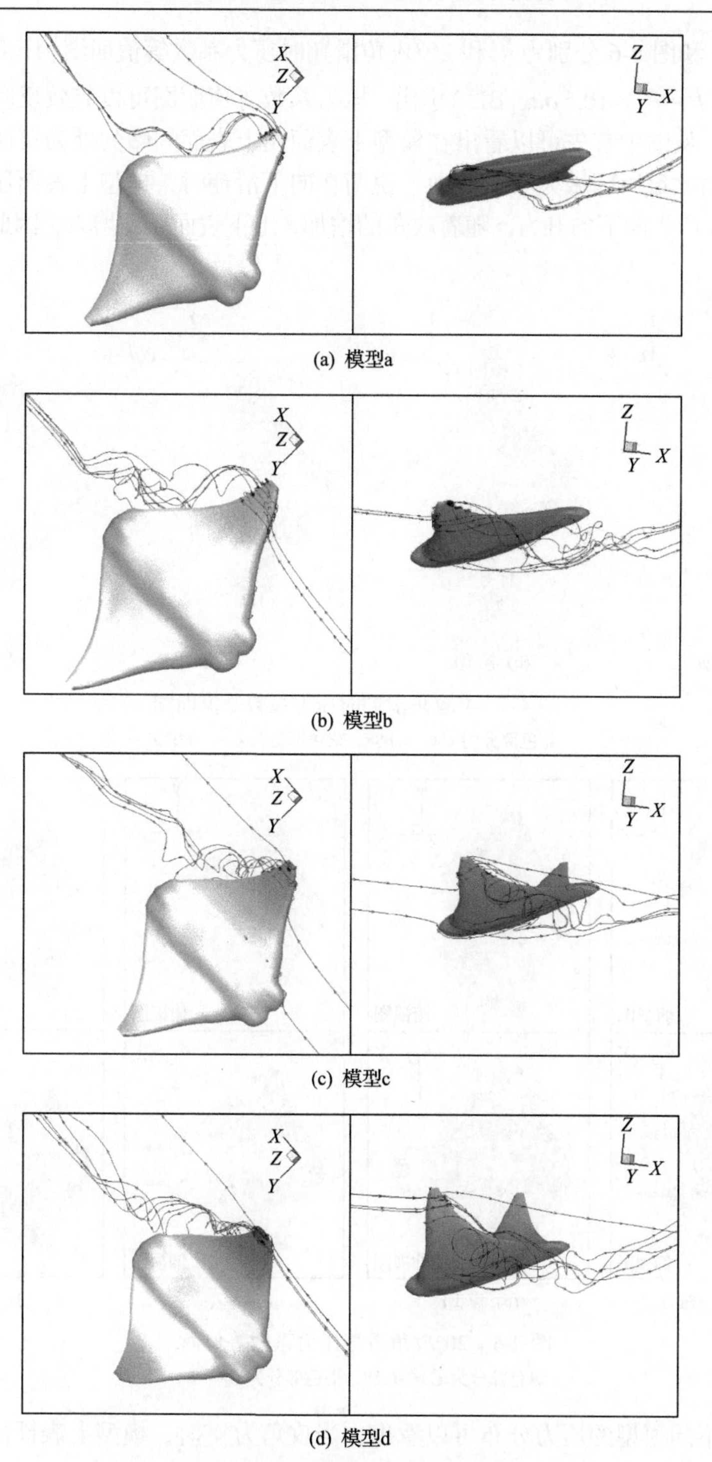

(a) 模型a

(b) 模型b

(c) 模型c

(d) 模型d

图 4-4　20°攻角时滑翔流线图

图 4-5 和图 4-6 分别为 4°和 20°攻角滑翔时压力系数等值面图，压力系数根据公式 $C_P=(P-P_\infty)/(0.5\rho u_{\mathrm{ref}}\mathrm{BL}^2)$ 求出。压力系数等值面图可以有效反映模型表面压力变化，从图中首先可以看出在模型下表面及上表面的鳍尖处为负压区域，且模型下表面的负压区域大于上表面，说明在向下滑翔时，模型上表面压力大于下表面，因此产生向下的升力。随着攻角的增加，上下表面压差增大，因此产生的升力更大。

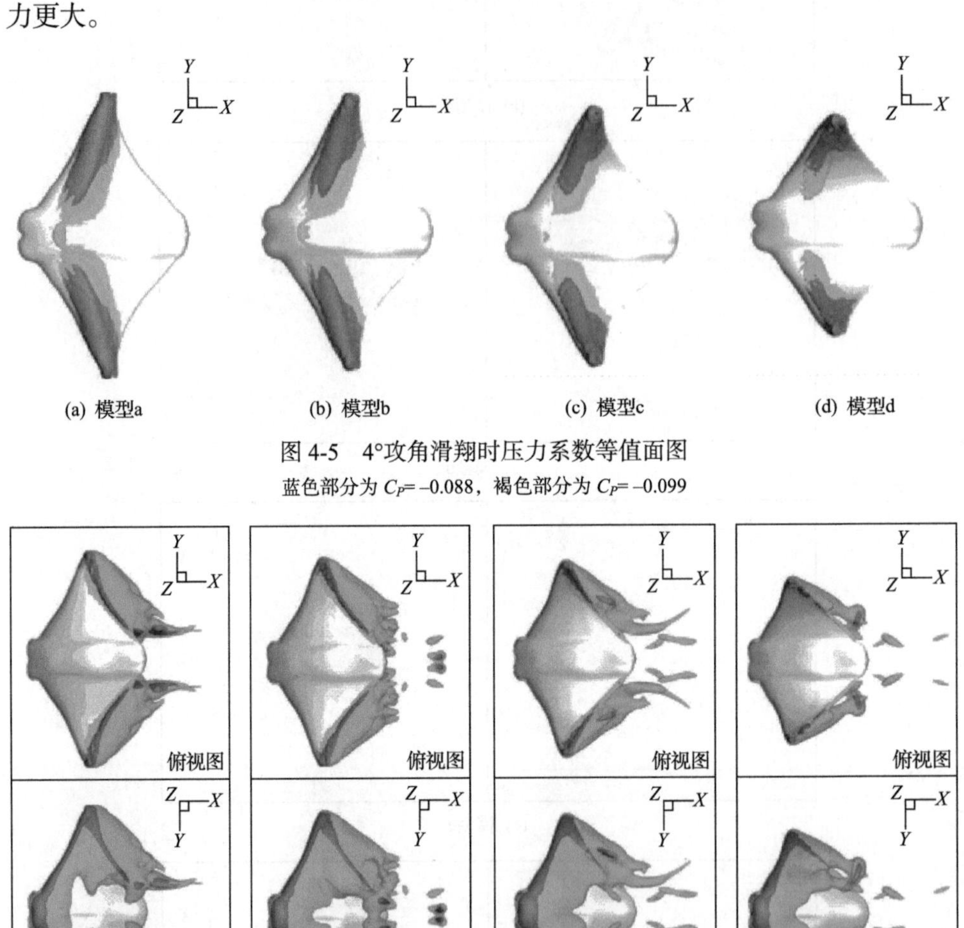

(a) 模型a　(b) 模型b　(c) 模型c　(d) 模型d

图 4-5　4°攻角滑翔时压力系数等值面图

蓝色部分为 $C_P=-0.088$，褐色部分为 $C_P=-0.099$

(a) 模型a　(b) 模型b　(c) 模型c　(d) 模型d

图 4-6　20°攻角滑翔压力系数等值面图

绿色部分为 $C_P=-0.18$，褐色部分为 $C_P=-0.29$

对比不同模型的压力分布可以看出，当攻角为 4°时，模型上表面的负压区域随着上挑变形的增加不断缩小，而下表面仅在头部有一定的变化。理论上来讲，模型上表面负压区域缩小带来上表面压力升高，模型升力增加，这可以用来解释模型 b 升力小幅增加的现象。但模型 c 和模型 d 的升力没有遵循这个变化反而降低，这是由于变形较大时其胸鳍迎流面大大减小，并且迎流面减小所带来的升力损失大于上表面负压区缩小带来的升力增加量。当攻角为 20°时，上表面的负压区域范围本身较小，集中在胸鳍后缘位置，而下表面的负压区域随着胸鳍上挑变形的增加有了明显的缩小，并加以迎流面降低带来的升力损失使得大攻角时大变形的滑翔运动具有较大的升力损失。

为了进一步表现上下表面压力差异，绘制如图 4-7 和图 4-8 所示的压力云图。由图可以看出，在攻角为 4°时，胸鳍前缘处有一片高压区域，而下表面前缘位置和上表面各有一处较大负压区域，模型 d 相比于其他模型上表面的负压区域有更大的负压值；在攻角为 20°时，模型后缘处有一个明显的负压区域，随着胸鳍上挑变形的增加，后缘处的负压区域逐渐减弱，这也能从一定程度上解释模型 d 升力值的降低。

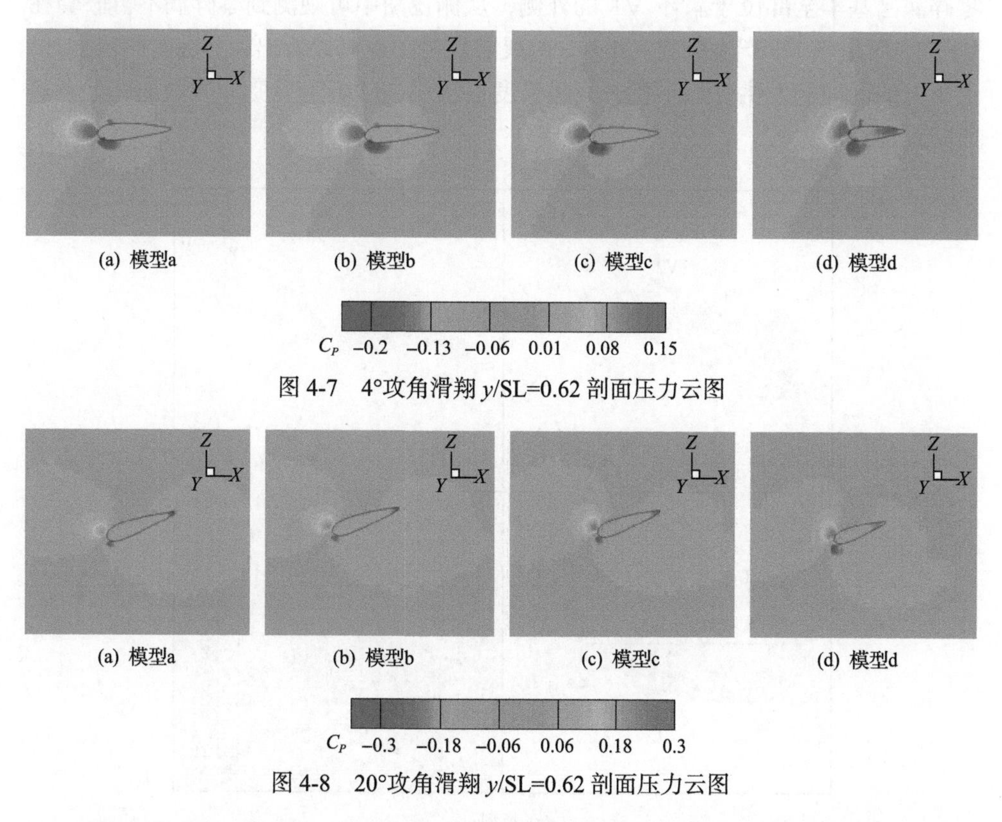

图 4-7　4°攻角滑翔 y/SL=0.62 剖面压力云图

图 4-8　20°攻角滑翔 y/SL=0.62 剖面压力云图

图 4-9 为四种模型在 20°攻角滑翔时的涡结构图，其中右下方的云图为 y/SL=0.21 剖面(*A-A* 剖面)处的展向涡量云图。从尾流场的三维涡结构可以看出，在大

攻角滑翔状态下，蝠鲼尾流场中主要存在三种涡结构，即在鳍尖附近的鳍尖涡(tip vortex, TV)、位于模型后方的涡环(vortex ring, VR)以及涡环下方的零碎涡。图 4-9 中，用 T 表示鳍尖涡，V 表示涡环。鳍尖涡 T 随着上挑变形程度的增加，长度不断增加。由图可以看出，模型 a 中鳍尖涡 T 与位于胸鳍内侧的涡结合在一起，而模型 d 中鳍尖涡拖出一条较长的尾迹；尾流场中的涡环结构具有逆时针的方向，位于后方的涡环 V2 嵌套在前方涡环 V1 内侧，随着上挑变形程度的增加，涡环沿 y 方向的宽度变窄，沿 x 方向的长度逐渐增长。以 A-A 剖面作为参考面可以看出，模型 a 中涡环位于剖面 A-A 的外侧，而模型 d 中涡环则正好位于 A-A 剖面处；位于涡环下方的零碎涡，随着上挑变形程度的增加，越来越远离涡环结构，模型 a 中零碎涡主要位于涡环的正下方，并且从侧视图中可以看出，它在 z 方向距离涡环较近，形成若干个小的闭环结构嵌套在涡环中，随着上挑变形程度的增加，零碎涡逐渐向展向外侧及 z 方向远离涡环的位置发展。由模型 d 的俯视图可以看出，零碎涡已基本全部位于涡环 V1 的外侧，从侧视图中可观测到零碎涡不再嵌套在 V1 内，而是与 V1 产生分离。此外，由展向涡量图也可以看出，上挑变形较小时，上下方的展向涡发生强烈干扰，其涡长度也较小，随着上挑变形的增加，上下涡的间距逐渐增大。

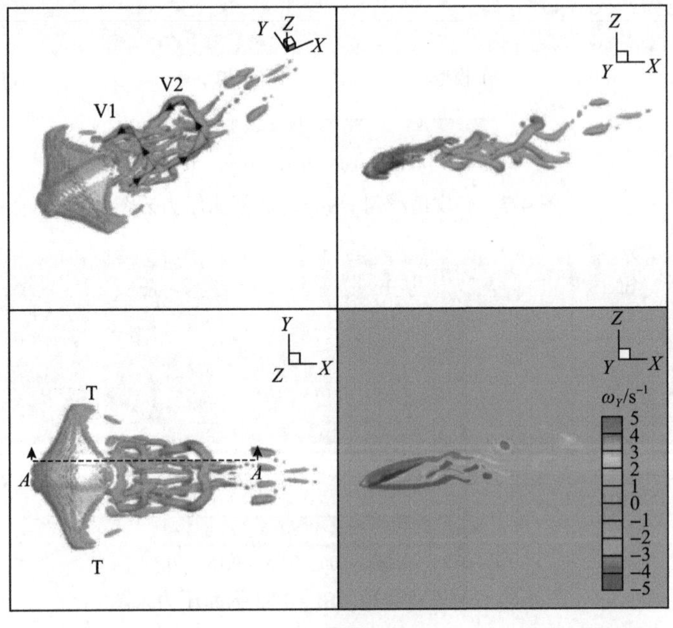

(a) 模型a

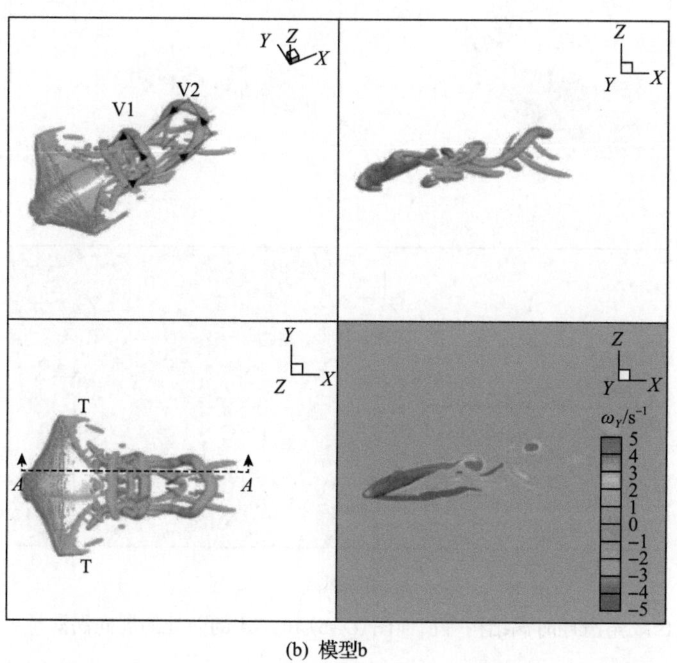
V1
V2
T
A
T
A
ω_Y/s^{-1}
5
4
3
2
1
0
−1
−2
−3
−4
−5

(b) 模型b

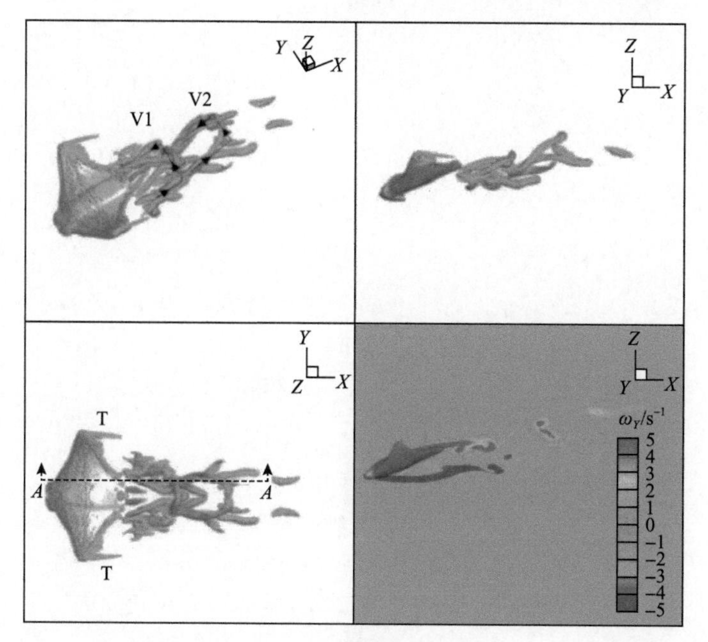
V1
V2
T
A
T
A
ω_Y/s^{-1}
5
4
3
2
1
0
−1
−2
−3
−4
−5

(c) 模型c

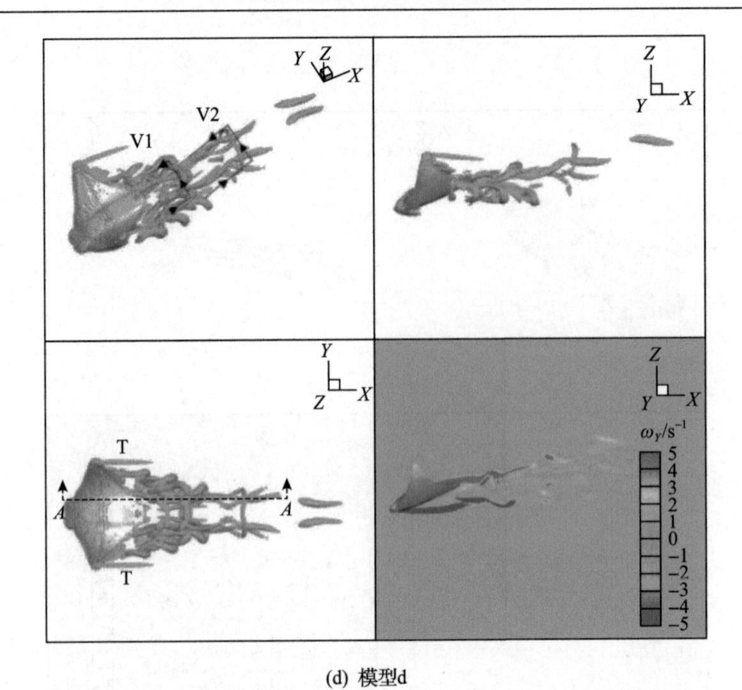

(d) 模型d

图 4-9　20°攻角滑翔时涡结构等值面图(Q=5)和 A-A 剖面处的展向涡涡量云图(右下)

第5章 蝠鲼主动推进状态水动力特性分析

5.1 引 言

第2章对真实生物进行了观测，提供了蝠鲼的外形和运动参数；第3章建立了可靠的数值方法，为蝠鲼的水动力研究提供了有效工具。本章将在第2章和第3章研究的基础上，对蝠鲼主动推进状态水动力特性进行数值研究。蝠鲼主动推进状态主要分为启动加速和稳速巡航两个阶段。在启动加速阶段，探究对称游动中胸鳍弦向柔性、频率及振幅参数对速度、加速度、位移及力学性能的影响，同时探究时间和空间的非对称参数对水动力性能的影响。在稳速巡航阶段，主要针对胸鳍展向柔性、弦向柔性、频率及振幅参数影响、上挑和下扑的非对称性等问题进行研究，从而揭示蝠鲼在稳速巡航状态下如何通过胸鳍变形进行流动控制以及不同柔性变形方式对其水动力特性的影响。

5.2 启动加速阶段水动力分析

5.2.1 弦向柔性变形对水动力影响分析

本节主要讨论胸鳍弦向变形对蝠鲼对称运动下自主游动过程中游动性能的影响。胸鳍弦向变形程度通过波数 W 来表征。波数较小时，波长较大，胸鳍弦向变形程度较小，弦向柔性较小。当波数 W=0.05 时，胸鳍在平衡位置成一个平面，基本没有柔性起伏，呈现为纯展向变形。反之，波数较大时，波长较小，胸鳍弦向变形程度较大，弦向柔性较大。鳐科生物的波数范围均不相同，它们可以根据环境和行为改变波数以调整机动性、功耗和加速过程等，因此本节选取的波数变化范围为 0.05～0.8，既包含真实蝠鲼游动的波数范围，又能够延伸到纯展向变形，并进一步分析波数对自主游动的影响。当频率 f=1Hz，A/BL=0.4 时，波数变化对应的胸鳍柔性程度如图 5-1 所示。

图 5-2(a)和(b)分别展示了不同波数下的瞬时前游速度及加速时间，很明显波数对前游速度的影响很大。在启动阶段，波数越大，瞬时速度越大，起速能力较强。正常游动后，分化现象逐渐明显，结合两图可将所有的波数分为以下三类。

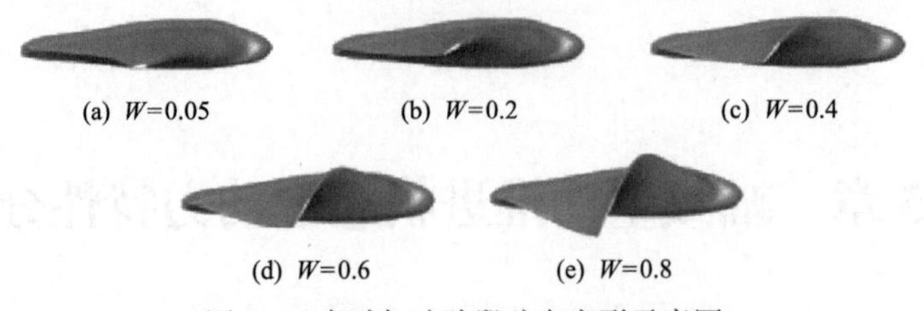

图 5-1　启动加速阶段弦向变形示意图

(1)波数较大：W=0.4, W=0.6, W=0.8。同一时刻下，波数越小，前游速度越大，但同时在第四个周期进入稳态巡游阶段，说明蝠鲼波数在大于 0.4 后，加速时间相同。

(2)波数中等：W=0.2, W=0.3。与第一类相同，波数越小，每一时刻下的前游速度也就越大，加速时间逐渐增大，W=0.3 在第八个周期进入巡游，而 W=0.2 在第十个周期进入巡游，说明波数在小于 0.4 时，前游速度和加速时间均不同。

(3)波数较小：W=0.05, W=0.1。接近于纯展向运动，波数越小，加速时间越长。不同于以上两类的是，在整个游动阶段，波数越小，瞬时前游速度越小。

出现以上三类情况的原因是，波长增大意味着波传播速度更大，水以更高的速度向后推，为蝠鲼提供更多的动力。但是，极高的波长也意味着胸鳍是扁平的，它更多地在垂直方向而不是向后推动水，因此产生推力困难。另外，蝠鲼上下前后都是不对称的形状，所以在波数很小的情况下虽然加速阶段时间很长，但终究能够达到近似稳态。图 5-2(c)和(d)为 z 向速度变化曲线。随着波数的提高，u_z 振荡幅值增大，波数较大的一类相对平稳，平均速度 $\overline{u}_z$ 随着时间的推进振荡趋缓，经过三到四个周期便稳定到零并动态波动。

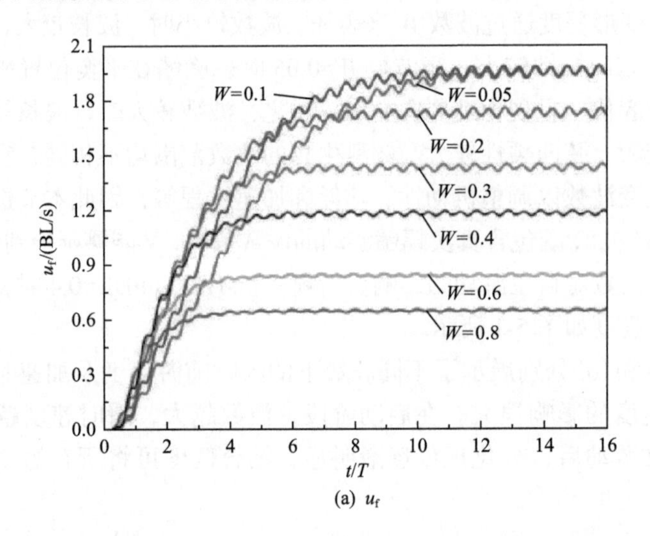

(a) u_f

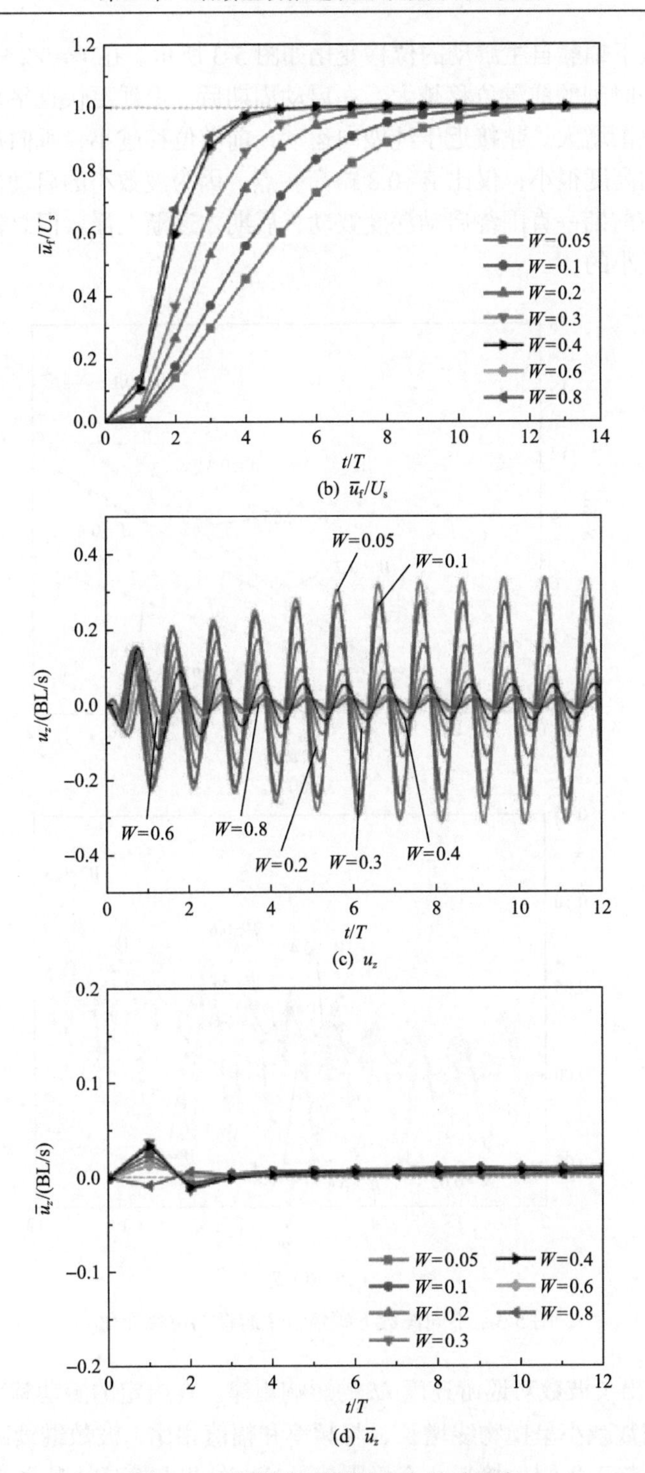

(b) $\bar{u}_f/U_s$

(c) u_z

(d) $\bar{u}_z$

图 5-2　不同波数下蝠鲼自主游动速度

不同波数下蝠鲼自主游动的位移变化如图 5-3 所示。在 W=0.2～0.8 范围，波数越小，每一时刻的前游位移越大，在启动周期后，上浮更快且平均高度更大，振荡幅值也逐渐增大。越接近于纯展向运动，前游位移越小，垂向振荡幅值持续增大，但平均高度很小，仅比 W=0.8 略高一点，因为波数小的启动能力弱，提速较慢，所以在前期一直围绕启动深度波动，后期才逐渐上浮。但总体各波数的上浮位移是很微小的。

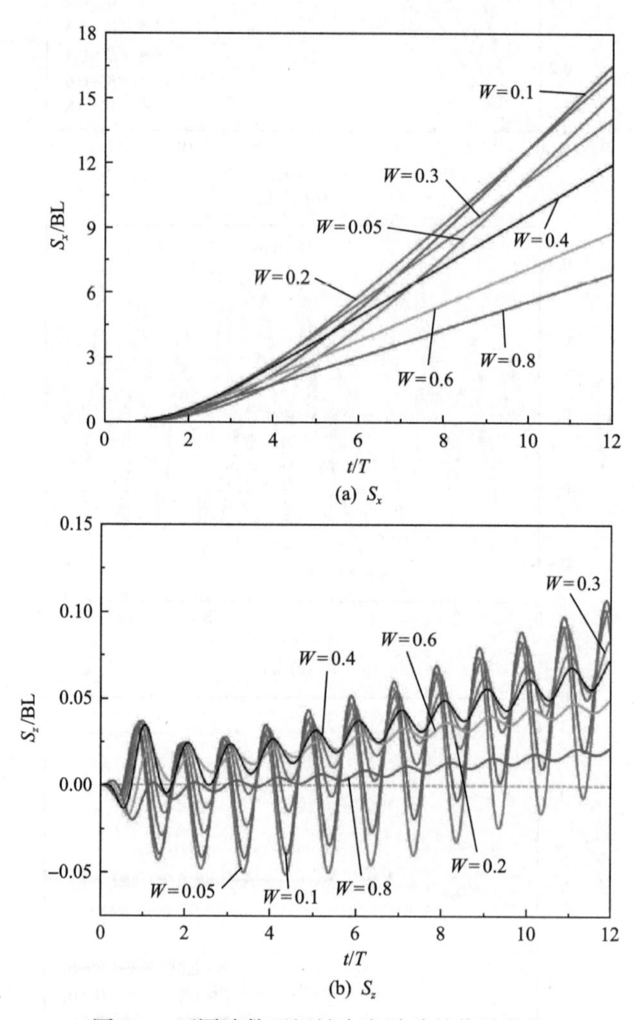

(a) S_x

(b) S_z

图 5-3　不同波数下蝠鲼自主游动的位移变化

图 5-4 给出了波数对巡游速度 U_s 的影响规律。在给定的游动频率和幅值下，巡游速度随波数减小呈抛物线增长，与频率和幅值相比，波数继续减小，巡游速度的增大量会趋于平缓，接近一个极限值。这一结果与真实生物游动相契合：具

有拍动行为(波数较小)的蝠鲼类游得更快，并且适合在海洋中漫游；而具有波动行为(波数较大)的鳐鱼类的特征是游速小，且生活在珊瑚礁或封闭环境中[49]。由图 5-5 给出的 *St* 和 *Re* 之间的关系可以看出，随着波数的增大，*Re* 逐渐减小，*St* 逐渐增大。

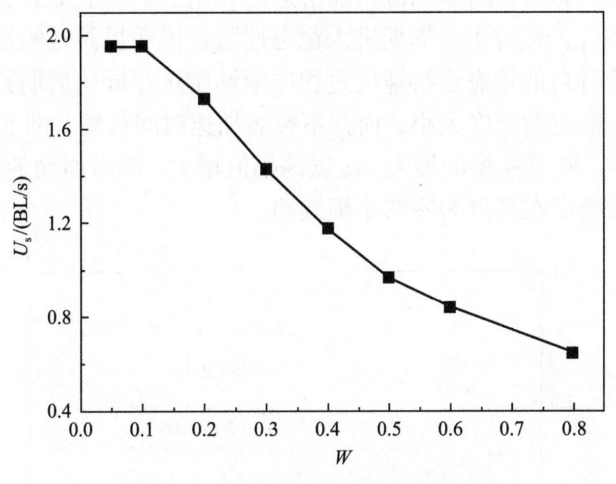

图 5-4　不同波数下的蝠鲼巡游速度

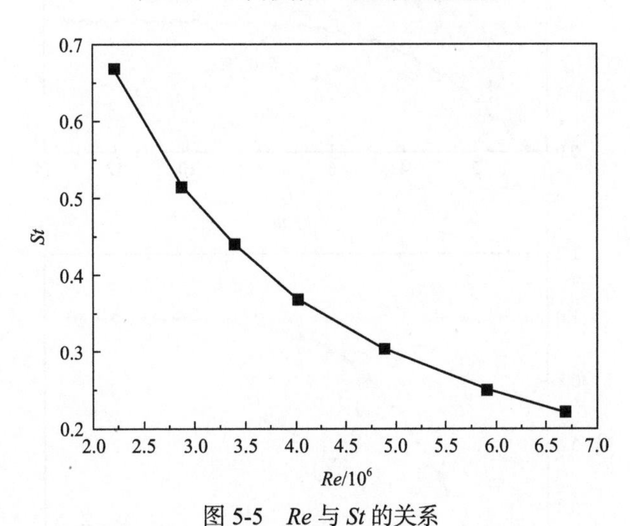

图 5-5　*Re* 与 *St* 的关系

5.2.2　频率和幅值对水动力影响分析

本节主要讨论幅值和频率对蝠鲼对称运动下自主游动过程中游动性能的影响，包括速度、位移等，波数 W 为 0.4，频率 f 分别取 0.5Hz、0.8Hz、1.0Hz、1.25Hz，上挑下拍幅值对称，即 $A=A_u=A_d$，取 0.3、0.4、0.5。

在加速-巡游过程中，不同运动频率在每一个幅值下的规律大致相同，所以只选取 A=0.3 进行分析，自主游动速度的变化如图 5-6(a)可知，随着频率的增大，在启动加速的全过程中，速度波动变化的幅度增大，同一时间 t/T 对应的瞬时速度不断增大，最终的巡游速度也随之提高。为了探讨频率对自主游动达到巡游快慢的影响，图 5-6(b)将前游速度 u_f 进行归一化处理，可见所有频率下的曲线几乎重合，经过十个周期进入稳态巡游，说明虽然蝠鲼拍动频率不同，但是从静止到达各自的稳态巡游速度过程中蝠鲼游过相同的周期数。对于所有的幅值，频率只影响巡游速度大小，而并不影响加速时间长短。图 5-6(c)和(d)为 z 向速度变化曲线。随着频率的增大，u_z 振荡幅值增大，随着时间的推进振荡趋缓，经过四个周期便稳定在速度为零的小幅波动。

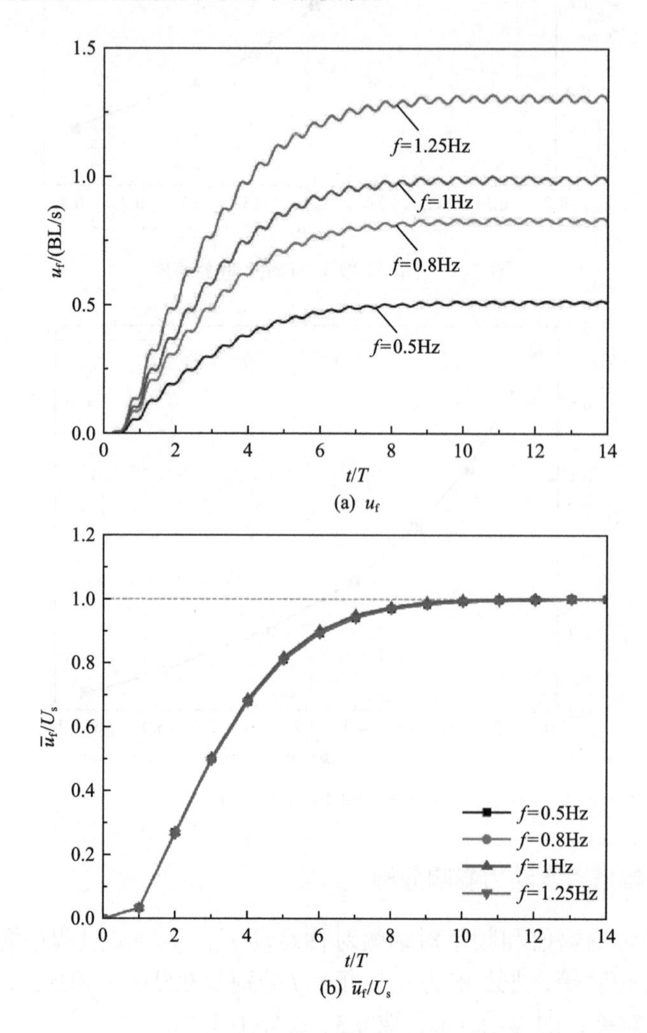

(a) u_f

(b) $\overline{u}_f/U_s$

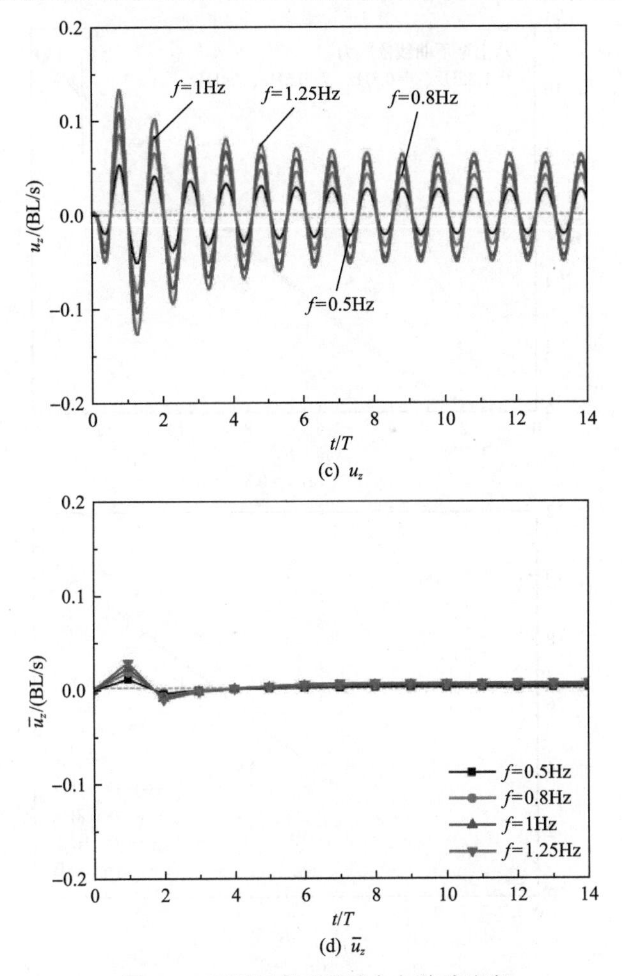

(c) u_z

(d) $\bar{u}_z$

图 5-6　不同频率下蝠鲼自主游动速度

自主游动过程中的位移如图 5-7 所示。其中，图 5-7(a)和(b)分别为 A=0.3 和 A=0.5 的前游方向位移，相同的 t/T 对应的位移 s_x 在小幅值下几乎相等，在大幅值下完全重合。蝠鲼在 xOz 平面内的运动轨迹如图 5-7(c)和(d)所示。蝠鲼的运动轨迹是在整体向前游动的同时存在小幅垂向振荡，这与横移速度的变化一致，在不同频率下 z 向位移振荡幅值基本相同，但均呈缓慢上浮趋势。小幅值下启动阶段在同一高度振荡，随后逐渐上浮至 0.06BL 处；大幅值下游动更稳定，运动轨迹基本完全一致，上浮位移也更大。

随后分析幅值对自主游动速度的影响，不同运动幅值在每一个频率下的规律大致相同，所以只选取 f=1Hz 进行分析。由图 5-8(a)可以看出，加速游动中，游动相同周期时，运动幅值越大，蝠鲼加速度越大，速度也就越大；巡游时，巡游速度随着运动幅值的增大而增大。由图 5-8(b)可以看出，随着运动幅值的增大，

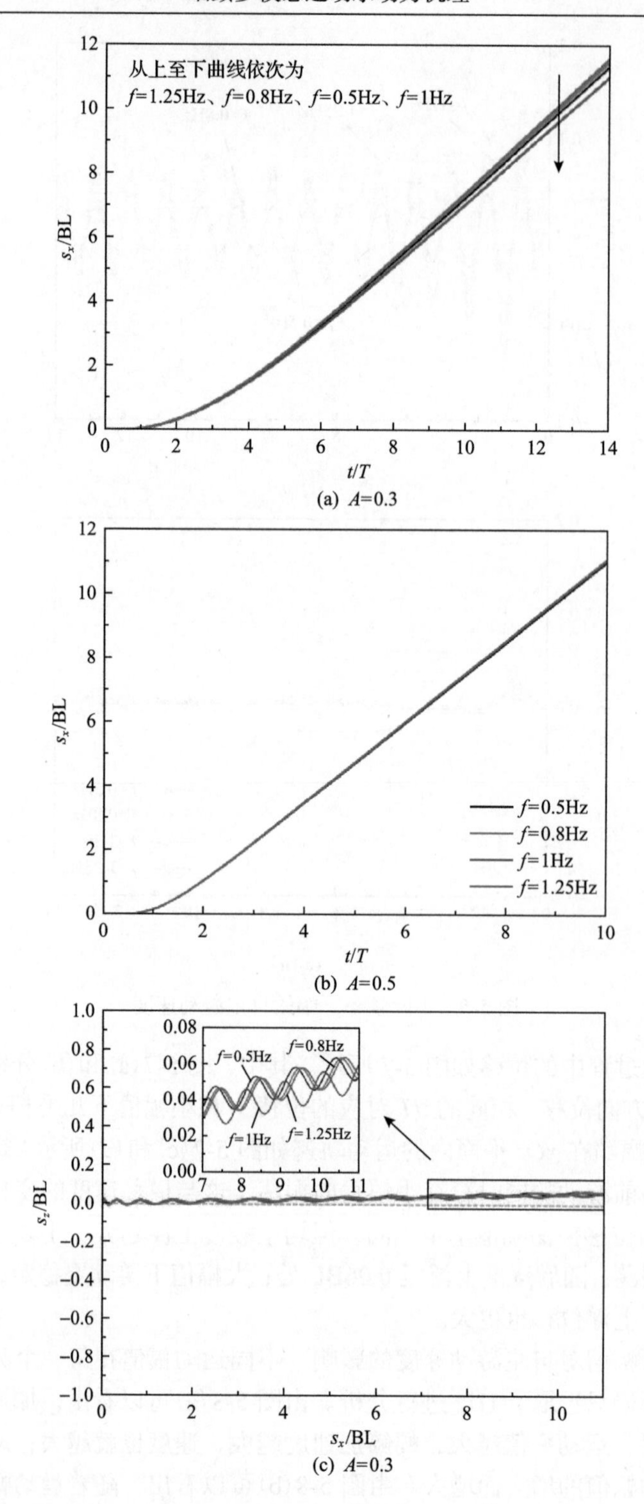

(a) A=0.3

(b) A=0.5

(c) A=0.3

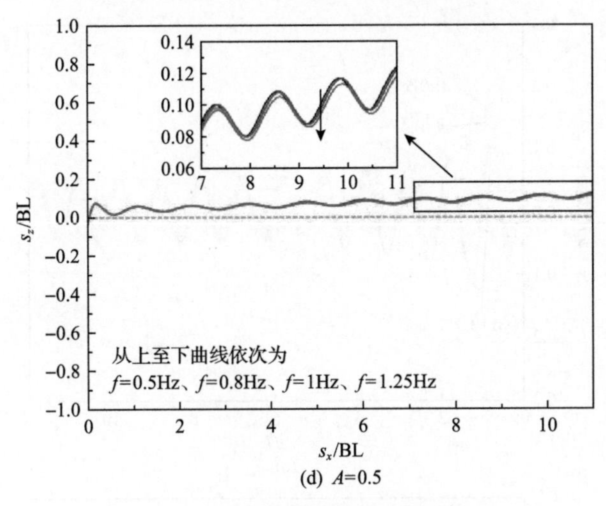

(d) A=0.5

图 5-7　不同频率下蝠鲼自主游动位移

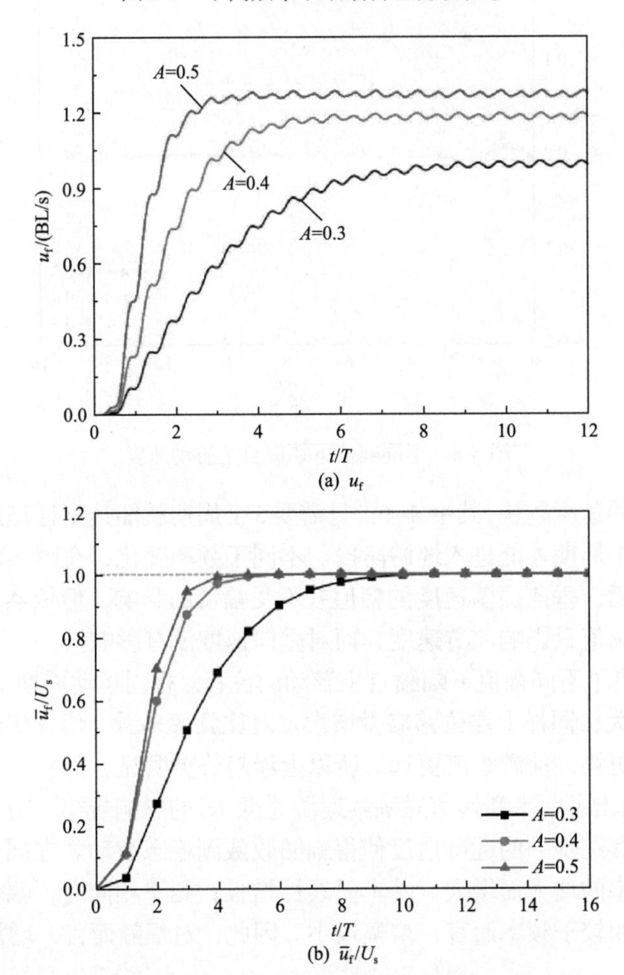

(a) u_f

(b) $\overline{u}_f/U_s$

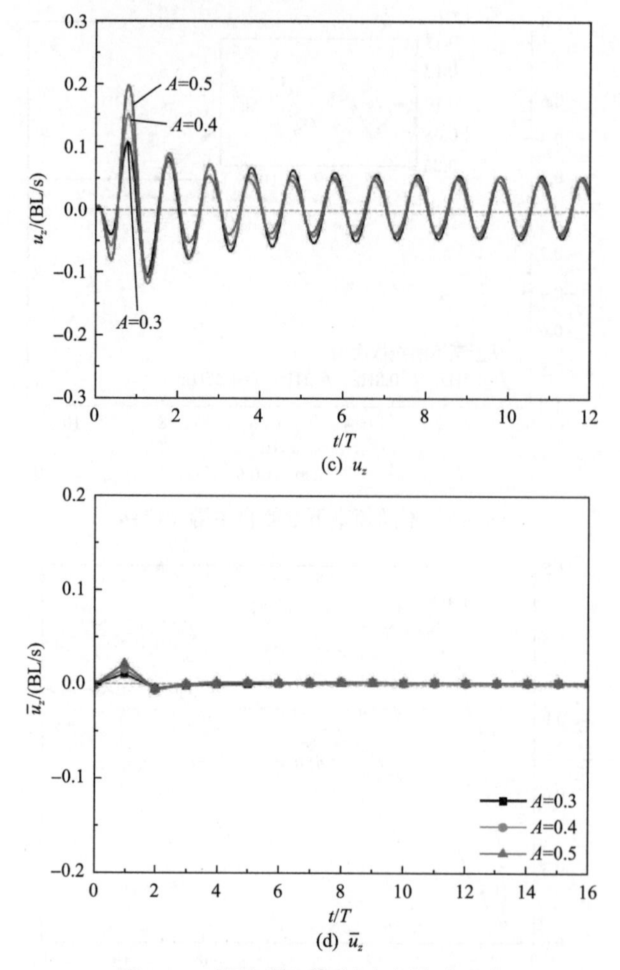

图 5-8　不同幅值下蝠鲼自主游动速度

达到稳态巡游的速度越快,其中 A=0.5 只需要 5 个周期就能达到稳态巡游,而 A=0.3 需经过大约十个周期才能进入巡游阶段。不同于频率变化，在图 5-8(c)和(d)中，在启动周期过后，垂向振荡速度的幅值并不受幅值的影响，但依然是围绕零速度上下波动，即幅值只影响前游速度，而对垂向速度没有影响。

图 5-9 给出了不同幅值下蝠鲼自主游动的位移。相同运动周期下，幅值越大，前游位移 s_x 越大，同样上浮位移略微增大。对比频率来看，增大幅值，蝠鲼游动更有力，加速更快，前游距离更远，所以上浮趋势更明显。

图 5-10 给出了频率和幅值对蝠鲼巡游速度 U_s 的影响规律。对于给定的频率和幅值组合，存在唯一的巡游速度使得蝠鲼收敛到稳态游动。在同一幅值下，巡游速度随着频率的增大而增大，基本呈线性增长；频率相同时，幅值越大则巡游速度越大，但相较于频率而言，增幅较小。因此，对蝠鲼而言，增加频率较增加

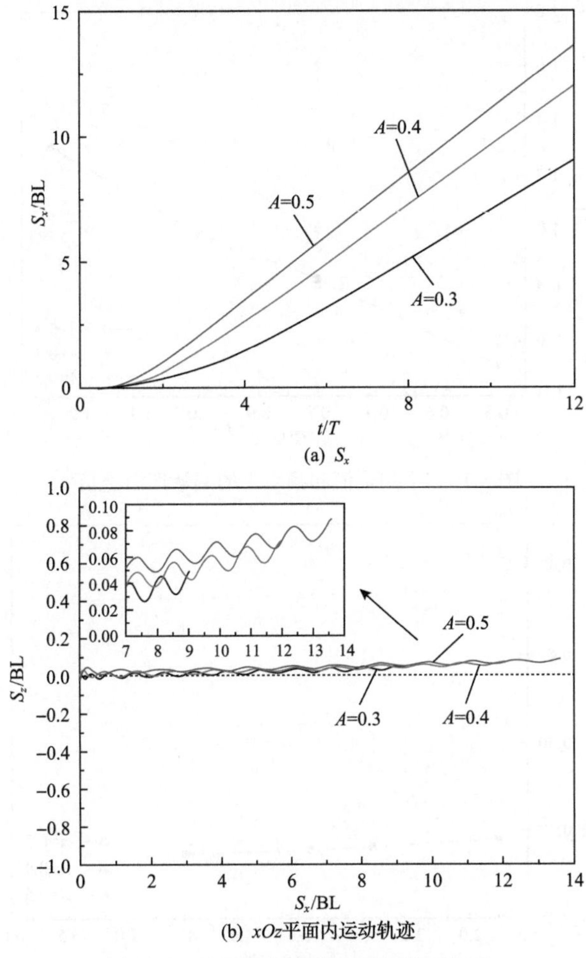

图 5-9　不同幅值下蝠鲼自主游动位移

幅值对提高稳态巡游速度的贡献更大，这与其他鱼类的结论一致。

通过改变频率和幅值来获得不同的稳态巡游速度 U_s，从而间接得到自主游动的 *Re* 和 *St*，二者之间的变化规律如图 5-11 所示。*Re* 越大，*St* 数越小，同一幅值下 *St* 随着频率(巡游速度)的增大而减小，随着幅值的增大而增大。对于确定的频率和幅值的参数组合，存在唯一的雷诺数 *Re**使蝠鲼推力和阻力相平衡，同时，对应唯一的 *St**使蝠鲼保持自主稳态游动，即 *Re**与 *St**之间是单调变化的。要实现预定的稳态巡游速度，即给定 *Re*，类似用一条平行于 *St* 数轴的线与图中曲线相交，可以发现存在多个 *St* 满足条件。*Re**是 *St**的减函数，即 *St**越大，*Re**越小；反之亦然。这一结论解释了自然界中的鱼类在快速游动时采用低 *St*，低速游动时采用高 *St* 的现象，与 Fish 等[76]的实验结论是一致的。计算结果表明，本节选定的参数组合涵盖蝠鲼的运动范围，所以蝠鲼实际游动的 *Re* 范围是 1.75×10^6～5.5×10^6，

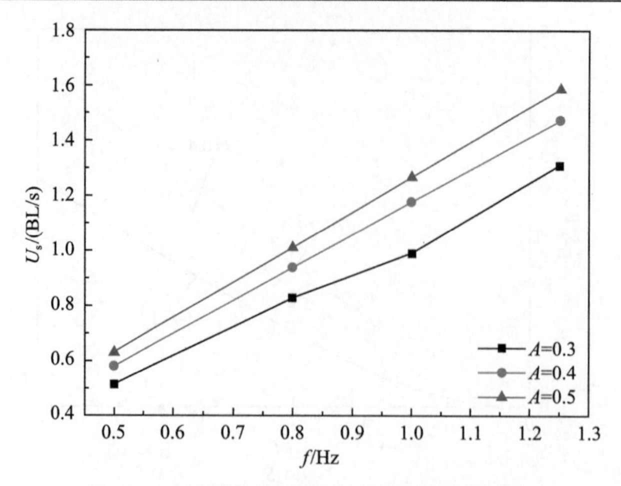

图 5-10　不同幅值和频率下的蝠鲼巡游速度

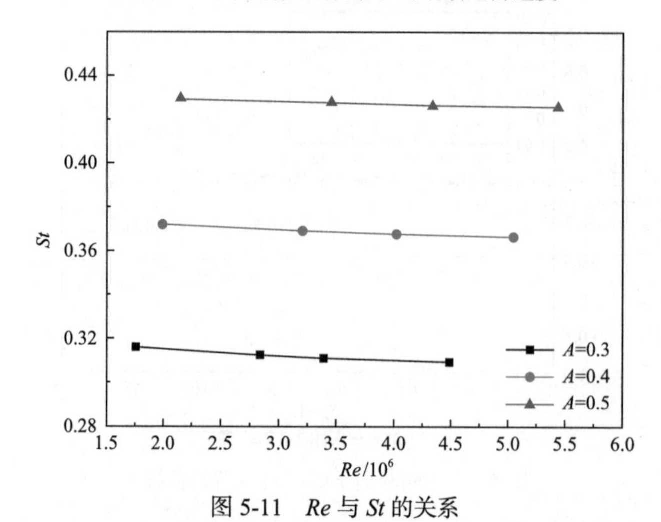

图 5-11　*Re* 与 *St* 的关系

属于高雷诺数，这与实验观测统计的结果基本一致[49,76]。另外，蝠鲼自主游动的 *St* 范围为 0.3～0.43，与 Triantafyllou 等[198]和 Tytell 和 Lauder[191]报道的生物高效游动的 *St* 范围 0.2～0.4 是一致的。

5.2.3　空间非对称游动对水动力影响分析

1. 空间非对称观测及运动模型

空间非对称运动是蝠鲼前游中常用的运动方式之一，在海洋馆中观测到的实际游动姿态如图 5-12 所示。具体表现为上挑和下拍的幅值不相等，且上挑幅值大于下拍幅值，大约在 0.76s 时达到下拍的最低点，此时胸鳍位置大约与身体轴线位置持平，下拍幅值 A_d 约等于零，这种空间非对称运动经常可见于低速巡游状态，或者与其他运动方式的过渡阶段。经过统计，上挑幅值 A_u 与下拍幅值 A_d 的比值 A_u/A_d 的范围为 0～5.6，平均幅值比约为 2.3，幅值和 A_u+A_d 的范围为 0.5～0.9，平均幅值和约为 0.7，与游动速度并没有较强的相关性。虽然蝠鲼在运动幅值上表现为空间非对称，但是不影响胸鳍上的展向波动及弦向波动。

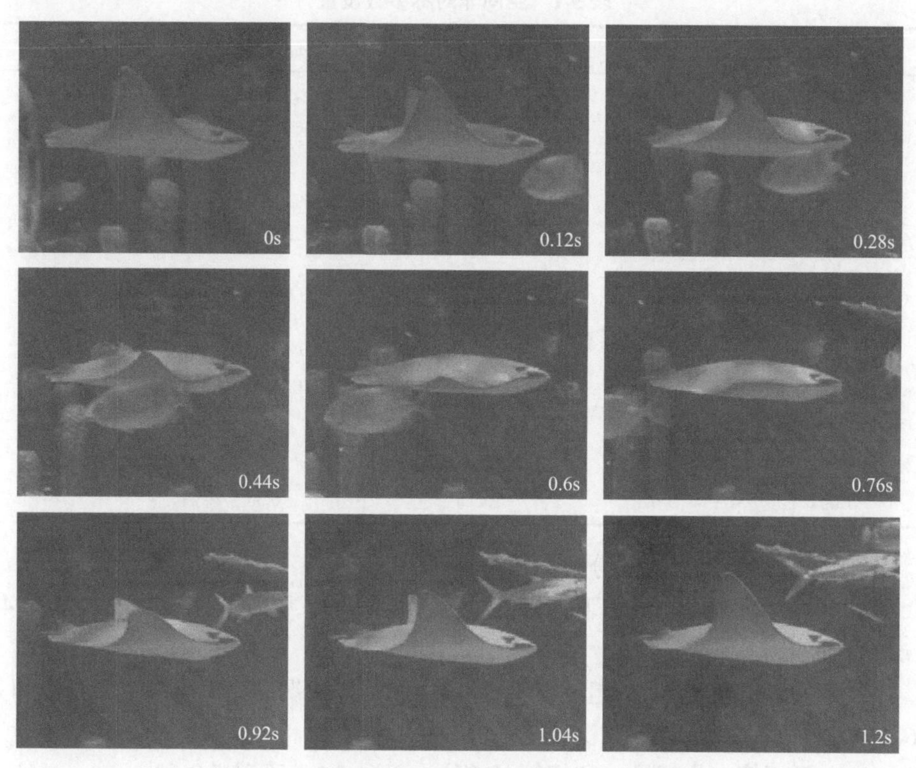

图 5-12　蝠鲼的空间非对称前游姿态运动序列

为了描述蝠鲼上挑和下拍幅值不等的空间非对称运动，在 2.3.2 节运动方程的基础上引入两个参数 a 和 b，使胸鳍运动的对称轴沿 z 方向上下平移得到不同的 A_u 和 A_d，A_u/A_d 越大表示空间非对称性越大，蝠鲼运动方程描述如下：

$$\begin{cases} x(x_f, y_f, t) = x_f \\ y(x_f, y_f, t) = y_f\left[1-(1-k)\left|\theta(x_f,t)\right|\dfrac{y_f}{SL}\right]\cos\left(\dfrac{\theta_{max} y_f}{SL}\cdot\dfrac{\theta(x_f,t)+a}{b}\right) \\ z(x_f, y_f, t) = z_f + y_f\left[1-(1-k)\left|\theta(x_f,t)\right|\dfrac{y_f}{SL}\right]\sin\left(\dfrac{\theta_{max} y_f}{SL}\cdot\dfrac{\theta(x_f,t)+a}{b}\right) \\ \theta(x_f,t) = \sin\left(\omega t - \dfrac{2\pi W x_f}{BL}\right) \end{cases} \tag{5-1}$$

根据上下幅值之和 A_u+A_d 的不同分为 6 种工况，在其中一些工况下分别列举相同幅值和的情况，实际上一共 10 种工况，频率 f 为 1Hz，波数 W 为 0.4，具体参数设置如表 5-1 所示。

表 5-1　空间非对称参数设置

工况	A_u/BL	A_d/BL	(A_u+A_u)/BL	A_u/A_d
工况 1	0.5	0.5	1.0	1.0
工况 2	0.5	0.4	0.9	1.25
工况 3	0.5	0.3	0.8	1.67
工况 3-1	0.4	0.4	0.8	1.0
工况 4	0.5	0.2	0.7	2.50
工况 5	0.5	0.1	0.6	5.0
工况 5-1	0.4	0.2	0.6	2.0
工况 5-2	0.2	0.4	0.6	0.5
工况 5-3	0.3	0.3	0.6	1.0
工况 6	0.5	0	0.5	∞

对比分析按照以下原则分组比较。

(1) 上挑幅值相同，减小下拍幅值(A 组)：工况 1、工况 2、工况 3、工况 4、工况 5、工况 6。

(2) 上下幅值和相等(B 组)：B1，和为 0.8，即工况 3、工况 3-1；B2，和为 0.6，即工况 5、工况 5-1、工况 5-3。

(3) 上下幅值大小互换，和相等(C 组)：工况 5-1、工况 5-2。

2. 空间非对称运动对自主游动性能的影响

首先从游动性能角度分析，图 5-13(a)～(d)分别表示 A、B1、B2、C 四组在不同空间非对称情况下的游动性能，图中曲线名称标注为“上挑幅值-下拍幅值”。A 组的 6 种工况上挑幅值相同，均为 0.5，下拍幅值从 0.5 的对称幅值依次减小至 0。由图可以看到每个时刻下的瞬时前游速度随下拍幅值的减小而减小，加速时间亦受此影响而逐渐变大，但只在下拍幅值为 0 的情况下瞬时前游速度减小幅度较大且加速时间增长至 11 个周期，其余情况下的变化均较小。另外，经过启动周期后，随着下拍幅值的减小，即空间非对称性增大，z 向速度的波峰波谷值增大，波形上移，使 z 向平均速度增大，但在工况 6 的极限非对称幅值情况下 u_z 也只有 0.012BL/s，依然非常小。

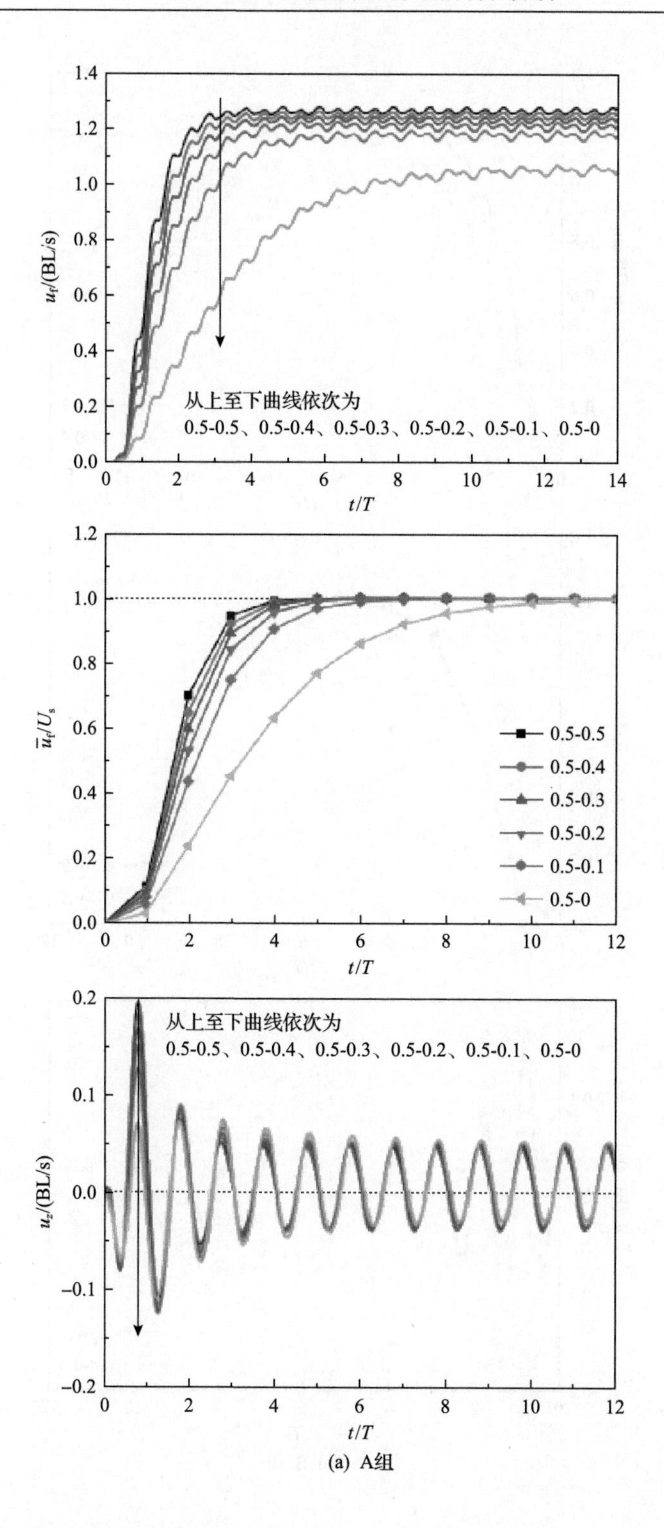
从上至下曲线依次为
0.5-0.5、0.5-0.4、0.5-0.3、0.5-0.2、0.5-0.1、0.5-0
u_f/(BL/s)
t/T
$\overline{u}_f/U_s$
0.5-0.5
0.5-0.4
0.5-0.3
0.5-0.2
0.5-0.1
0.5-0
u_z/(BL/s)

(a) A组

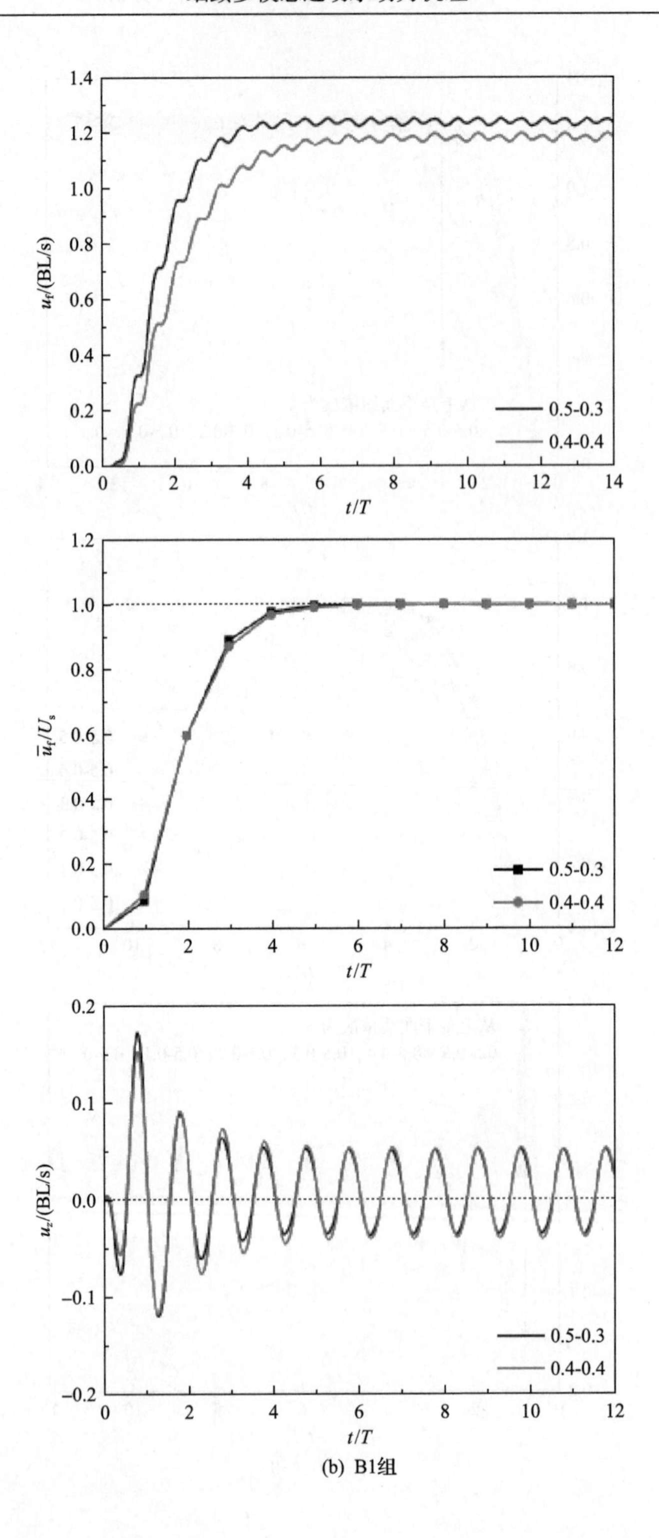

1.4
1.2
1.0
0.8
0.6
0.4
0.2
0.0
u_f/(BL/s)
0
2
4
6
8
10
12
14
t/T
0.5-0.3
0.4-0.4
1.2
1.0
0.8
0.6
0.4
0.2
0.0
$\overline{u}_f/U_s$
0
2
4
6
8
10
12
t/T
0.5-0.3
0.4-0.4
0.2
0.1
0.0
−0.1
−0.2
u_z/(BL/s)
0
2
4
6
8
10
12
t/T
0.5-0.3
0.4-0.4

(b) B1组

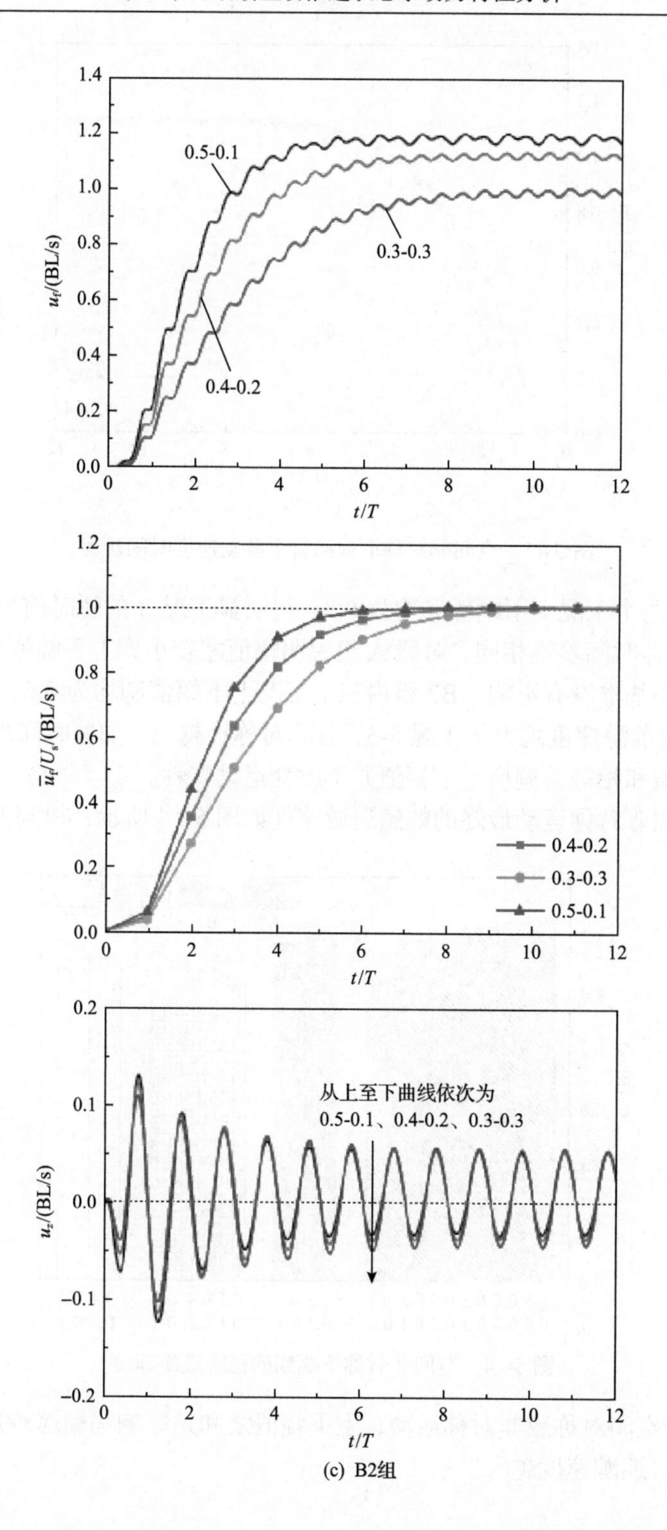
1.4
1.2
1.0
0.8
0.6
0.4
0.2
0.0
0.5-0.1
0.3-0.3
0.4-0.2
u_f/(BL/s)
0
2
4
6
8
10
12
t/T
1.2
1.0
0.8
0.6
0.4
0.2
0.0
$\bar{u}_f/U_s$/(BL/s)
0.4-0.2
0.3-0.3
0.5-0.1
0
2
4
6
8
10
12
t/T
0.2
0.1
0.0
−0.1
−0.2
u_z/(BL/s)
从上至下曲线依次为
0.5-0.1、0.4-0.2、0.3-0.3
0
2
4
6
8
10
12
t/T
(c) B2组

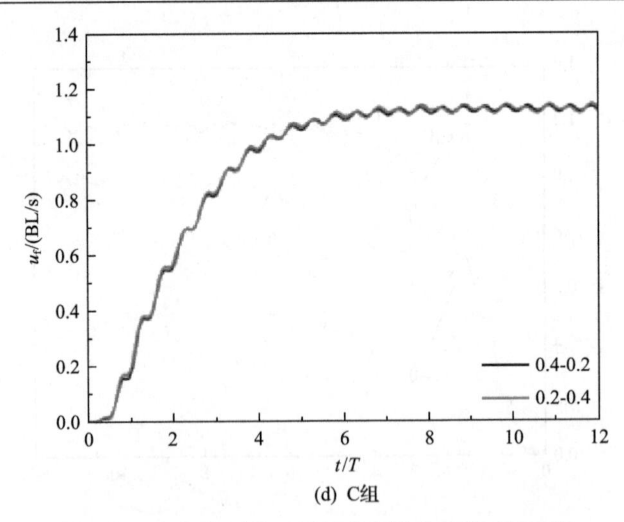

(d) C组

图 5-13　空间非对称下蝠鲼自主游动速度时间历程

B1 组内两个工况上下幅值和均为 0.8，很明显工况 3 的瞬时前游速度大于工况 3-1，但加速时间基本相同，对照 A 组说明幅值差较小即上下幅值之比小于 2.5 时对加速时间基本没有影响。B2 组内三个工况上下幅值和均为 0.6，工况 5 和工况 5-1 的瞬时前游速度均大于工况 5-3，且非对称性越大，加速时间越短。C 组内两个工况幅值和相等，调换上下幅值并不改变运动特性。

四组空间非对称运动最终的蝠鲼巡游速度如图 5-14 所示，得到如下结论。

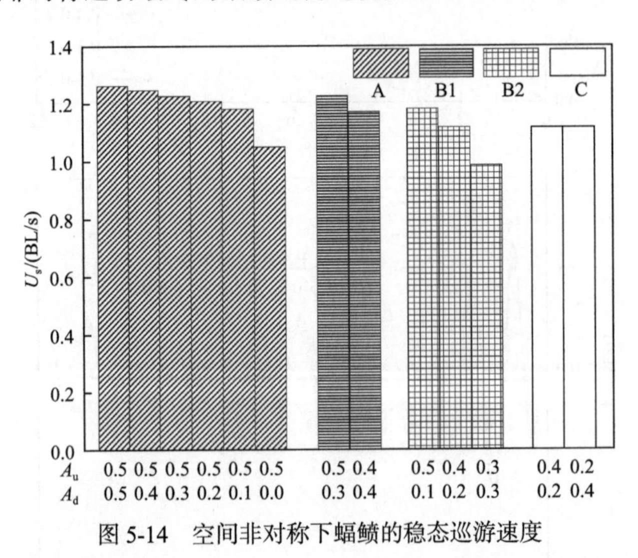

图 5-14　空间非对称下蝠鲼的稳态巡游速度

(1) 对于空间对称或非对称运动，上下幅值之和是影响蝠鲼巡游速度的关键，幅值和越大，巡游速度越大。

(2)上下幅值和相等时，选择空间非对称运动相较于对称幅值能够获得更大的巡游速度，速度大小取决于上挑振幅，A_u越大，巡游速度越大。

(3)上下幅值大小互换不影响巡游速度。

5.2.4　时间非对称游动对水动力影响分析

1. 时间非对称观测及运动模型

时间非对称运动是蝠鲼前游中的另一种主要运动方式，在海洋馆中观测到的实际游动姿态如图 5-15 所示，具体表现为上挑行程和下拍行程所用的时间不相等，且上挑行程时间大于下拍行程时间。蝠鲼胸鳍在 t=0s 从最高点开始下拍，在 t=0.54s 时达到幅值最低点，随后上挑到幅值最高点时 t=1.3s，完成一个周期的游动。其中，上挑行程所用时间 T_u=0.76s，下拍行程所用时间 T_d=0.54s，占整个周期的 42%。

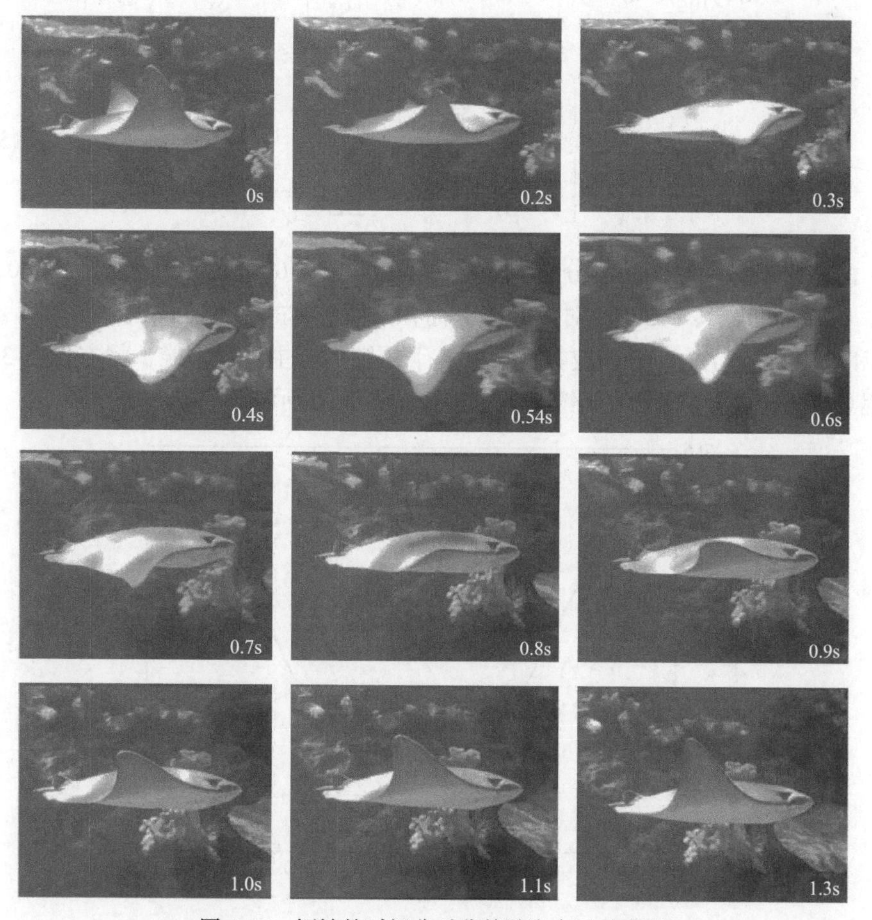

图 5-15　蝠鲼的时间非对称前游姿态运动序列

为了描述蝠鲼上挑行程和下拍行程的时间非对称运动，此处引入时间非对称系数 S 表示下拍行程所用时间占整个运动周期的比重，表示为

$$S = \frac{T_{\mathrm{d}}}{T} \tag{5-2}$$

结合蝠鲼运动方程，$\theta(t, x_{\mathrm{f}})$ 主要调节胸鳍弯曲角度，在对称运动中为时间对称的正弦函数，加入非对称系数则变为时间非对称的正弦函数，胸鳍运动自然而然成为时间非对称，具体方程描述如下：

$$\begin{cases} x(x_{\mathrm{f}}, y_{\mathrm{f}}, t) = x_{\mathrm{f}} \\ y(x_{\mathrm{f}}, y_{\mathrm{f}}, t) = y_{\mathrm{f}} \left[1 - (1-k) \left| \theta(x_{\mathrm{f}}, t) \right| \dfrac{y_{\mathrm{f}}}{\mathrm{SL}} \right] \cos\left[\dfrac{\theta_{\max} y_{\mathrm{f}}}{\mathrm{SL}} \theta(x_{\mathrm{f}}, t) \right] \\ z(x_{\mathrm{f}}, y_{\mathrm{f}}, t) = z_{\mathrm{f}} + y_{\mathrm{f}} \left[1 - (1-k) \left| \theta(x_{\mathrm{f}}, t) \right| \dfrac{y_{\mathrm{f}}}{\mathrm{SL}} \right] \sin\left[\dfrac{\theta_{\max} y_{\mathrm{f}}}{\mathrm{SL}} \theta(x_{\mathrm{f}}, t) \right] \end{cases} \tag{5-3}$$

$$\theta(t, x_{\mathrm{f}}) = \begin{cases} \cos\left(\dfrac{\pi}{ST} t - \dfrac{2\pi W x_{\mathrm{f}}}{\mathrm{BL}} \right), & 0 \leqslant t \leqslant ST \\ \cos\left[\dfrac{\pi}{T - ST} (T - t) + \dfrac{2\pi W x_{\mathrm{f}}}{\mathrm{BL}} \right], & ST < t \leqslant T \end{cases} \tag{5-4}$$

由海洋馆对蝠鲼的观测分析知 S 的范围在 0.35～0.5，故本节选取 S=0.3、0.35、0.4、0.45、0.5，其中 S=0.5 对应时间对称和幅值对称的游动方式，分别计算 A 为 0.3 和 0.5、频率 f 为 1Hz、波数 W 为 0.4 下蝠鲼的自主游动性能，将方程(5-3)与方程(5-4)联立得到对应的蝠鲼鳍尖轨迹如图 5-16 所示。

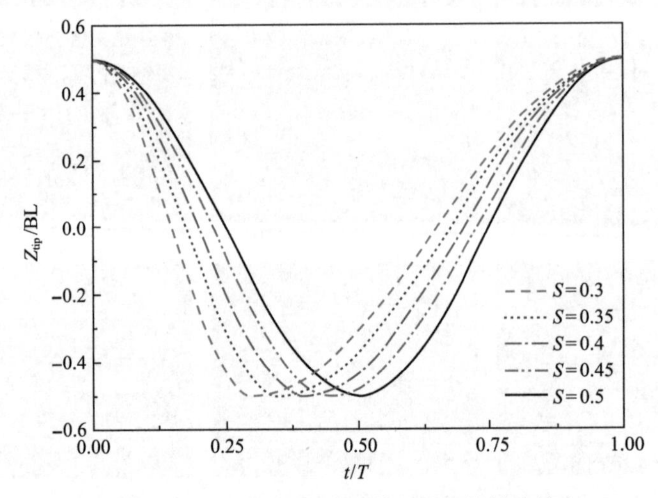

图 5-16　不同时间非对称系数下的蝠鲼鳍尖轨迹

目前，关于时间非对称运动下的流体动力研究还集中在均匀来流下的二维翼型。结果表明，时间非对称系数对翼型的水动力性能有非常显著的影响，能够大幅度提高俯仰运动或升沉运动的推力与升力，同时在 $0.3 \leqslant S \leqslant 0.5$ 下提高推进效率[80,82]，产生与对称运动截然不同的尾涡，并且推力、效率等水动力参数关于 S=0.5 对称相等，故本节只计算 $S \leqslant 0.5$ 的情况。

2. 时间非对称运动对自主游动性能的影响

蝠鲼在时间非对称下自主游动的瞬时前游速度如图 5-17 所示。其中，图 5-17(a)和(b)为小幅值 A=0.3 时的前游速度，可以看出每一时刻下的前游速度均随 S 的减小而增大，所以时间非对称运动确实可以提高瞬时前游速度，但是加速时间不变，均在第十个周期达到稳态巡游。当 S<0.35 时情况截然不同，在第七个周期就达到稳态巡游，并且瞬时前游速度相较于其他系数大幅减小，随着 S 继续减小，瞬时前游速度曲线几乎重合。对比时间对称的 S=0.5 的速度波形，时间非对称时快速下拍带来更大的速度峰值，这是第一次加速，慢速上挑时意味着运动频率降低，越慢则瞬时前游速度减小的时间越长，导致第二个速度波峰值逐渐减小，使得第二次加速后劲不足，所以在较小的非对称系数下，上挑时间过长，蝠鲼在阻力作用下速度损耗过大，降速明显。当以大幅值 A=0.5 运动时，瞬时前游速度如图 5-17(c)和(d)所示，与 A=0.3 有明显不同，除了 S<0.35 依然表现为速度“腰斩”，此时每一时刻下的前游速度相差较小，S 越小速度波峰值越大，波谷值越小，平均速度则相差无几，由此说明大幅值运动下蝠鲼的加速时间近乎极限，所以时间非对称并没有带来明显变化。

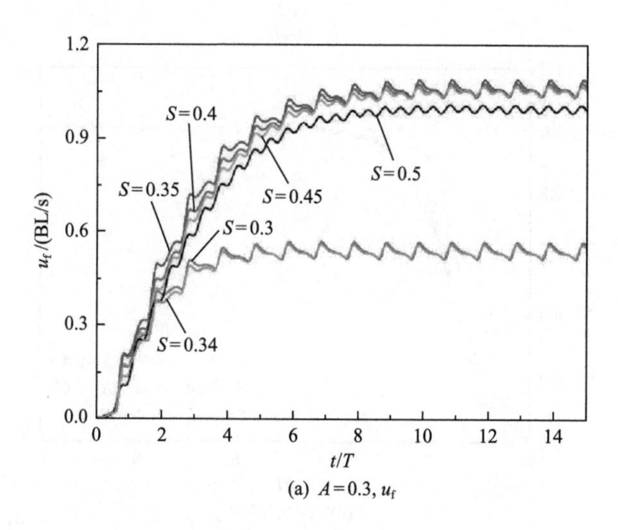

(a) A=0.3, u_f

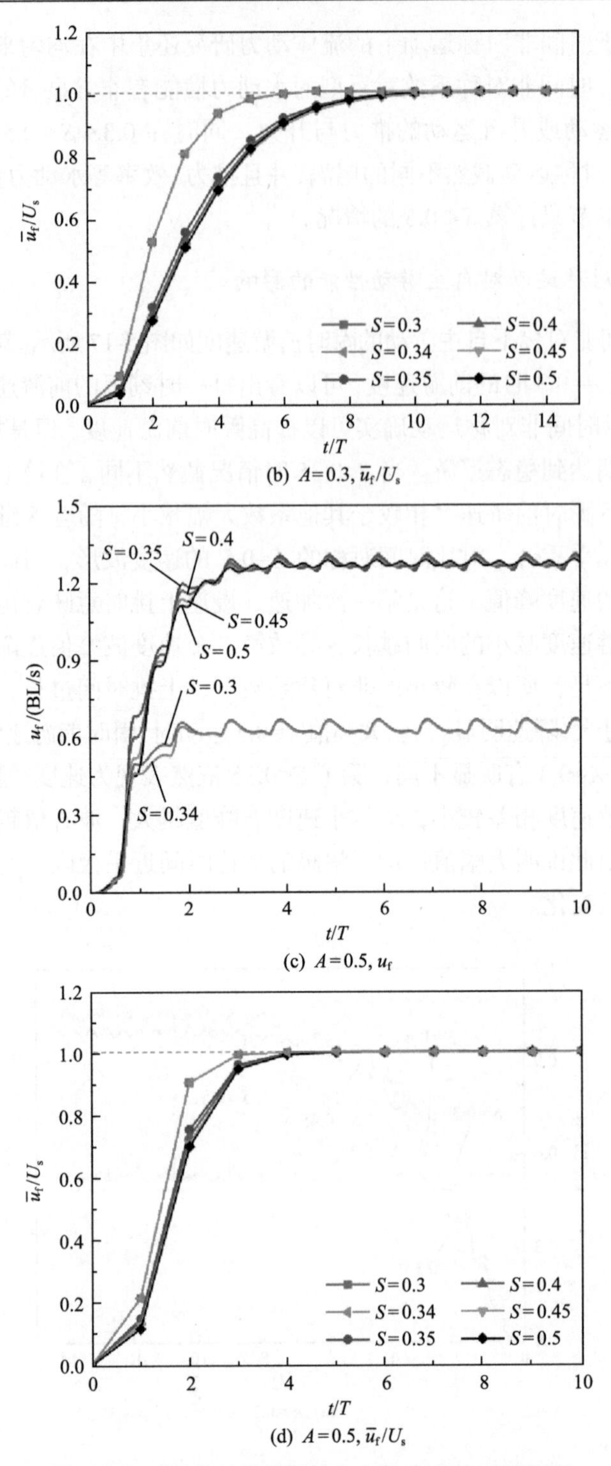

(b) $A=0.3, \overline{u}_f/U_s$

(c) $A=0.5, u_f$

(d) $A=0.5, \overline{u}_f/U_s$

图 5-17　时间非对称下蝠鲼自主游动速度-时间历程

由前游速度带来的瞬时前游位移如图 5-18(a)和(b)所示。幅值 A=0.3 时，在同样的游动时间下，S<0.35 位移最小，其余随着 S 的减小前游位移逐渐增大，S=0.35 时的游动距离最远，说明在小幅值下，时间非对称运动能使蝠鲼游得更远。当幅值 A=0.5 时，在同样的游动时间下，S<0.35 位移依然最小，其余各时间非对称系数下的前游位移基本相同，说明在大幅值下，时间非对称系数在 0.35～0.5 范围内对蝠鲼游动距离没有影响。

图 5-18(c)和(d)是蝠鲼自主游动过程中的垂向振荡位移，可见在 A=0.3 时，S=0.3 上浮位移最小，且振荡最小，游动较为稳定。随着 S 的减小，上浮位移逐渐增大，但是在 A=0.5 时结果大为不同，S=0.3 反而逐渐下沉，而且随着 S 的增大上浮位移逐渐减小，在 S=0.35 时上浮斜率最小，游动更加稳定。

蝠鲼达到稳态巡游后时间非对称系数对巡游速度的影响如图 5-19 所示。不论蝠鲼运动幅值为何值，都以 S=0.35 为临界值，小于此值时巡游速度会减小 50%，

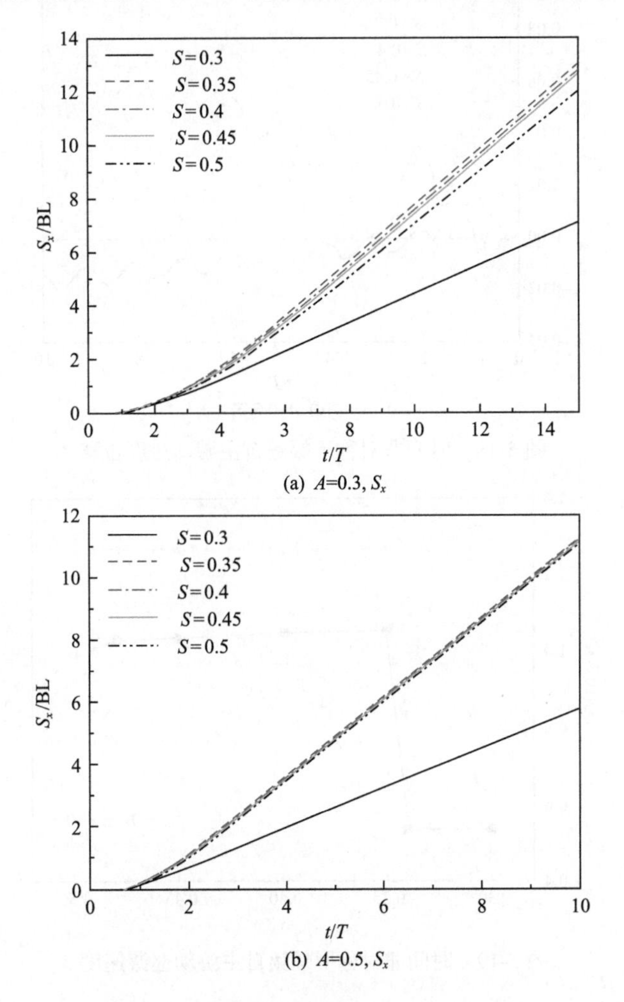

(a) A=0.3, S_x

(b) A=0.5, S_x

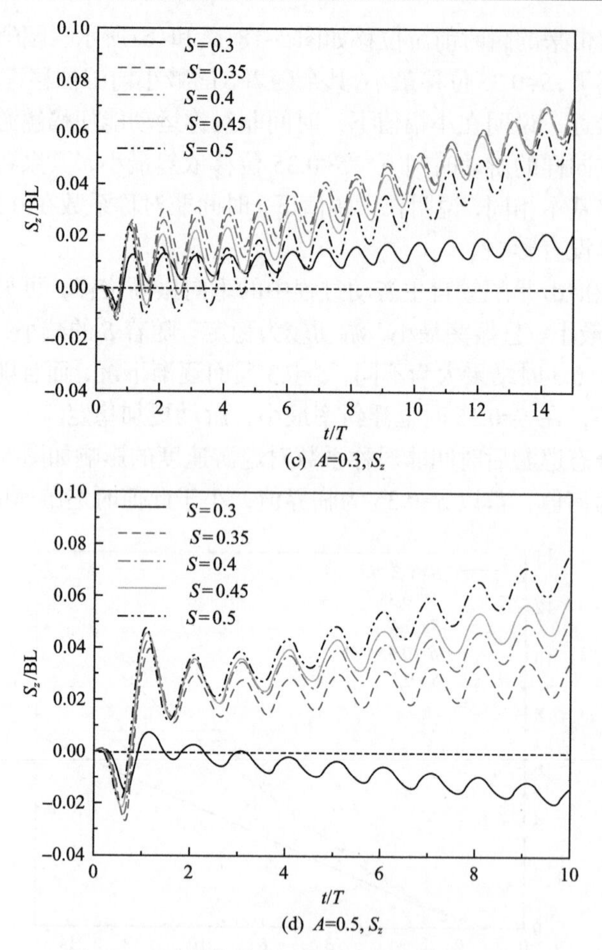

图 5-18　时间非对称下蝠鲼自主游动速度位移

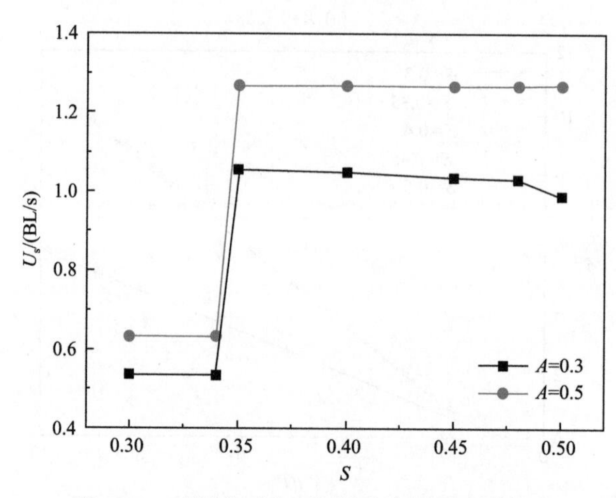

图 5-19　时间非对称下蝠鲼自主游动巡游速度

大于此值时，若 A=0.3，S 越大则巡游速度越小，在时间对称运动下最小，较 S=0.35 减小 10%，当 A=0.5 时，巡游速度基本不变，时间对称与否在大幅值下对巡游速度没有影响。所以真实蝠鲼在游动时极少有 S<0.35 的情况，不利于蝠鲼提高游动速度。

5.3　稳速巡航阶段水动力分析

5.3.1　展向柔性变形对水动力影响分析

为了研究胸鳍运动过程中展向变形的作用，对蝠鲼进行纯展向拍动变形，没有弦向变形的状态进行计算。在纯展向变形中，大振幅情况下，胸鳍的变形更大，可以视为在展向具有较大的柔性，反之，小振幅情况可以认为胸鳍在展向方向具有较小的柔性。本节对四个不同幅值 A/BL=0.20、A/BL=0.27、A/BL=0.35、A/BL=0.43，频率 f=1Hz，波数 W=0.4 下胸鳍的运动状态进行研究。

与胸鳍耦合运动相比，在纯展向变形运动过程中，瞬时推力的波峰值大大降低。图 5-20 为不同展向变形下的推力系数和升力系数时间历程图。这是由于纯展向拍动变形过程中，胸鳍的剖面为纯升沉运动，流体与翼型的有效攻角完全依靠上下拍动时的升沉速度产生，升沉速度较大时，有效攻角也较大，反之产生较小的有效攻角。由伯努利原理可知，在有效攻角的作用下，翼型能够产生有效升力，而在竖直方向的分量为模型升力的来源，在水平方向的分量为推力的来源，这就是升力模式运动产生推力的原因。纯升沉运动的有效攻角完全由升沉速度和来流

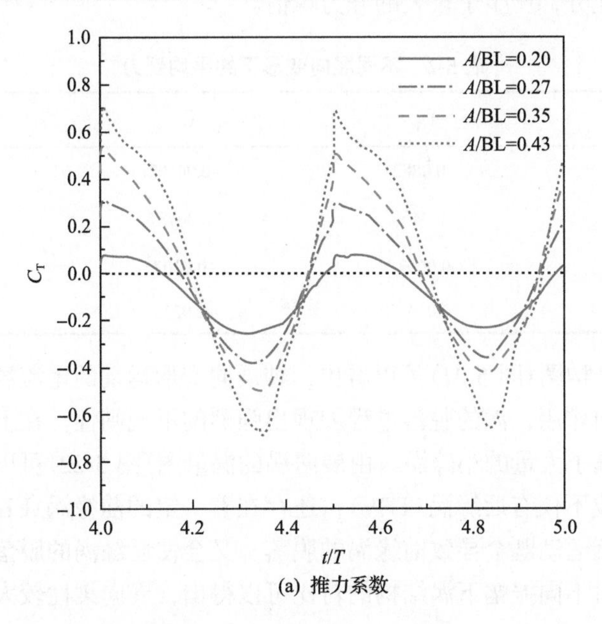

(a) 推力系数

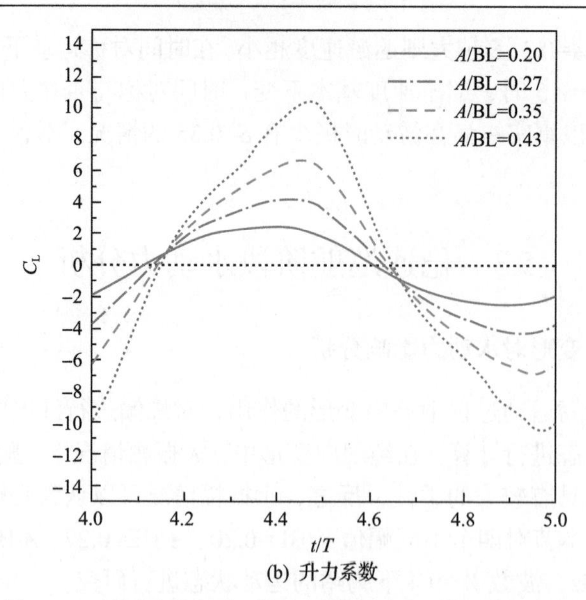

(b) 升力系数

图 5-20　不同展向变形下推力系数和升力系数时间历程图

的合速度产生，当有效攻角较小时，所产生的推力较小，难以克服翼型的阻力。由表 5-2 中的平均推力可以看出，当展向柔性较小时，由于升沉速度较低，纯展向拍动很难产生正推力，即使最大振幅 A/BL=0.43，产生的正推力依然很小，因此可以推断弦向变形产生的攻角才是蝠鲼游动过程中产生推力的关键。由升力-时间历程曲线(图 5-20(b))可以看出，胸鳍进行纯展向变形时，在垂直方向上对流体的推动更为充分，产生了较大的升力峰值。

表 5-2　不同展向变形下的平均受力

A/BL	$\bar{C}_T$	$\bar{C}_L$	η
0.20	−0.0882	−0.00502	—
0.27	−0.0408	−0.00787	—
0.35	−0.00937	−0.0207	—
0.43	0.0131	−0.0233	0.0137

由三维涡结构图(图 5-21)可以看出，纯展向变形运动的尾流场中，由于缺少弦向行波的导向作用，涡的脱落过程展现出强烈的不规则性。在上下两个鳍尖涡的连接处，充满了大量的小碎涡。由展向涡的涡量图(图 5-22)可以发现，这些小碎涡的主要构成不仅有后缘涡(TEV)，还存在着一定的前缘涡(LEV)。因此，可以得出，纯升沉运动既会导致前缘涡的脱落，又会使后缘涡的脱落更为破碎。除此之外，通过对不同振幅下涡结构的对比可以得出，展向柔性较大时，鳍尖涡的

形态将变得更不规则，更不稳定，前缘涡和后缘涡的破碎程度更高。从尾流场中可以观察到，鳍尖涡 T1 甚至过早湮灭，大量的碎涡导致较高的能量消耗，因此纯展向运动表现出极低的推进效率。

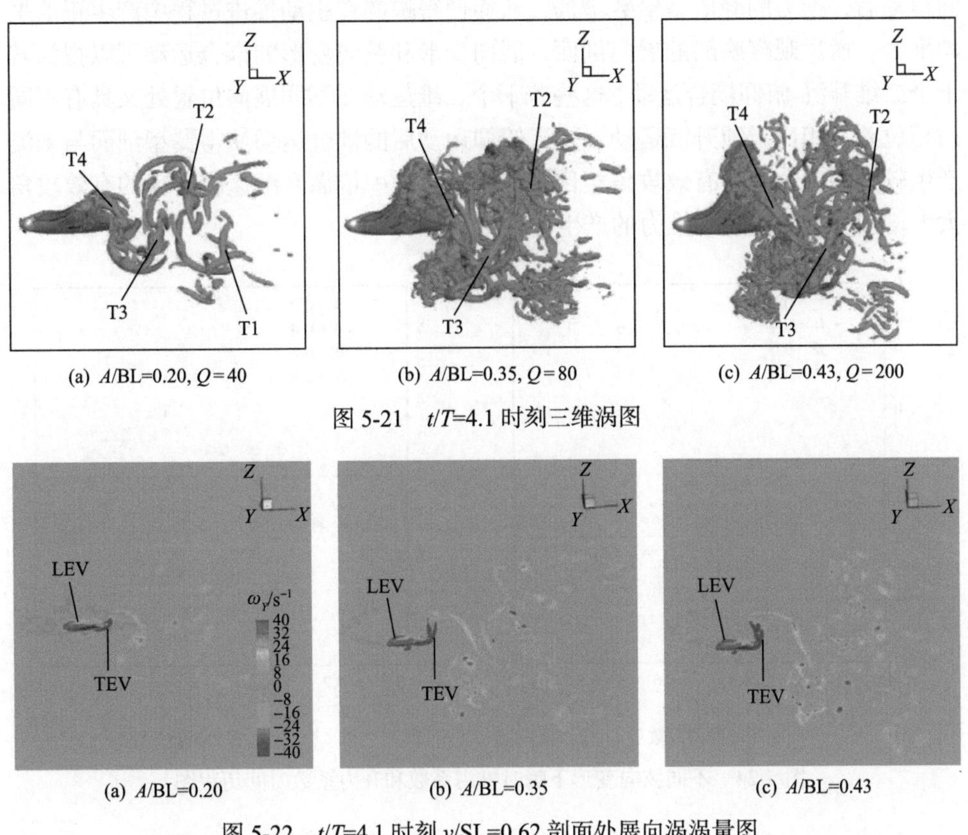

(a) A/BL=0.20, Q=40　(b) A/BL=0.35, Q=80　(c) A/BL=0.43, Q=200

图 5-21　t/T=4.1 时刻三维涡图

(a) A/BL=0.20　(b) A/BL=0.35　(c) A/BL=0.43

图 5-22　t/T=4.1 时刻 y/SL=0.62 剖面处展向涡涡量图

5.3.2　弦向柔性变形对水动力影响分析

前文的研究推断出蝠鲼推力的产生主要来源于弦向变形的有效攻角，本节将在耦合运动模式中探讨弦向变形的作用。胸鳍的弦向变形程度可以通过波数来表征，如图 5-23 所示。波数较小时，胸鳍弦向变形的程度较小，具有较小的弦向柔

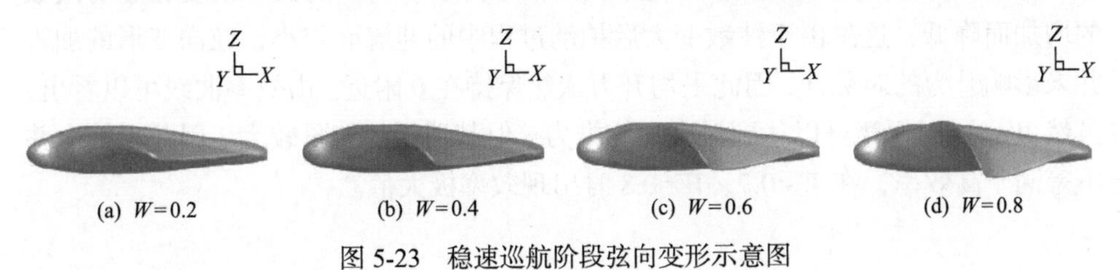

(a) W=0.2　(b) W=0.4　(c) W=0.6　(d) W=0.8

图 5-23　稳速巡航阶段弦向变形示意图

性；反之，波数较大时，胸鳍弦向变形程度较大，具有较大的弦向柔性。本节波数 W 变化范围为 0.2～0.9，频率和幅值为 f=1Hz，A/BL=0.35。

由瞬时推力的时间历程图(图 5-24)可以看出，在纯展向运动的基础上加入弦向运动后，推力的峰值呈倍数增加，从而使得蝠鲼在主动推进过程中产生正的平均推力。通过观察胸鳍的展向剖面，展向变形和弦向变形的耦合运动可以视为若干个二维升沉-俯仰耦合运动，这些若干个二维运动在不同展向位置处又具有不同的相位差。相比于纯升沉运动，加入俯仰运动后的耦合运动使得翼型剖面与来流产生较大的攻角，其有效攻角相比于纯升沉运动中依靠升沉速度产生的有效攻角大大增加，因此更易于推力的产生。

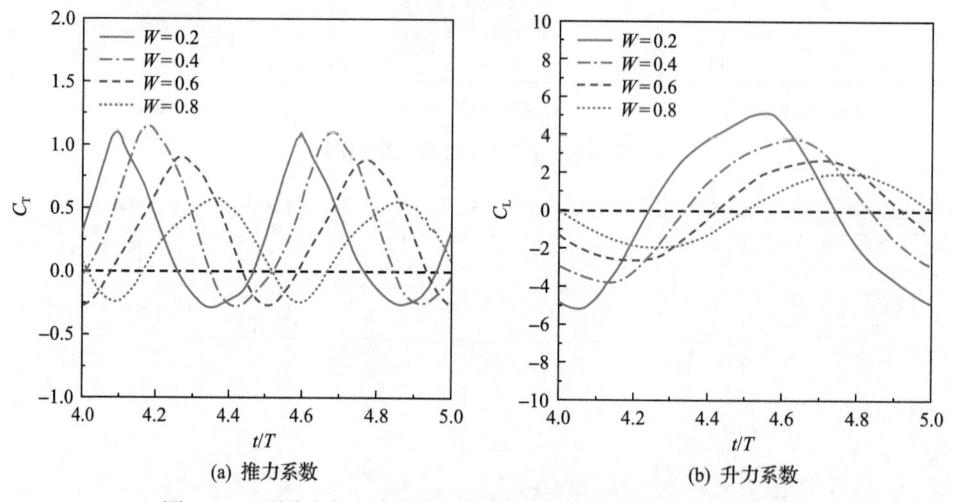

(a) 推力系数　　(b) 升力系数

图 5-24　不同弦向变形下瞬时推力系数和升力系数时间历程图

通过对比不同波数下蝠鲼的受力特性曲线(图 5-25)可以看出，弦向柔性较大时，瞬时正推力曲线更加饱满，其瞬时正推力在一个周期中所占据的时间比重更大，但是推力的峰值并不随柔性的变化而单调变化，在 W=0.4 时产生的推力峰值最大，这也解释了真实蝠鲼在快速游动过程中波数保持在 0.34～0.46 范围的原因。推力的波谷值基本不随波数的变化而改变，因此平均推力在 W=0.4 时也达到最大值，随后随着波数继续增大，平均推力不断下降。瞬时升力波峰的变化随着波数的增加而降低，这是由于波数变大后拍动过程中的迎流面变小，弦向变形的加入并未影响升力的对称性，因此平均升力依然保持在 0 附近。由效率曲线可以看出，虽然 W=0.4 时蝠鲼可以达到最大平均推力，但其消耗的能量较大，因此大推力并不等同于高效率，在 W=0.7、W=0.8 时出现效率极大值。

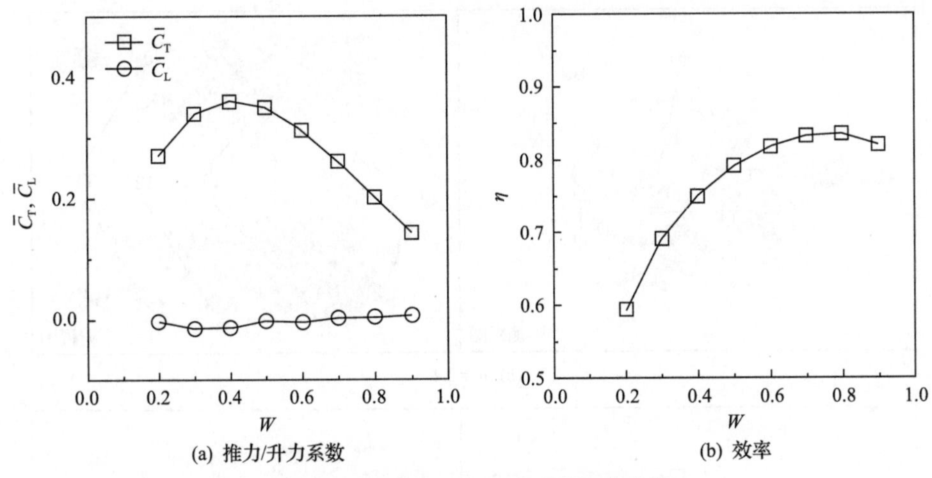

(a) 推力/升力系数　　(b) 效率

图 5-25　蝠鲼推进性能随波数变化曲线

由前面的分析已经得出纯展向变形由于缺少弦向行波的引导作用，模型尾流场涡结构中出现了大量的小碎涡。由三维涡结构等值面图(图 5-26)可以看出，随着波数的增加，弦向波的引导作用更加强烈，使得尾流场中的涡结构更加规则，鳍尖涡与其他涡之间的干扰更少，更少的碎涡及涡间干扰导致更少的能量消耗，这也是弦向柔性较大时模型推进效率较高的原因。从图 5-26 中右侧的俯视图中可以观察到，随着波数的增加，鳍尖涡在远离模型的尾流场中逐渐向胸鳍内侧发展，即 W=0.2 时，鳍尖涡的包络线基本与中线平行，而 W=0.8 时其包络线与中线产生较大的角度，这是由于鳍尖涡的位置变化本身具有自旋产生的平移速度分量，这与 Li 和 Dong[199]观察到的现象相符，前缘涡、后缘涡以及碎涡的形成集中在胸鳍内侧(相对于鳍尖涡)，弦向柔性较小时，鳍尖涡内侧的大量碎涡对鳍尖涡产生的干扰较强，使其无法充分向内发展。

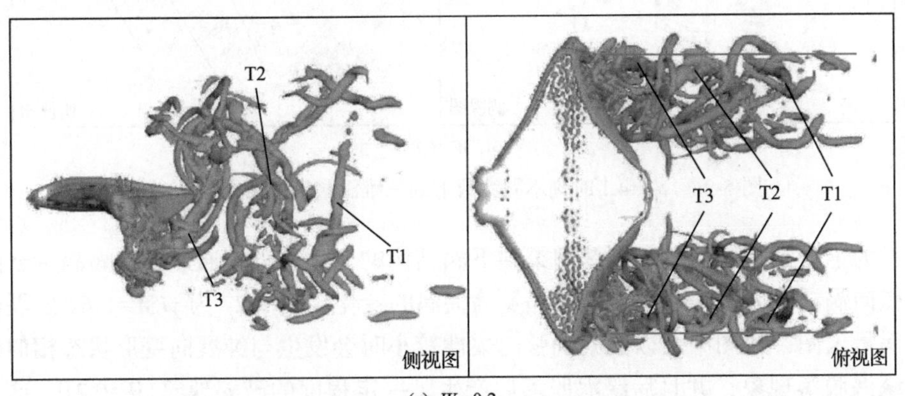

(a) W=0.2

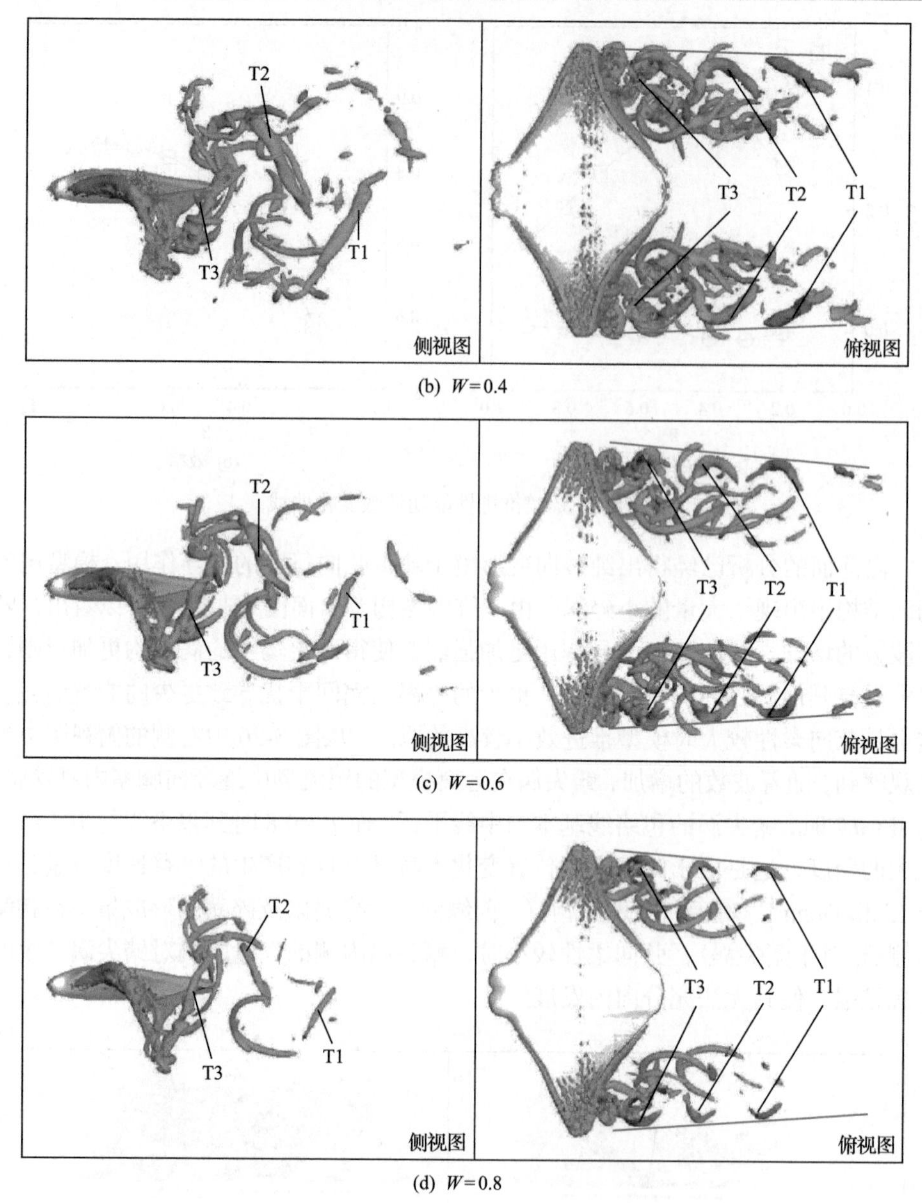

(b) $W=0.4$

(c) $W=0.6$

(d) $W=0.8$

图 5-26　t/T=4.1 时刻不同波数下的三维涡量等值面图(Q=80)

为了更清晰地展示不同弦向柔性下涡结构的变化，分别通过展向涡涡量云图和弦向涡涡量云图来解释前后缘涡及鳍尖涡的变化。图 5-27 为 y/SL=0.62 处展向涡涡量云图，从图中可以观察到弦向柔性较小时会发生与纯展向变形状态相似的前缘涡脱落现象，并且后缘涡脱落后产生了一定程度的破碎现象(W=0.2)，这与三维涡结构中充斥在鳍尖涡间的大量碎涡的现象相一致。随着弦向柔性的增加，前缘涡脱落现象得到改善，后缘涡的脱落程度逐渐减弱，尾流场中的二维涡结构也更加规则化。由弦向涡涡量云图图 5-28 中可以观察到，鳍尖涡 T3 的横向位置随着弦向柔性的增加不断向内侧移动，这与三维涡结构中鳍尖涡包络线与中线产生一定角度的现象相一致，在 W 为 0.2、0.4 时，可以观察到 x/BL 为 1.14 剖面处鳍尖涡 T2 的存在，并且在胸鳍下方还存在着大量的弦向涡。但随着弦向柔性的增加，鳍尖涡 T2 在此剖面上消失，并且胸鳍下方的弦向涡也基本消失，这说明弦向柔性会导致前后涡间距的增加，因此在此剖面上无法观察到后方的涡结构。除此之外，弦向柔性较小时流场中还充斥着大量不规则的弦向涡。

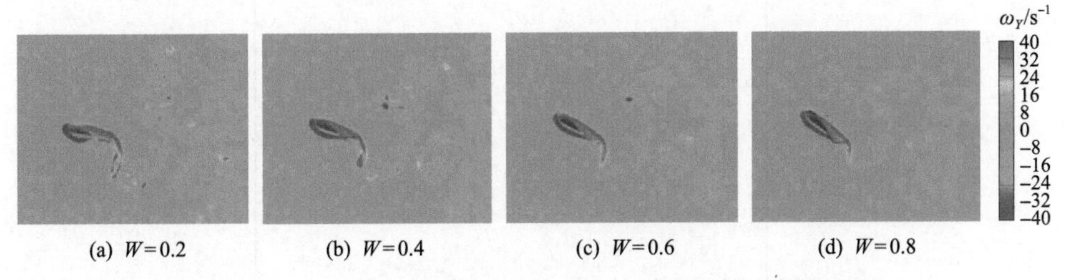

(a) $W=0.2$　(b) $W=0.4$　(c) $W=0.6$　(d) $W=0.8$

图 5-27　t/T=4.1 时刻不同波数下 y/SL=0.62 处展向涡涡量云图

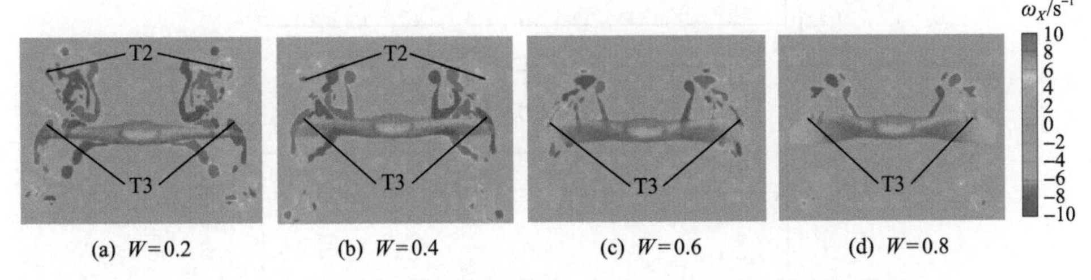

(a) $W=0.2$　(b) $W=0.4$　(c) $W=0.6$　(d) $W=0.8$

图 5-28　t/T=4.1 时刻不同波数下 x/BL=1.14 处弦向涡涡量云图

5.3.3　频率和振幅对水动力影响分析

本节探讨不同频率（f=0.4Hz、f=0.7Hz、f=1.0Hz、f=1.3Hz）与幅值（A/BL=0.20、A/BL=0.27、A/BL=0.35、A/BL=0.43、A/BL=0.51）组合条件下，波数 W 为 0.4 时，蝠鲼胸鳍进行展向与弦向耦合变形时的水动力特性。图 5-29 为四个典型工况下的瞬时推力与升力时间历程曲线。由图可以看出，频率一定时，其推力的波峰值随着幅值的增加而增加，但高频运动状态下推力峰值增加效果要远高于低频运动，f=0.4Hz 时幅值增加带来的波峰值增加量为 200%，而 f=1.3Hz 时幅值增加带来的波峰值增量为 1124%，这说明加快频率所带来的推力加成效果十分显著，这也从受力的角度解释了前文的研究中观察到蝠鲼在进行高速游动时，其频率一般都保持在一个较高范围的原因。高频大振幅运动不仅引起了推力峰值的增加，升力峰值也随着频率和振幅的升高而增加。值得注意的是，在一定频率下，大幅值运动状态下升力峰值的产生时间相比于小幅值运动具有一定的滞后性，在 f=1.3Hz 时尤其明显，A/BL=0.2 时升力峰值在 t/T=4.57 时产生，而 A/BL=0.43 时升力峰值在 t/T=4.67 时产生。这是因为具有弦向变形时，在相同时刻，大幅值状态下其胸鳍垂向迎流面积较小，因此需要继续运动使其达到升力最大值。

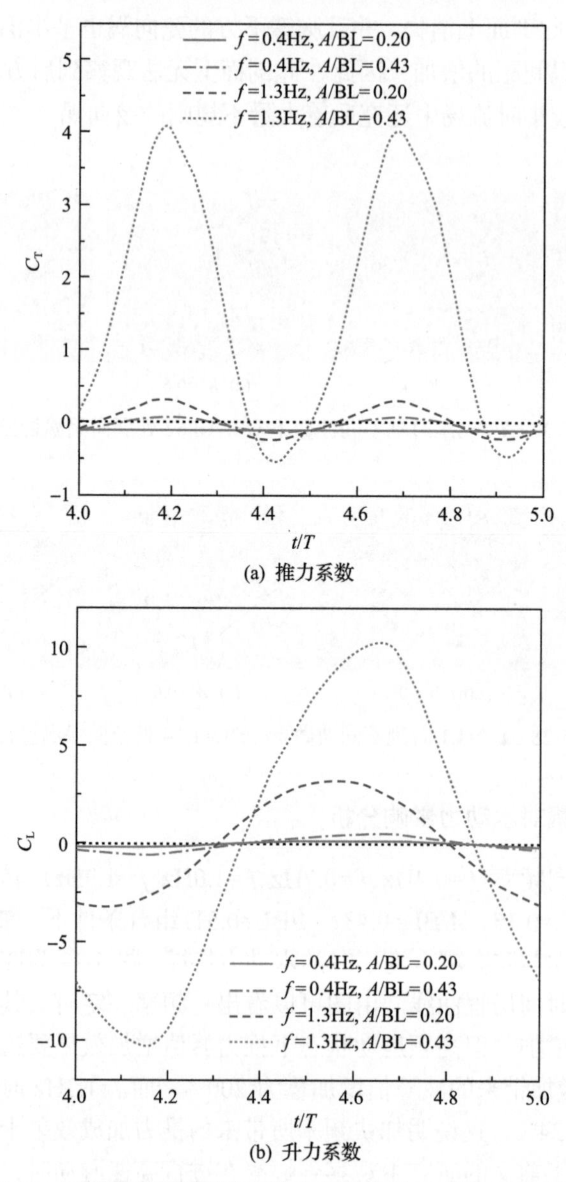

图 5-29　不同频率振幅组合下推力系数和升力系数时间历程图

图 5-30 为不同振幅下平均推力系数、推进效率以及施特鲁哈尔数 *St* 随频率变化曲线，其中在效率曲线中对推力值为负的点进行了剔除。首先，平均推力系数随着频率和幅值的增加而增加，即平均推力系数随着 *St* 的增加而增加，这一现象与文献[199]～[201]中具有类似耦合运动的三维扑翼的研究相一致。在小振幅运动时，需要很大的频率才能获得正推力，所以观察到的蝠鲼在主动推进过程中很少采用振幅小于 *A*/BL=0.25 的推进参数。平均推力为 0 的运动表明，蝠鲼在此速度下能够匀速稳定前进，低频大振幅和高频小振幅的运动均能够使模型产生匀速的游动状态。但由效率曲线可以看出，低频大振幅运动具有更高的游动效率，这与采用身体/尾鳍模式的鱼类正好相反。由效率曲线还可以看出，不同振幅下的效

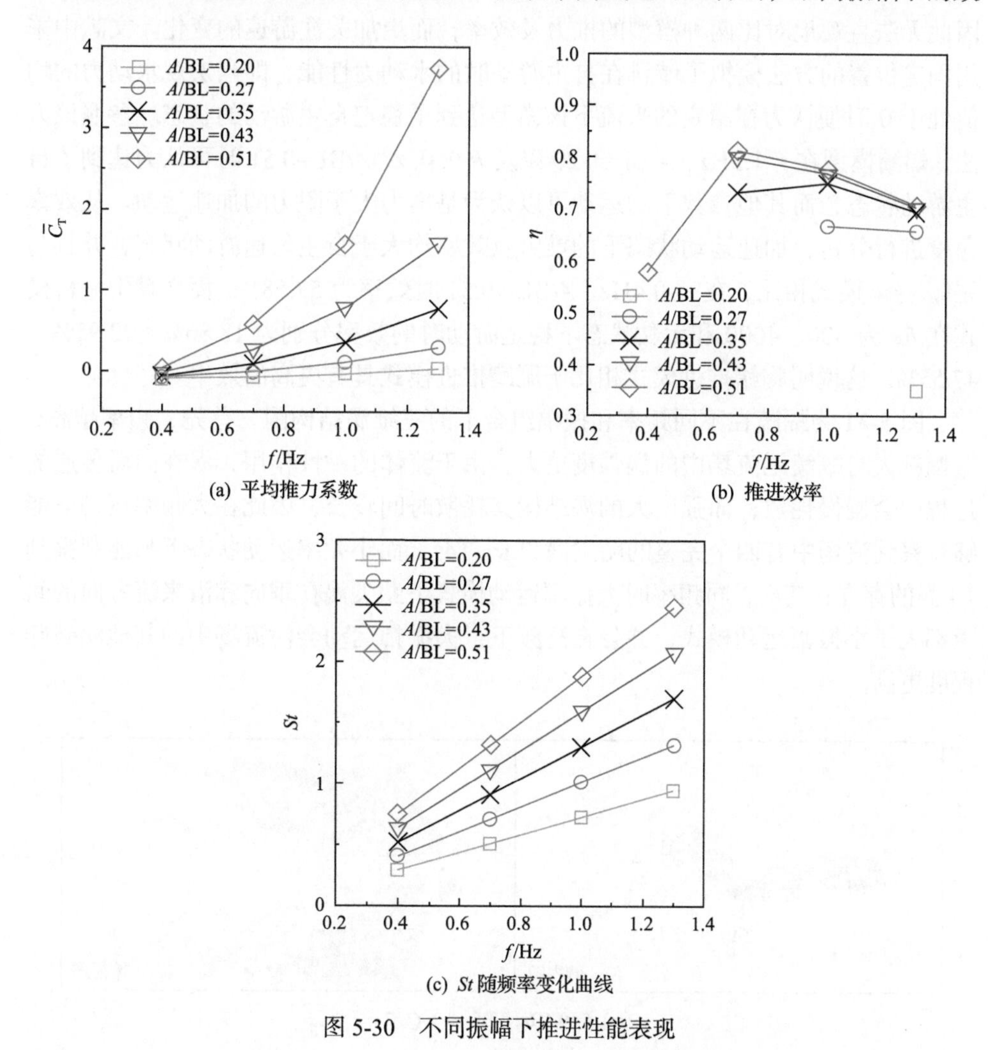

(a) 平均推力系数　(b) 推进效率

(c) *St* 随频率变化曲线

图 5-30　不同振幅下推进性能表现

率最优频率不同，其对应的 St 也不相同，文献中的研究表明，鱼类具有最佳游动效率时所对应的 St 为 0.2～0.4，而本书所建立的蝠鲼模型具有最佳游动效率时所对应的 St 大于这个范围。这是由于本书的计算工况为 Re=1200，低于真实生物的游动雷诺数，由此带来模型阻力的增加，将最优 St 提升。

在蝠鲼实际游动的过程中，当其所受的推力和阻力相等时，会保持一个相对平稳的游动状态，这也是真实生物迁徙过程中采用的状态。本书依据固定位置的原则进行仿真，采用这种方法更加有利于生物受力的分析。文献中对生物游动的研究常采用另一种模型自推进模型，该模型可以更为真实地模拟鱼类的游动，但是它在宏观上假定推力和阻力处在一个平衡的状态，无法得到生物体推力的分布，因此无法直观地对比两种模型的推力及效率，而更加关注游速的变化。文献中采用固定位置的方法模拟了鲹科在自主游动时的水动力性能，即当宏观水动力的均值处于 0 时便认为在给定的来流下该模型达到了稳定自主游动的状态。参照该方法，蝠鲼模型在 f=1.3Hz、A/BL=0.20 以及 f=0.4Hz、A/BL=0.51 时可认为达到了自主游动状态，而其他参数下的运动可以认为是推力大于阻力的加速运动。从效率角度进行分析，加速运动状态下的推力及效率均大于自主匀速游动状态，并且与尾鳍/身体模式相比，在 f=0.4Hz、A/BL= 0.51 时效率为 57.58%，而文献中鲹科模式在 Re 为 300、4000 和无黏状态下稳定游动时的效率分别为 18.86%、22.95%、47.55%，这说明胸鳍推进模式相比于尾鳍推进模式具有更高的效率。

图 5-31 为蝠鲼在不同频率和振幅组合下的三维涡结构图。首先，频率越高，振幅越大时蝠鲼尾流场中的涡强度更大，由于流体的黏性作用，涡在向后传递的过程中会慢慢耗散，而强度大的涡结构其耗散时间较长，因此在大频率运动下能够观察到流场中有四个完整的鳍尖涡（T1～T4），而小频率运动状态下只能观察到 T4 涡的存在；其次，同频率时大振幅运动模式下鳍尖涡在垂向和沿来流方向的间距都大于小振幅运动模式，并且在高频下，大振幅运动会使流场中的其他涡破碎程度更高。

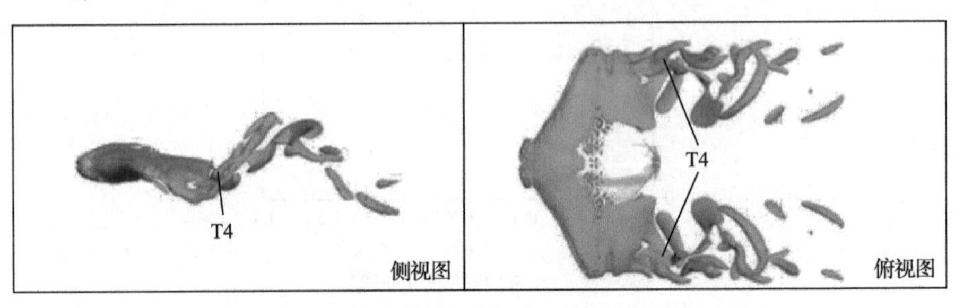

(a) f = 0.4Hz, A/BL = 0.2, Q=2

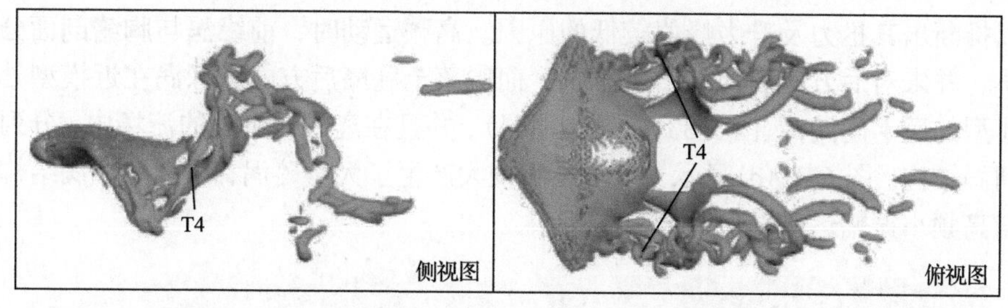

(b) $f=0.4\text{Hz}$, $A/\text{BL}=0.43$, $Q=2$

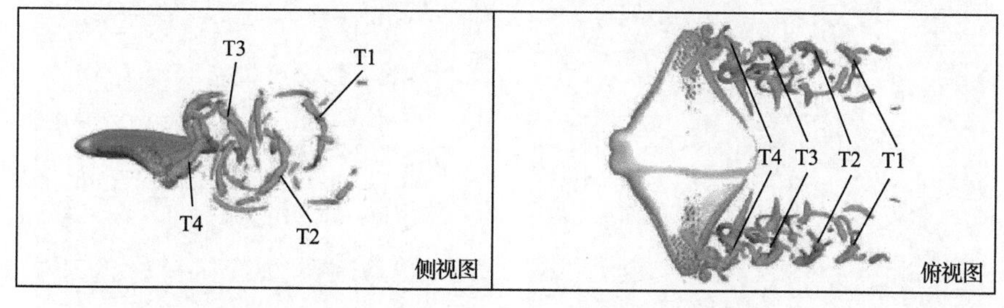

(c) $f=1.3\text{Hz}$, $A/\text{BL}=0.2$, $Q=100$

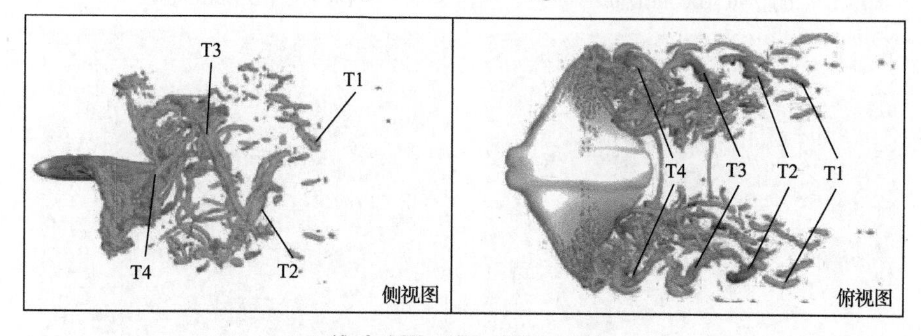

(d) $f=1.3\text{Hz}$, $A/\text{BL}=0.43$, $Q=300$

图 5-31　t/T=4.1 时刻不同频率和振幅组合下的三维涡量等值面图

由图 5-25(d)和弦向涡涡量云图(图 5-32)可以看出，左右两侧胸鳍的碎涡及后缘涡甚至在靠近模型中线附近产生了一定的干扰，这将给蝠鲼的运动带来更大的能量消耗，而同振幅时低频运动模式下由于涡脱速度的缓慢，鳍尖涡在沿来流方向的间距要远大于高频运动，其涡与涡之间的连接更加光顺，近似一条正弦曲线。从图 5-32 中也可以明显看出，低频运动模式下其涡量场的强度及碎涡的数量显著低于高频运动。

图 5-33 为展向涡涡量云图。由图可以看出，展向涡的涡间距与三维涡结构图中鳍尖涡的涡间距随频率和振幅变化的规律相一致。值得注意的是，在低频运动状态下，后缘涡的脱落较为缓慢，在模型附近拖出一条较长的尾迹，而前缘涡也延伸至胸鳍后缘处，对后缘涡产生干扰，随后与后缘涡一同脱落。前缘涡的向后延伸会对胸鳍下表面的压力分布产生较大影响，结合低频运动状态下的受力曲线

可以推断出其推力及升力峰值较低的原因。高频运动时，前缘涡与胸鳍剖面分离较早，并未对后方的后缘涡产生影响，而脱落至胸鳍后方的后缘涡在近模型处形成典型的反卡门涡街(图 5-33(c)较为明显)，并且在离模型更远的流场中，分列为双列涡结构。图 5-33(d)显示，由于振幅较大产生了大量碎涡，但其主要涡结构形式与高频小振幅运动相似。

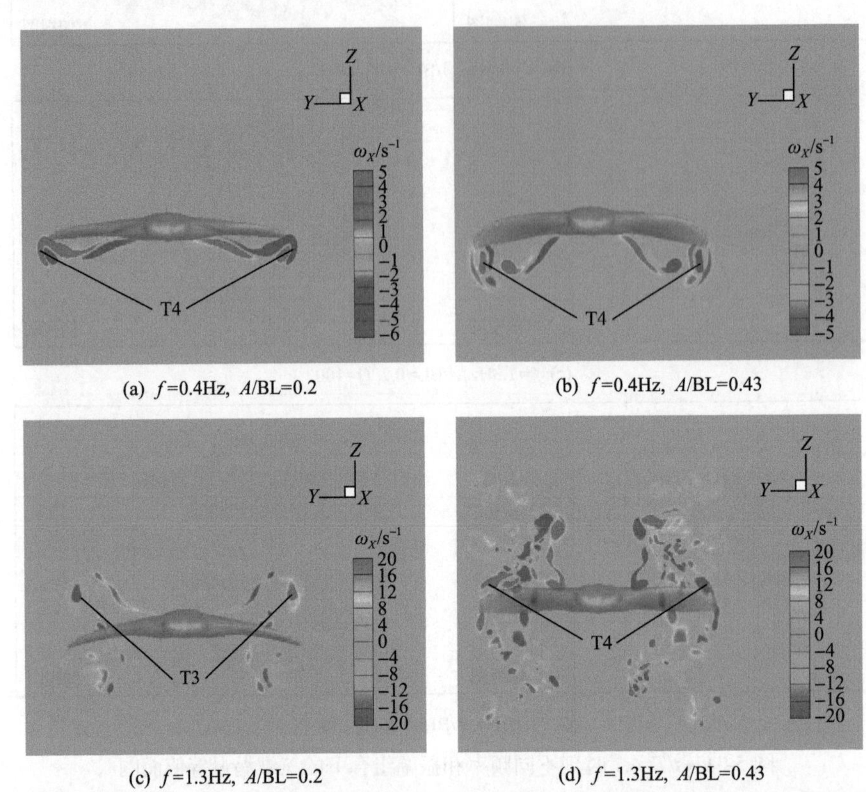

(a) f=0.4Hz, A/BL=0.2　(b) f=0.4Hz, A/BL=0.43

(c) f=1.3Hz, A/BL=0.2　(d) f=1.3Hz, A/BL=0.43

图 5-32　t/T=4.1 时刻不同频率和振幅组合下的弦向涡涡量云图(x/BL=1.14)

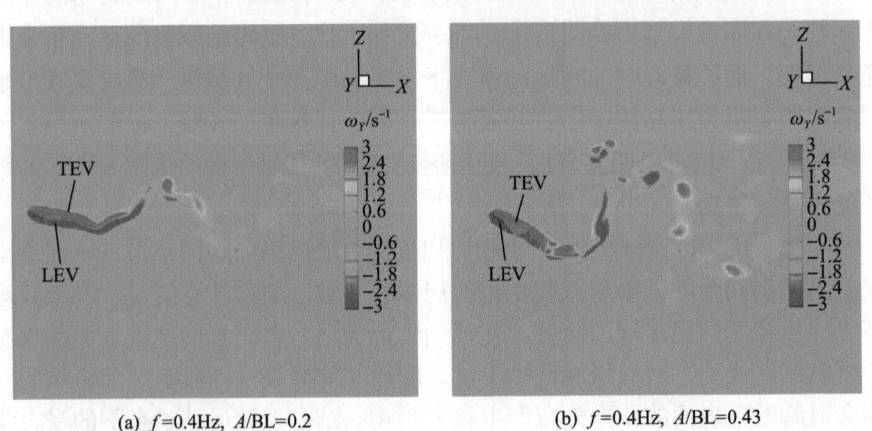

(a) f=0.4Hz, A/BL=0.2　(b) f=0.4Hz, A/BL=0.43

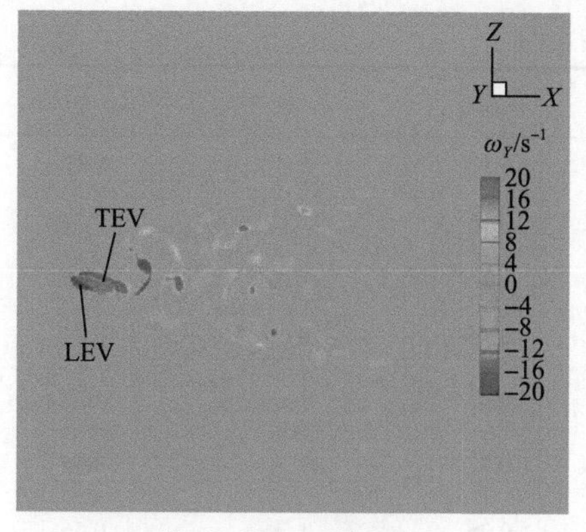

(c) f=1.3Hz, A/BL=0.2

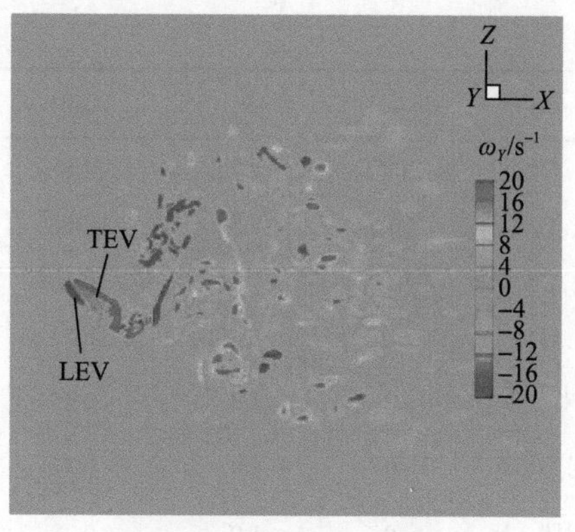

(d) f=1.3Hz, A/BL=0.43

图 5-33　t/T=4.1 时刻不同频率和振幅组合下的展向涡涡量云图(y/BL=0.62)

5.3.4　上下非对称性振幅对水动力影响分析

在对蝠鲼运动的观测研究中发现，蝠鲼在主动推进过程中，其胸鳍的拍动会出现上挑和下扑时振幅不相等的情况，为了描述这种非对称性运动，在式(2-8)中加入两个参数 a 和 b，使运动的对称轴沿 z 方向上下平移：

$$
\begin{aligned}
y(x_{\mathrm{f}},y_{\mathrm{f}},t) &= y_{\mathrm{f}}\left[1-(1-k)\left|\frac{\theta(x_{\mathrm{f}},t)+a}{b}\right|\frac{y_{\mathrm{f}}}{\mathrm{SL}}\right]\cos\left(\frac{\theta_{\max}y_{\mathrm{f}}}{\mathrm{SL}}\cdot\frac{\theta(x_{\mathrm{f}},t)+a}{b}\right)\\
z(x_{\mathrm{f}},y_{\mathrm{f}},t) &= z_{\mathrm{f}}+y_{\mathrm{f}}\left\{1-(1-k)\left|\frac{\theta(x_{\mathrm{f}},t)+a}{b}\right|\frac{y_{\mathrm{f}}}{\mathrm{SL}}\right\}\sin\left(\frac{\theta_{\max}y_{\mathrm{f}}}{\mathrm{SL}}\cdot\frac{\theta(x_{\mathrm{f}},t)+a}{b}\right)
\end{aligned}
\tag{5-5}
$$

根据上下振幅之和 $A_{\mathrm{u}}+A_{\mathrm{d}}$ 的不同分为 A、B、C、D 四组，为保持最大振幅的一致性，每组中上挑振幅 A_{u} 与下扑振幅 A_{d} 的最大值均为 0.35BL，同一组中的两个工况为上挑和下扑振幅值互换。a、b 值的设置及上下振幅之比等参数如表 5-3 所示。为了与上下振幅之比相等时的运动进行对比，每组又设立两个对照组，对照组 1 的振幅与其他组最大振幅相等，即 0.35BL，对照组 2 的上下振幅之和与相应的上下非对称运动振幅之和相等。

表 5-3　上下非对称性振幅参数设置

分组	a	b	A_{u}/BL	A_{d}/BL	$A_{\mathrm{u}}/A_{\mathrm{d}}$	($A_{\mathrm{u}}+A_{\mathrm{d}}$)/BL
A1	0.1	1.1	0.35	0.29	1.22	0.64
A2	−0.1	1.1	0.29	0.35	0.82	0.64
B1	0.25	1.25	0.35	0.21	1.67	0.56
B2	−0.25	1.25	0.21	0.35	0.60	0.56

续表

分组	a	b	A_u/BL	A_d/BL	A_u/A_d	(A_u+A_d)/BL
C1	0.5	1.5	0.35	0.12	3	0.47
C2	–0.5	1.5	0.12	0.35	0.33	0.47
D1	1	2	0.35	0	∞	0.35
D2	–1	2	0	0.35	0	0.35
对照 1	0	1.0	0.35	0.35	1	0.7
对照 2-A	0	1.0	0.32	0.32	1	0.64
对照 2-B	0	1.0	0.28	0.28	1	0.56
对照 2-C	0	1.0	0.24	0.24	1	0.47

图 5-34 为上下非对称性振幅运动状态下的推力及升力系数时间历程图。通过对比同一组内的两种运动可以看出，上下振幅的非对称性导致 $A_u/A_d>1$ 时模型上挑行程的推力峰值(第一波峰)大于下扑行程的推力峰值(第二波峰)，$A_u/A_d<1$ 时的结果相反。这说明上挑过程中位于平衡位置上方的运动产生推力的效果优于平衡位置下方的运动，而下扑过程中位于平衡位置下方的运动产生推力的效果优于平衡位置上方的运动，但其一个周期内的平均推力基本不随 A_u/A_d 的变化而改变(表 5-4)。由前文得出，升力的峰谷值在胸鳍平衡位置附近产生，由升力曲线可以看出，$A_u/A_d>1$ 时由于 A_d 较小，胸鳍从最低位置达到平衡位置所需的时间较短，因此其升力较早达到波谷值(与 $A_u/A_d<1$ 时相比)。同理，在下扑过程中由于 A_u 较大，胸鳍从最高位置达到平衡位置所需的时间较长，因此其升力较晚达到波峰值(与 $A_u/A_d<1$ 时相比)。

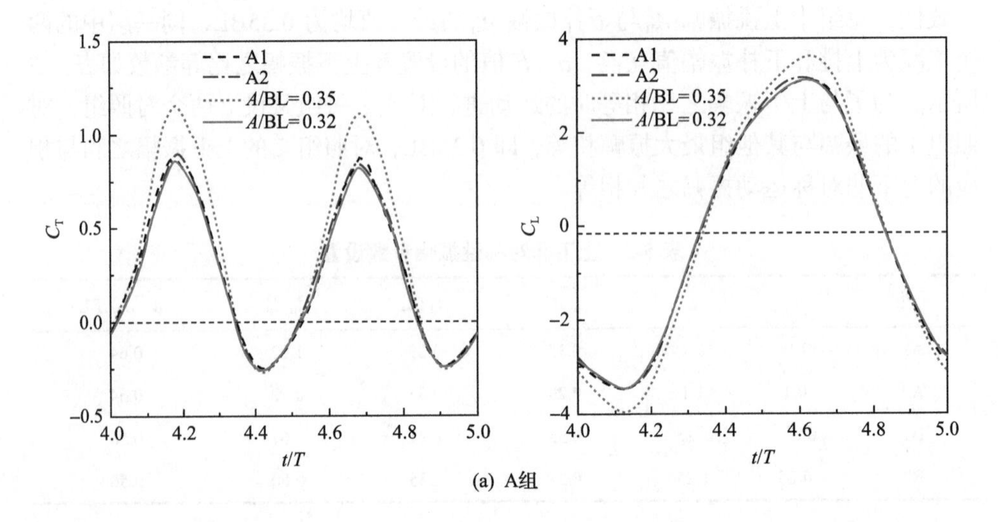

(a) A组

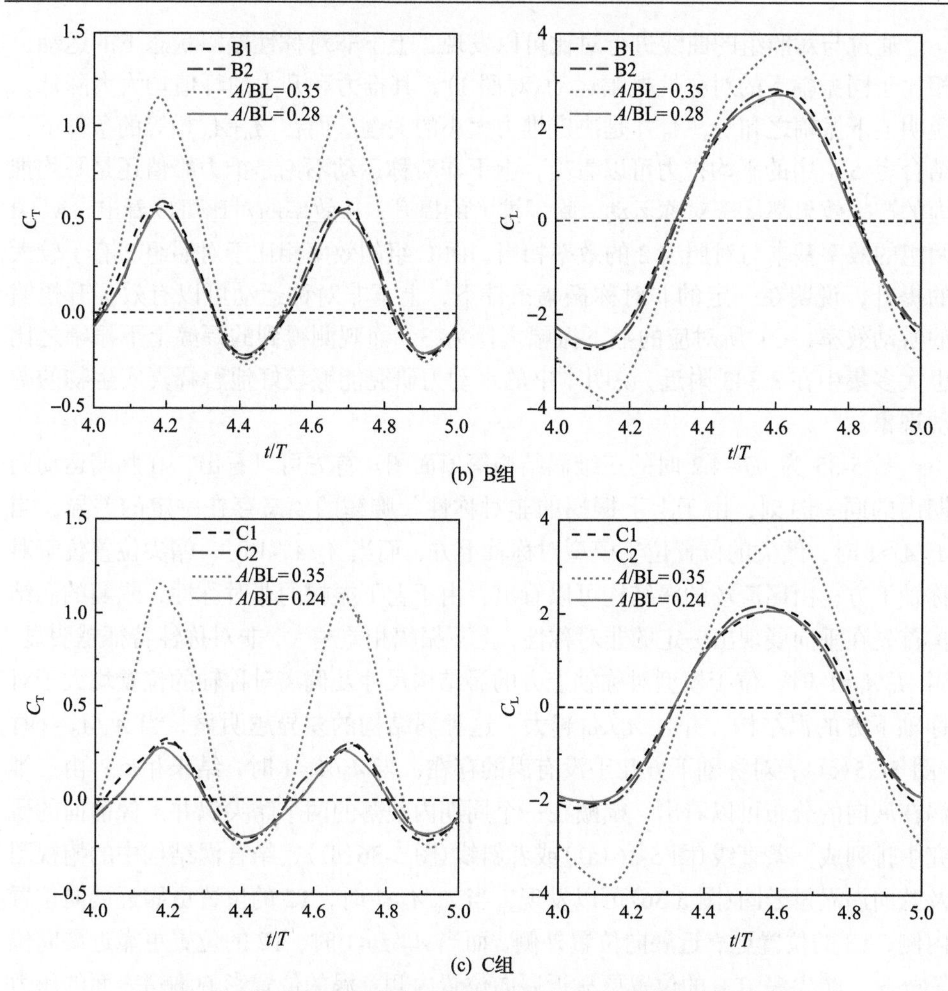

图 5-34 不同上下振幅之比下推力系数与升力系数时间历程图

表 5-4 上下非对称性振幅推力均值以及效率计算结果

分组	$\bar{C}_T$	$\bar{C}_T$（对照 2）	η	η（对照 2）
A1	0.254	0.240	0.731	0.733
A2	0.254		0.733	
B1	0.144	0.125	0.679	0.684
B2	0.144		0.684	
C1	0.0399	0.021	0.472	0.389
C2	0.0381		0.469	
D1	−0.0445	—	—	—
D2	−0.0458		—	

通过与对照组的曲线进行对比可以发现，上下非对称性振幅状态下的运动，相比于同振幅下的对称性振幅运动(对照 1)，其推力和升力的峰值均大大降低，说明上下振幅之和 A_u+A_d 才是决定推力大小的关键。而在 A_u+A_d 相等的条件下，结合表 5-4 中的平均推力可以看出，上下非对称运动不论是推力峰值还是平均推力的产生效果都优于对称运动。除了推力的提升，从效率的对比可以看出，A、B 两组的效率基本与对照组 2 的效率相当，而 C 组的效率相比于对照组 2 有了较大的提升，说明在一定的非对称振幅条件下，上下非对称运动可以有效提升蝠鲼的游动效率，C1 所对应的上下振幅之比为 3，而观测得到的蝠鲼上下振幅之比也大多集中在 2.343 附近，说明本书的水动力研究能够较好地解释真实生物的游动现象。

图 5-35 为 t/T=4.2 时的三维涡结构等值面图。首先可以看出，在胸鳍运动周期内的同一时刻，由于上下振幅的非对称性，胸鳍的姿态存在一定的差异，当 $A_u/A_d>1$ 时，鳍尖的位置位于模型对称轴上方，而当 $A_u/A_d<1$ 时，鳍尖位置位于对称轴下方；由尾流场的涡结构可以看出，由于上下振幅的非对称性，蝠鲼的涡结构首先在垂向展现出一定的非对称性，上下振幅相差越大，非对称性特征越明显，当 $A_u/A_d>1$ 时，位于模型对称轴上方的涡结构尺寸及偏离对称轴的位置均大于对称轴下方的涡结构，并且 A_u/A_d 越大，这种涡结构的差异越明显，当 $A_u/A_d=\infty$时(图 5-35(c))，对称轴下方几乎没有涡的存在，当 $A_u/A_d<1$ 时，结果相反；由三维涡在展向的分布可以看出，蝠鲼在一个周期内脱落的两个鳍尖涡并不像前面的研究中排列成一条直线(图 5-36(a))或者斜线(图 5-36(d))，结合涡结构中的俯视图及弦向涡涡量云图(图 5-36)可以发现，当 $A_u/A_d>1$ 时，T2 的位置更靠近展向位置内侧，T3 的位置更靠近展向位置外侧，而当 $A_u/A_d<1$ 时，T2 的位置更靠近展向位置外侧，鳍尖涡 T3 的位置更靠近展向位置内侧，涡的位置影响胸鳍表面的压力分布，这也是推力曲线中同一周期内前后两个推力峰值及 A_u/A_d 不同时推力峰值产生差异的原因。从图 5-37 中可以观察到明显的展向涡涡结构非对称分布。

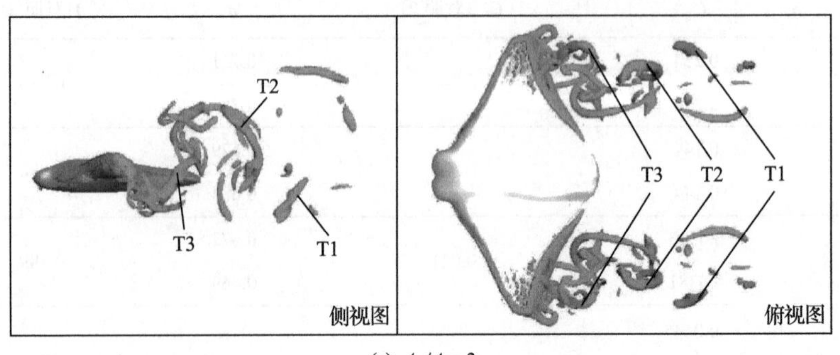

(a) $A_u/A_d=3$

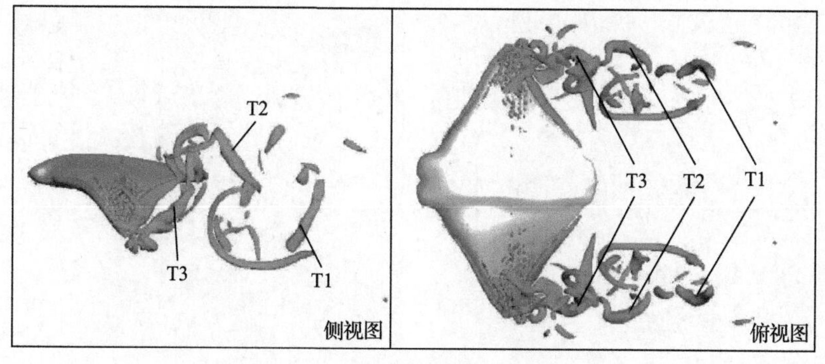

(b) $A_u/A_d=0.33$

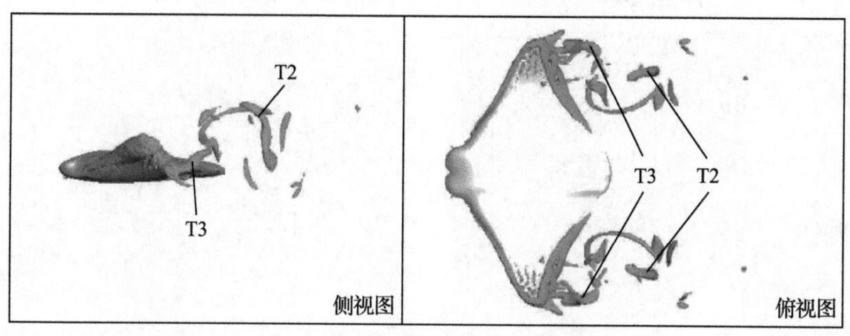

(c) $A_u/A_d=\infty$

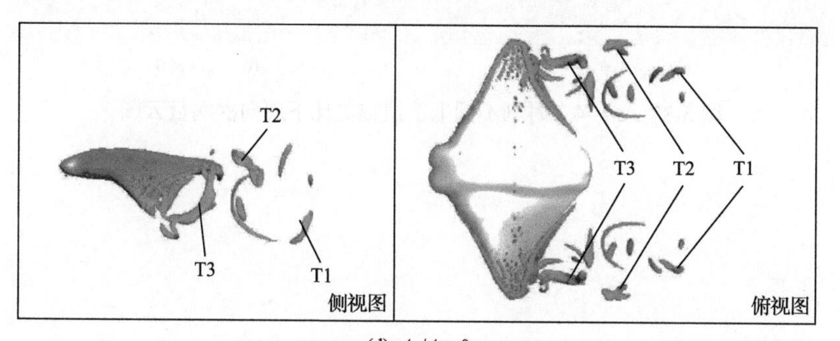

(d) $A_u/A_d=0$

图 5-35　t/T=4.2 时刻不同上下振幅之比下三维涡结构等值面图(Q=80)

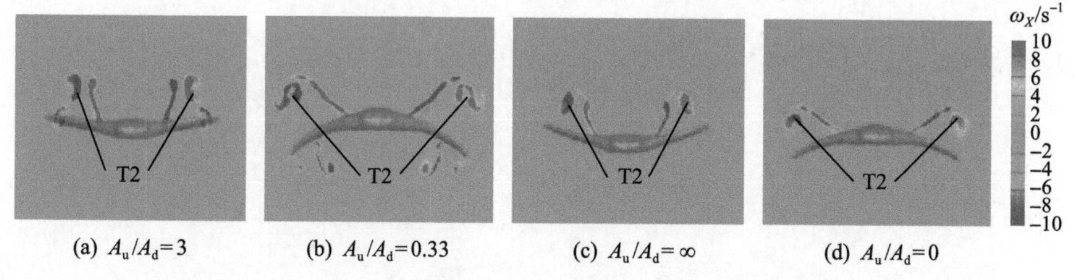

(a) $A_u/A_d=3$　(b) $A_u/A_d=0.33$　(c) $A_u/A_d=\infty$　(d) $A_u/A_d=0$

图 5-36　t/T=4.2 时刻不同上下振幅之比下弦向涡涡量云图

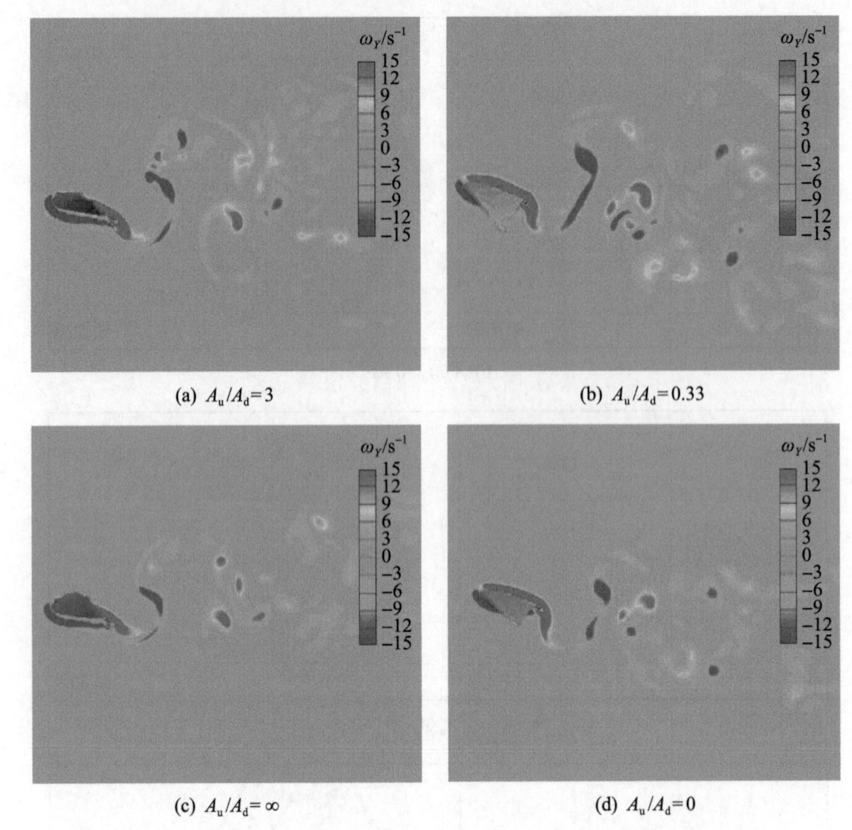

(a) $A_u/A_d=3$　　(b) $A_u/A_d=0.33$

(c) $A_u/A_d=\infty$　　(d) $A_u/A_d=0$

图 5-37　t/T=4.2 时刻不同上下振幅之比下展向涡涡量云图

第 6 章　蝠鲼转弯状态水动力特性分析

6.1　引　　言

蝠鲼的转弯过程不同于身体/尾鳍模式的鱼类，主要通过左右胸鳍的非对称性变形来实现。文献中对水中生物采用此种方式进行机动行为的水动力研究鲜有提及，因此蝠鲼高机动性的转弯机理尚未得知。本章采用式(2-9)建立的变形方程进行蝠鲼转弯状态的数值模拟，首先从时间推进的角度研究蝠鲼转弯过程中胸鳍姿态、水动力以及流场特性的演化过程，揭示转弯状态下的游动机理，随后针对第 2 章中观察到的左右非对称现象对左右非对称振幅、左右非对称波数、左右非对称频率以及相位差等影响非对称变形的参数进行系统性研究，从而揭示蝠鲼在转弯状态下如何通过胸鳍变形进行流动控制以及不同柔性变形方式对水动力的影响，为仿生工作提供理论参考。

6.2　转弯状态下的游动机理

为区分左、右侧胸鳍运动参数，对振幅 A、波数 W 及频率 f 增加下标 L 和 R，L 表示左侧胸鳍参数，R 表示右侧胸鳍参数。本节以 $A_R/\mathrm{BL}=0.43$，$A_L/\mathrm{BL}=0.2$，$W_R=0.4$，$W_L=0.2$，$f_R=f_L=1\mathrm{Hz}$ 且左右侧胸鳍相位差 $\varphi=90°$状态下的运动为例对蝠鲼转弯状态下的游动进行分析。

6.2.1　转弯状态下的力学特性

图 6-1 为一个周期内胸鳍姿态示意图。从图中可以明显地观察到左右侧胸鳍运动的非对称性特征，右侧胸鳍具有较大的幅值，并且由于波数较大，在 $t/T=4.4$、$t/T=4.5$ 及 $t/T=4.9$、$t/T=5.0$ 时刻表现出明显的扭转现象。另外，由于运动的相位差，在 $t/T=4.5$ 及 $t/T=5.0$ 时刻出现了左右侧胸鳍位置分别位于水平面上下方的现象。为了定量描述胸鳍姿态的变化，将鳍尖的垂向位置及展向 $y/\mathrm{SL}=0.62$ 处剖面与 x 轴的俯仰角变化绘制成图 6-2。由图中的曲线可以看出，右侧胸鳍的下扑段为 $t/T=4.22$～4.72，而左侧胸鳍的下扑段为 $t/T=4.36$～4.86，左侧胸鳍的运动比右侧胸鳍的运动滞后 0.14 个周期。由俯仰角的变化曲线可以看出，右侧胸鳍的最大俯仰角为 25°，左侧胸鳍为 5.5°，说明右侧胸鳍的弦向波动程度远大于左侧胸鳍。与鳍尖位置的运动类似，左侧胸鳍的俯仰角变化比右侧胸鳍滞后 0.14 个周期，蝠鲼

的这种左右侧胸鳍的运动滞后现象也同样发生在蜻蜓的转弯飞行过程当中[202]。文献[202]中阐述蜻蜓的左右翼俯仰角变化具有 10%左右的时间差，说明左右非对称运动为双翼生物转弯时普遍采用的方式，而左右翼非对称性的程度对转弯过程中生物的受力具有非常大的影响，这些具体的影响将在后续章节中深入研究。

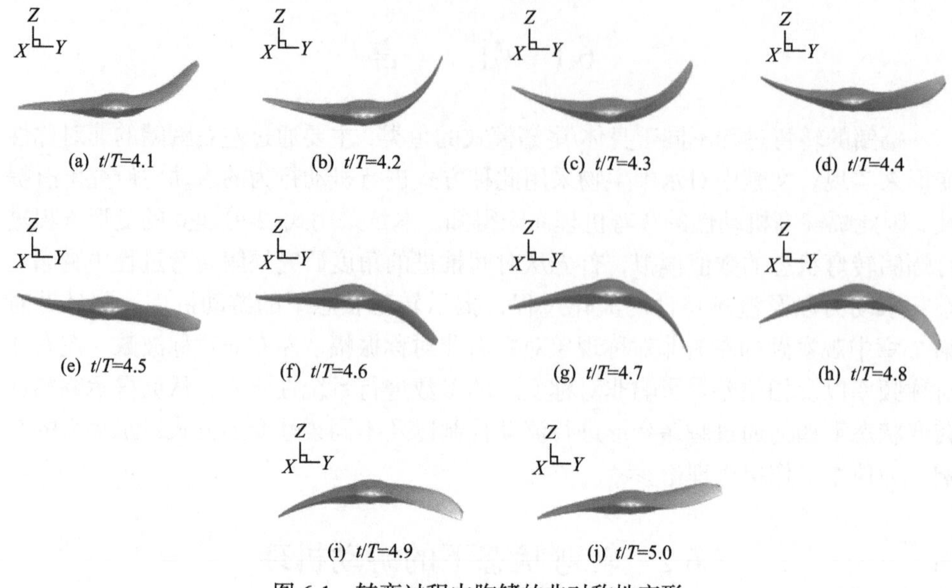

图 6-1　转弯过程中胸鳍的非对称性变形

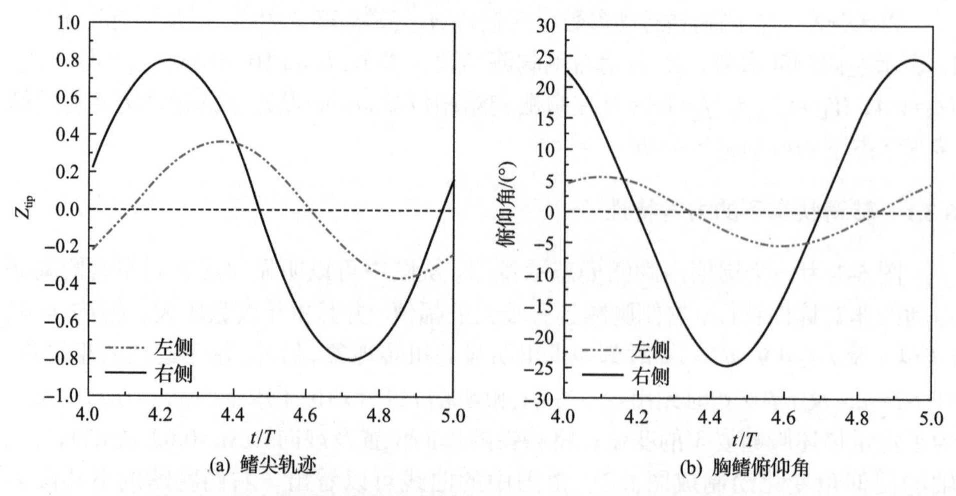

图 6-2　转弯过程中的鳍尖轨迹与 y/SL=0.62 剖面处的胸鳍俯仰角

图 6-3 为蝠鲼在转弯过程中受力曲线及瞬时功率消耗曲线。由图可以看出，由于运动的非对称性，蝠鲼所受的侧向力及偏航力矩 Q_Z 的最大幅值和最小幅值关于零点也呈现出非对称性，导致其一个周期内的时均值不为零，分别为 $\overline{C}_Y=$

0.0703，$\bar{Q}_Z$=0.231，从而提供宏观转弯运动过程中所需的转矩；从波形来看，在一个周期内，推力系数 C_T、侧向力系数 C_Y、偏航力矩 Q_Z 和能量值曲线具有两个完成的波形，其余力系数和力矩曲线只有一个完成波形；从力的时间历程来看，C_T、C_L、Q_X、Q_Y、Q_Z 以及所消耗的瞬时垂向功率 P 的峰值出现在 t/T=4.4 及 t/T=4.9 时刻，此时刻左右侧胸鳍鳍尖垂向位置基本相同，左侧鳍尖处于最大振幅处，但左右胸鳍剖面俯仰角相差最大，因此可以推测剖面俯仰角的非对称差异是产生偏航力矩的主要原因，瞬时垂向功率的峰值时刻与主动推进状态下的峰值时刻也产生了一定偏移，说明左右非对称运动也改变了转弯过程中的能量消耗分布，C_Y 峰值的产生具有一定的滞后性，出现在 t/T=4.5 及 t/T=5.0 附近时刻，此时刻右侧胸鳍处于平衡位置。

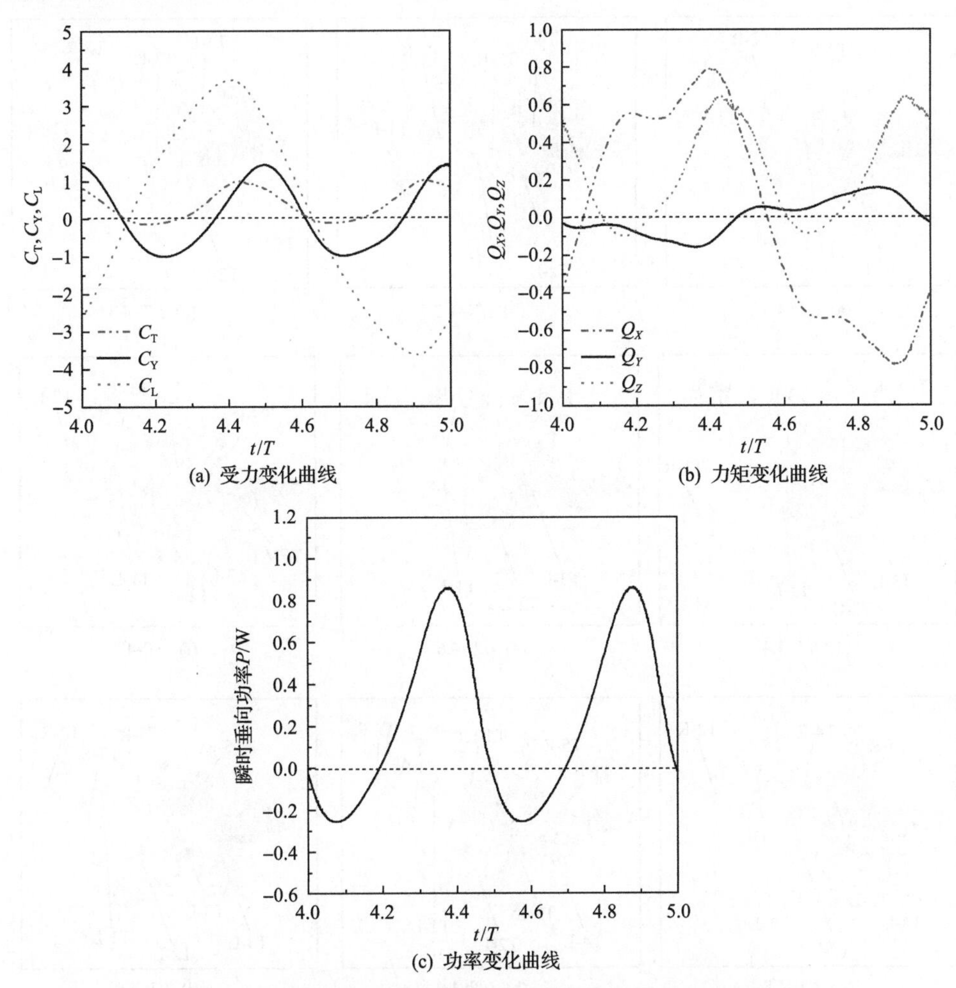

图 6-3　蝠鲼转弯过程中的受力及瞬时功率消耗时间历程图

6.2.2 转弯状态下的流场演变

图 6-4 为蝠鲼转弯过程中尾流场三维涡结构在一个周期内的变化过程，左右侧的涡结构展现出明显的非对称特征。图中，左侧涡结构使用蓝色等值面显示，右侧涡结构使用绿色等值面显示，标注中 L 代表左侧，R 代表右侧。由于左侧胸鳍的运动幅值较小，其涡结构的强度及鳍尖涡沿 X 轴和 Z 轴方向的间距明显小于右侧涡结构，运动幅值及波数的不同会导致左侧胸鳍产生的推力小于右侧胸鳍，因此左右侧推力大小的不同导致模型产生偏航力矩，从而完成转弯运动。从涡的演变历程来看，当 t/T=3.8～4.2 时，位于左侧胸鳍下方的鳍尖涡 T2-L 生成；当 t/T=4.3 时，左侧胸鳍下方的后缘涡 TEV-L 开始脱落；当 t/T=4.3～4.7 时，位

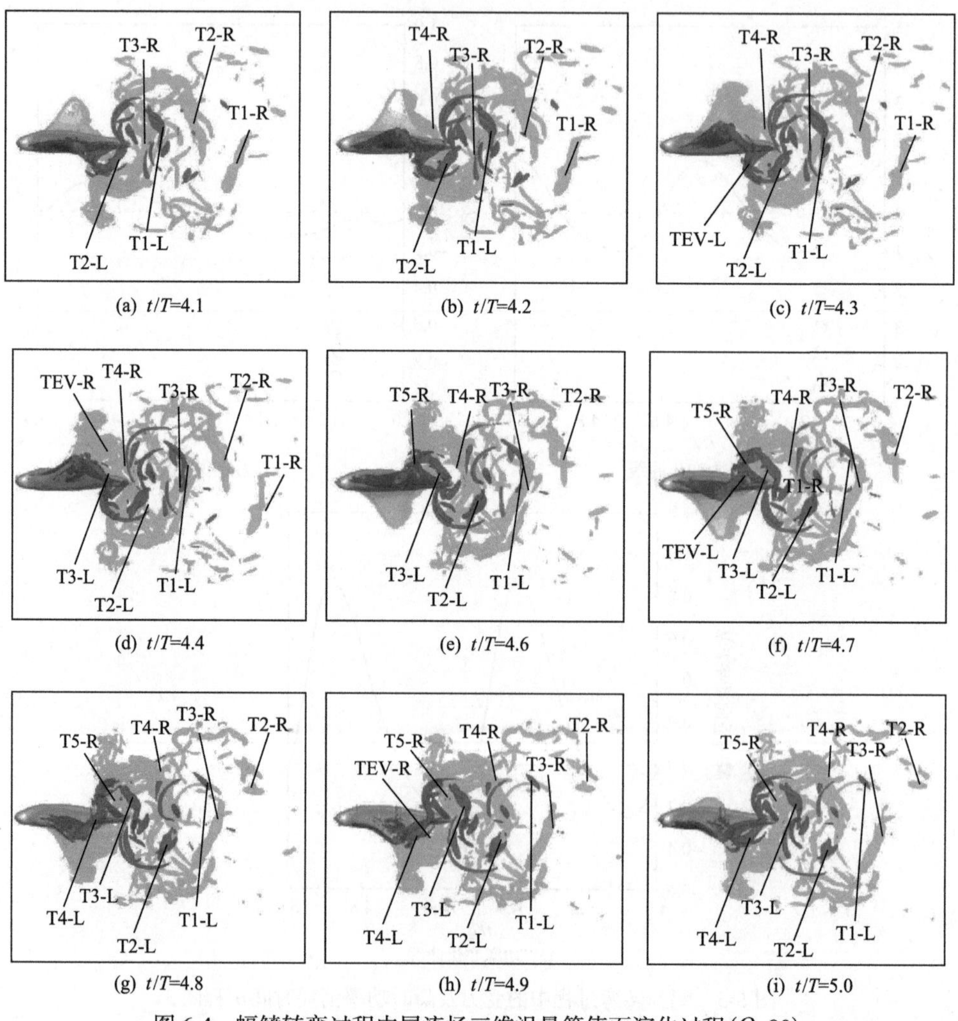

(a) t/T=4.1　(b) t/T=4.2　(c) t/T=4.3

(d) t/T=4.4　(e) t/T=4.6　(f) t/T=4.7

(g) t/T=4.8　(h) t/T=4.9　(i) t/T=5.0

图 6-4　蝠鲼转弯过程中尾流场三维涡量等值面演化过程(Q=80)

于左侧胸鳍上方的鳍尖涡 T3-L 生成；当 t/T=4.7 时，左侧胸鳍上方的后缘涡 TEV-L 开始脱落，相比于左侧涡结构，右侧涡结构的脱落时刻滞后于左侧涡结构；当 t/T=3.9～4.3 时，位于右侧胸鳍上方的鳍尖涡 T4-R 生成；当 t/T=4.4～4.8 时，位于右侧胸鳍下方的鳍尖涡 T5-R 生成，而位于右侧胸鳍上下方后缘涡 TEV-R 分别在 t/T=4.4 和 t/T=4.9 时刻附近开始脱落。由分析可知，一个周期中两个后缘涡的脱落对应推力的峰谷值，因此左右侧涡结构脱落的时间差会导致左右侧胸鳍推力的相位差，C_T 和 Q_Z 曲线中的两个峰值对应时刻恰好为右侧后缘涡的脱落时刻，说明右侧胸鳍的运动在推力及偏航力矩的产生中占主导作用。

图 6-5 为左右侧胸鳍距中线距离相等的剖面位置 y/SL=0.62 处的展向涡涡量云图。从图中可以看出左右侧胸鳍位置处展向涡的差异，左侧胸鳍位置处的二维展向涡为典型的反卡门涡街形式，而右侧胸鳍位置处的涡结构由于胸鳍的运动具有较大的振幅和俯仰角，其脱落的后缘涡被拖出较长的涡线，且其前缘涡的涡结构强度大于左侧胸鳍的前缘涡，这与文献[202]中蜻蜓左右双翼的前缘涡差异类似。在展向涡结构图中可以更为直观地观察到该剖面位置处后缘涡 TEV 的脱落时间差异，在 t/T=0.3 时刻，左侧后缘涡 TEV 已基本从后缘脱落，而右侧后缘涡 TEV 则刚开始发展到后缘处，同样的现象发生在 t/T=0.9 时刻。

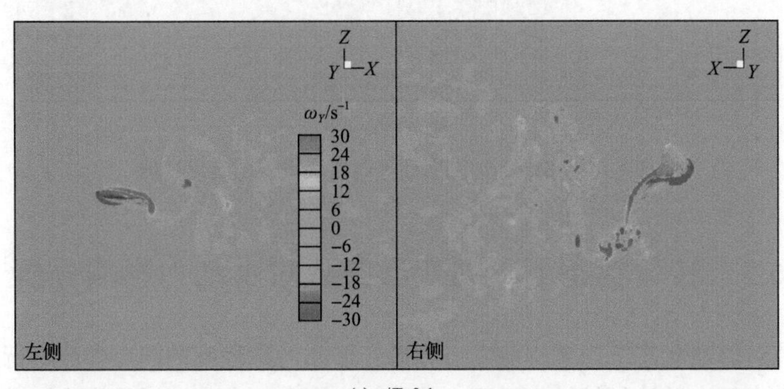

(a) t/T=0.1

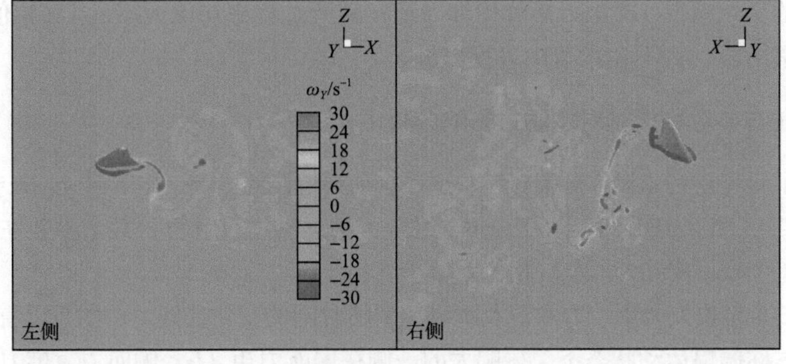

(b) t/T=0.3

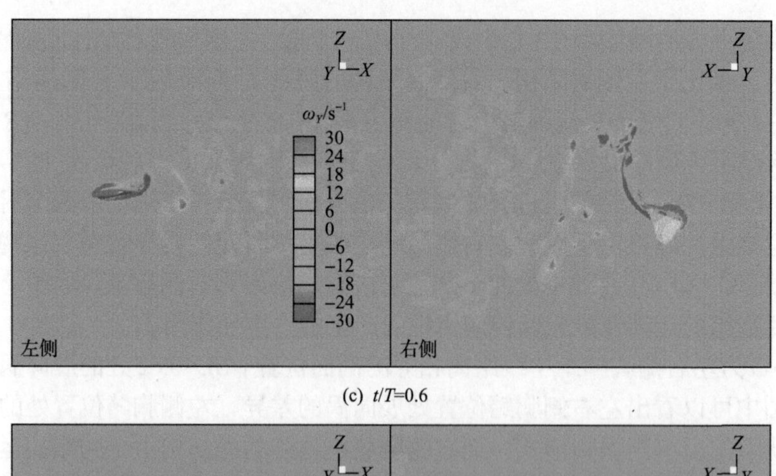

(c) t/T=0.6

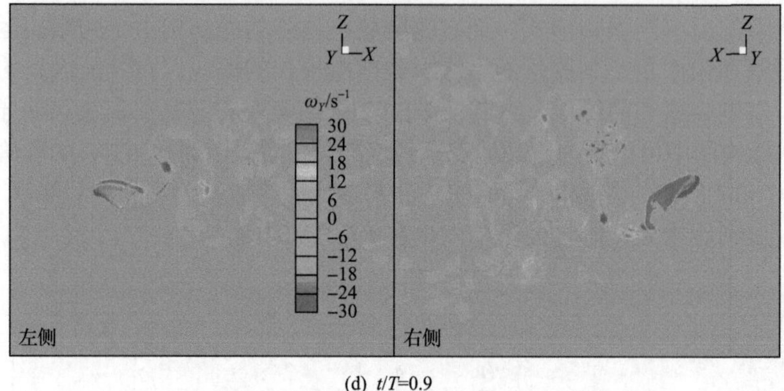

(d) t/T=0.9

图 6-5　y/SL=0.62 剖面处展向涡涡量云图演化过程

6.3　转弯状态下不同变形参数对水动力影响分析

本节对转弯状态下影响蝠鲼左右胸鳍变形非对称程度的四个参数进行系统性研究，其中重点关注蝠鲼转弯过程中的偏航力矩和侧向力，以及推力、升力、瞬时功率的变化情况。横滚力矩和俯仰力矩在转弯过程中均值为零，且其幅值较小，由于篇幅所限，将不在本节中进行分析。

6.3.1　左右非对称振幅对水动力影响分析

为了研究左右非对称振幅对转弯过程水动力特性的影响，本节对 A_R/BL=0.35、A_R/BL=0.43 和 A_L/BL=0、A_L/BL=0.2 组合下的运动进行计算，其余参数左右胸鳍均取为 f=1Hz，W=0.4，左右相位差 φ=0。

图 6-6 为相关力矩、力系数及瞬时功率随时间的变化曲线。由图可以看出，在左右非对称振幅运动状态下，振幅大的一侧在偏航力矩 Q_Z、侧向力、推力以及功

率峰值的贡献中占据主导作用，以偏航力矩 Q_Z 为例，右侧振幅从 0.35BL 增加到 0.43BL 时，Q_Z 峰值增加一倍，而左侧振幅从 0BL 增加到 0.2BL 时，Q_Z 峰值只增加 1/10；由 Q_Z 曲线还可以看出，其偏航力矩系数的波峰值保持在一个较高的范围且波谷值保持在零左右，说明左右非对称振幅运动能够有效地产生转弯过程所需的转矩，且左右振幅相差越大，产生的偏航力矩越大。从表 6-1 中的平均偏航力矩系数也可以看出，第三组具有最大左右振幅差的运动可以产生最大的平均偏航力矩，侧向力的变化具有相同的规律。由推力系数曲线可以看出，右侧振幅较大的运动其推力峰值较大，由推力系数的均值也可以看出，即使第三组中左右振幅之和小于第二组，但由于其右侧振幅较大，其平均推力高于第二组一倍之多，说明单侧胸鳍保持大振幅运动可以维持转弯过程中较高的前进速度；升力峰值的贡献中，左侧胸鳍比重有所增加，A_R/BL=0.35、A_L/BL=0.2 和 A_R/BL=0.43、A_L/BL=0 的

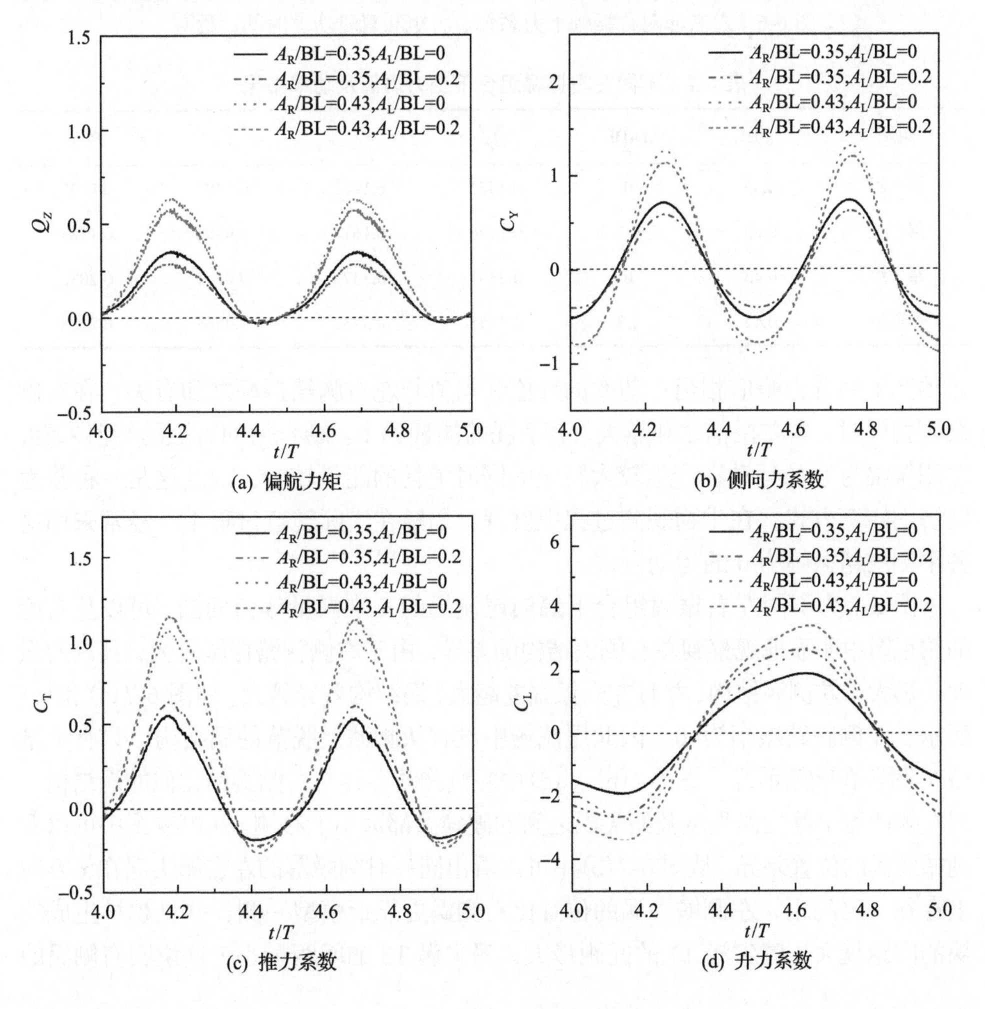

(a) 偏航力矩　(b) 侧向力系数

(c) 推力系数　(d) 升力系数

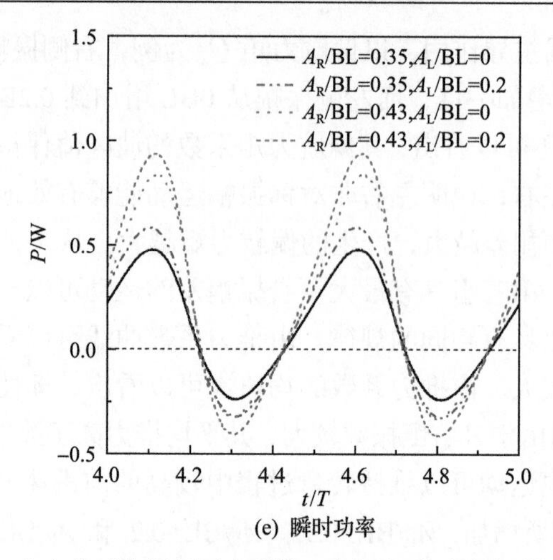

(e) 瞬时功率

图 6-6　左右非对称振幅下力系数、力矩和瞬时功率时间历程图

表 6-1　不同左右振幅组合下受力均值及功率结果

组别	A_R/BL	A_L/BL	$\overline{Q}_Z$	$\overline{C}_T$	$\overline{C}_Y$	P/W
第一组	0.35	0	0.1421	0.1267	0.0495	0.1040
第二组	0.35	0.2	0.1176	0.1614	0.0324	0.1188
第三组	0.43	0	0.2597	0.3372	0.0741	0.2032
第四组	0.43	0.2	0.2355	0.3732	0.0543	0.2188

运动产生的升力峰值相当；功率的峰值和均值与左右胸鳍振幅之和有关，在右侧振幅相同时，左右振幅之和越大，其消耗的能量越多。结合俯仰力矩的均值来看，左侧振幅为 0 的运动在产生较大转矩的同时消耗的能量较少，因此这是一种较为经济的转弯方式。在生物观测过程中发现，蝠鲼在实际转弯过程中，经常采用这种单侧胸鳍振幅为 0 的运动方式。

图 6-7 为不同左右振幅组合下蝠鲼尾流场的三维涡量等值面图。可以从右侧的俯视图中明显地观察到左右侧涡结构的差异，由于右侧胸鳍振幅较大，其涡的强度要远大于左侧涡结构，并且左右振幅差越大，涡结构差异越大。如图 6-7(a)和(c)所示，左侧胸鳍振幅为 0，因此尾流场中没有从胸鳍上脱落的涡结构，只有少量 LEV 附着在胸鳍前缘；图 6-7(b)、(d)中左侧胸鳍存在与右侧胸鳍相似的涡结构，但左侧的每个鳍尖涡强度及鳍尖涡之间的破碎涡都远小于右侧。从侧视图中可以看到鳍尖涡的位置差异，从图 6-7(b)中可以看出同一时刻脱落的左右鳍尖涡在 x 方向上存在一定间距，左侧鳍尖涡的位置比右侧涡更靠近模型一侧，并且越早生成的涡的间距越大。鳍尖涡 T1 的间距最大，鳍尖涡 T3 的间距最小，这说明右侧涡的

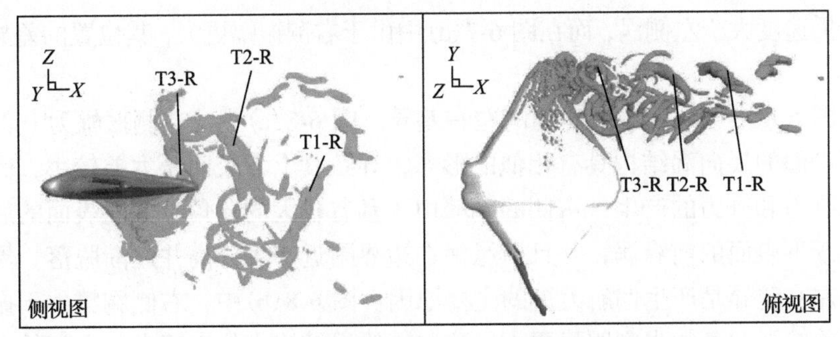

(a) A_R/BL=0.35，A_L/BL=0

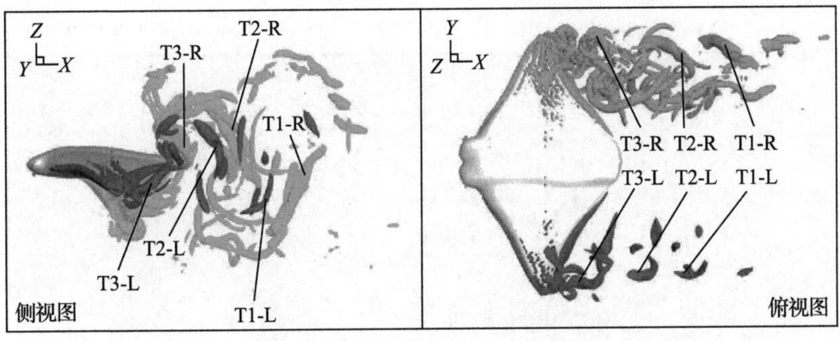

(b) A_R/BL=0.35，A_L/BL=0.2

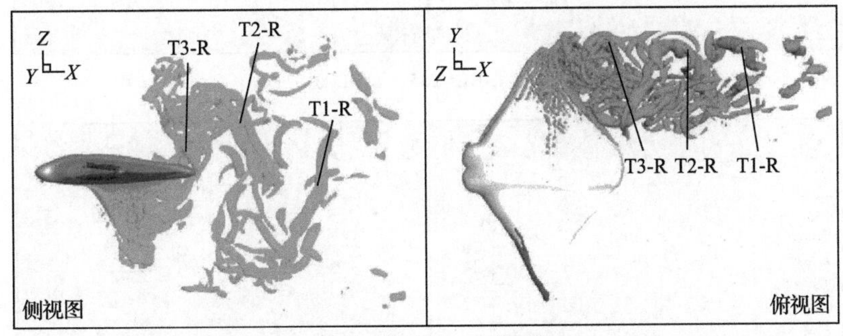

(c) A_R/BL=0.43，A_L/BL=0

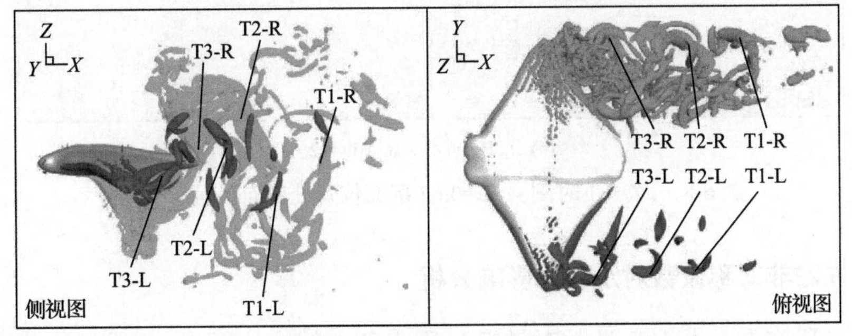

(d) A_R/BL=0.43，A_L/BL=0.2

图 6-7　t/T=4.1 时刻不同左右振幅组合下三维涡量等值面图(Q=80)

向后传播速度大于左侧涡，而在图 6-7(d) 中由于右侧振幅更大，其位置的差异也就更明显。

从图 6-8 中可以看出展向涡的左右差异。图 6-8(a) 中，左侧振幅为 0 的胸鳍的上下表面的展向涡结构具有相似的形态，导致其上下表面压力差较小，因此几乎没有推力和升力的产生，右侧的胸鳍由于具有较大的攻角，其上表面的后缘涡强度大于下表面的前缘涡，并且后缘涡在边界附近产生分离并逐渐脱落，展向涡的这种左右差异是产生偏航力矩的主要原因。图 6-8(b) 中，右侧胸鳍由于振幅较大，其前缘涡脱落的强度明显更大，这与三维涡结构中位于鳍尖涡之间的大片脱落展向涡相一致。

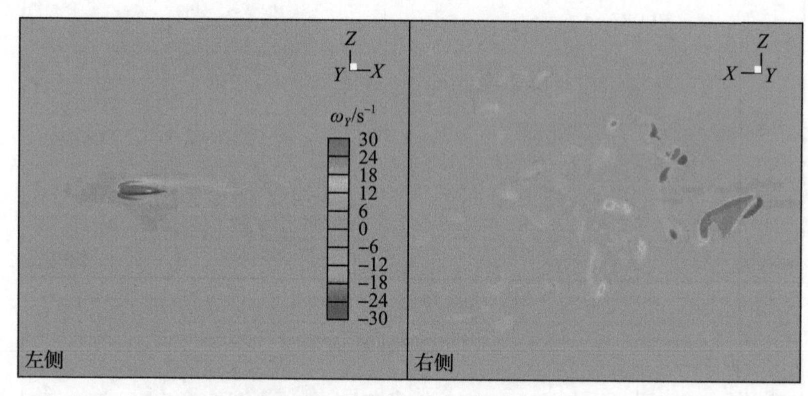

(a) A_R/BL=0.35，A_L/BL=0

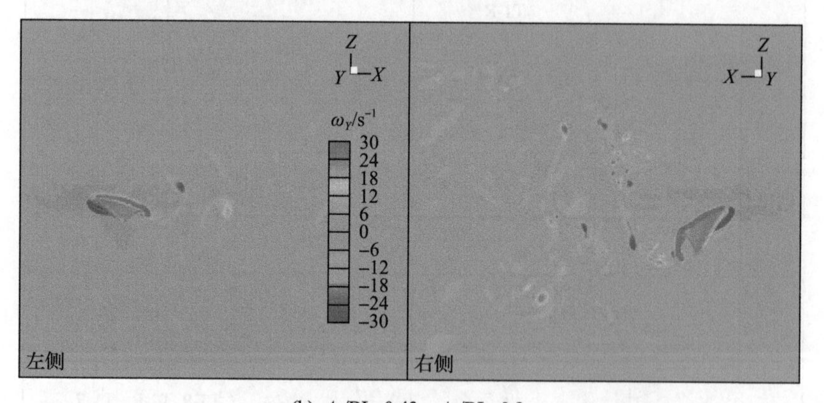

(b) A_R/BL=0.43，A_L/BL=0.2

图 6-8　t/T=4.1 时刻 y/SL=0.62 剖面位置处展向涡涡量云图

6.3.2　左右非对称波数对水动力影响分析

为了研究左右非对称波数对转弯过程水动力特性的影响，本节对 W_R=0.4、W_R= 0.8 和 W_L=0.2、W_L=0.3 组合下的运动进行计算，其余参数左右胸鳍均取为

A/BL= 0.35，f=1Hz，左右相位差 φ=0。图 6-9 为相关力系数、力矩和瞬时功率随时间的变化曲线。

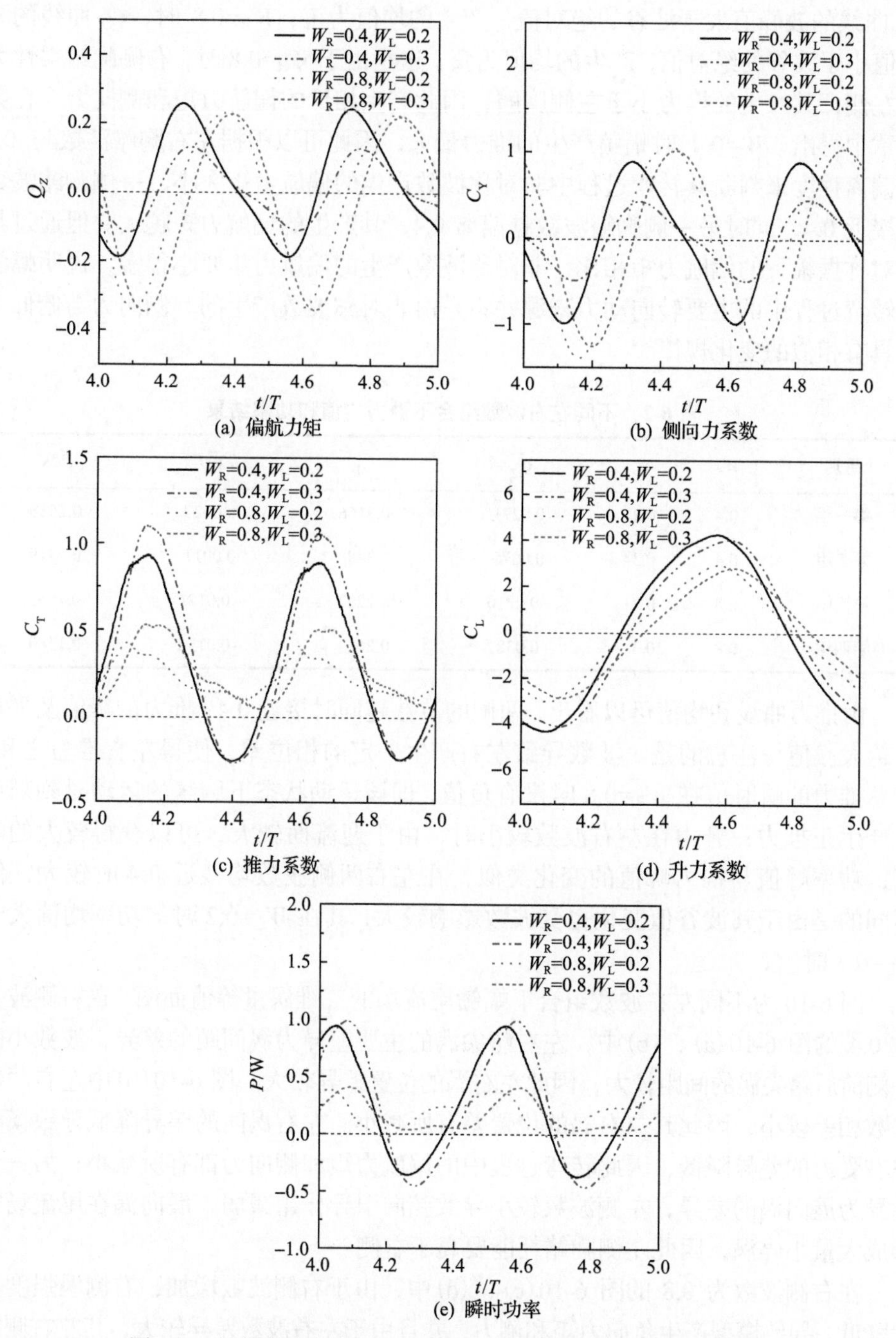

(a) 偏航力矩　(b) 侧向力系数

(c) 推力系数　(d) 升力系数

(e) 瞬时功率

图 6-9　左右非对称波数下力系数、力矩和瞬时功率时间历程图

由图 6-9 可以看出，波数的不同导致出现一定的相位差，使曲线中不同参数下峰谷的产生时刻有所不同。由 Q_Z 曲线及表 6-2 中的均值可以看出，W_R=0.4 时，Q_Z 曲线的波峰值大于波谷的绝对值，产生的均值为正；W_R=0.8 时，Q_Z 曲线的波峰值小于波谷的绝对值，产生的均值为负。这是由于 W_R=0.8 时，右侧胸鳍柔性大于左侧，其产生的推力小于左侧胸鳍，因此产生相反的偏航力矩和侧向力。在第 5 章中得出，W=0.4 时蝠鲼产生的推力最大，因此可以根据左右胸鳍波数与 0.4 的偏离程度来判断其转弯过程中非对称波数产生的偏航力矩大小，一侧胸鳍波数越接近 0.4，同时另一侧胸鳍波数越偏离 0.4，其产生的偏航力矩越大。但通过与非对称振幅下的偏航力矩相比，非对称波数产生的偏航力矩要小很多，说明蝠鲼在转弯过程中的主要转向动力来源并不是由非对称波数产生的。侧向力与俯仰力矩具有相似的变化规律。

表 6-2　不同左右波数组合下受力均值和功率结果

组别	W_R	W_L	$\bar{Q}_Z$	$\bar{C}_T$	$\bar{C}_Y$	P/W
第一组	0.4	0.2	0.0271	0.3156	0.0027	0.2585
第二组	0.4	0.3	0.0076	0.3488	0.0011	0.2319
第三组	0.8	0.2	−0.0210	0.2293	−0.0121	0.1853
第四组	0.8	0.3	−0.0387	0.2627	−0.0152	0.1580

由推力曲线和均值可以看出，两侧的波数越同时接近 0.4，推力的峰值及平均值越大。值得注意的是，波数导致左右产生一定的相位差，使得左右推力之和，即总推力的瞬时值在 W_R=0.8 时没有负值，即该运动状态下胸鳍的运动时刻都可以产生正推力；升力在左右波数较小时，由于迎流面较大，可以获得较大的峰值；功率峰值与推力峰值的变化类似，在左右两侧波数均接近 0.4 时较大，但不同的是由于其波谷值变化也受波数影响较大，其在 W_L=0.2 时的功率均值大于 W_L=0.3 时。

图 6-10 为不同左右波数组合下蝠鲼尾流场的三维涡量等值面图。在右侧波数为 0.4 的图 6-10(a)、(b)中，左右鳍尖涡的主要差异为涡间距的差异，波数小的一侧前后鳍尖涡的间距较大，因此左右涡的位置差异较大。图 6-10(b)中左右两侧波数相差较小，因此其左右涡的位置差有所减小。左右涡间的差异降低导致模型左右受力的差异降低，因此转弯过程中的偏航力矩和侧向力都有所减小；另一个差异为展向涡的差异，左侧波数较小导致弦向引导作用减弱，展向涡在尾流场中形成大量小碎涡，因此左侧胸鳍耗能要高于右侧。

在右侧波数为 0.8 的图 6-10(c)、(d)中，由于右侧波数增加，右侧涡强度大大降低，导致模型产生负向力矩和侧力，并且由于左右波数差异较大，其左右侧的鳍尖涡脱落过程出现时间差，左侧胸鳍已经开始进入涡 T4-L 的脱落阶段，右侧的涡 T3-L 还没有完全脱落，这也使左右鳍尖涡的位置产生了更大的差异，如图 6-10(c)所示，涡 T2-R 和涡 T3-L 几乎在相同的位置。

图 6-11 为波数 W_R=0.4、W_L=0.2 和 W_R=0.8、W_L=0.3 运动下的展向涡涡量云图。由图 6-11(a)可以看到，位于胸鳍左侧上表面正向的后缘涡在脱落后出现破碎现象，而右侧胸鳍处并没有发生这一现象。图 6-11(b)中，左右展向涡的差异更为明显，由于波数相差较大，可以直观地看到左右胸鳍产生的相位差，左侧胸鳍剖

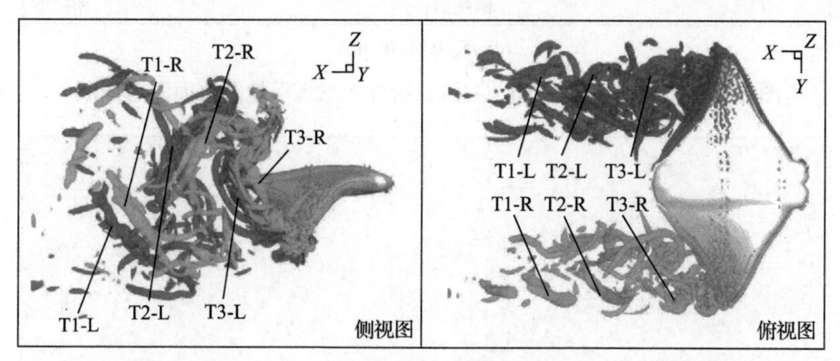

(a) W_R=0.4，W_L=0.2

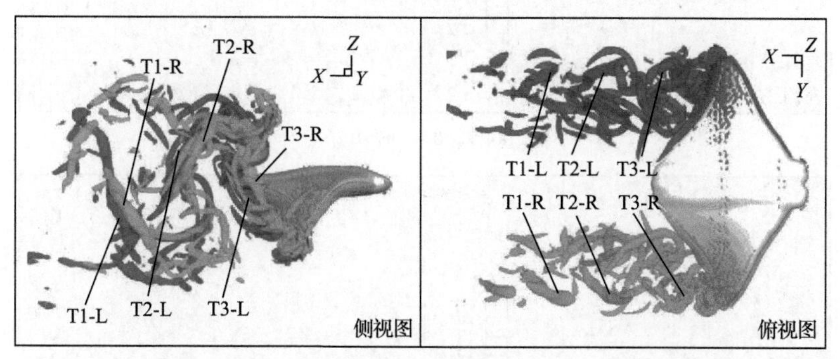

(b) W_R=0.4，W_L=0.3

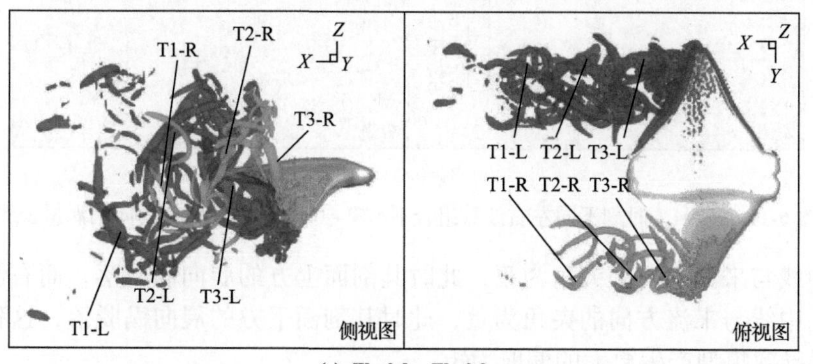

(c) W_R=0.8，W_L=0.2

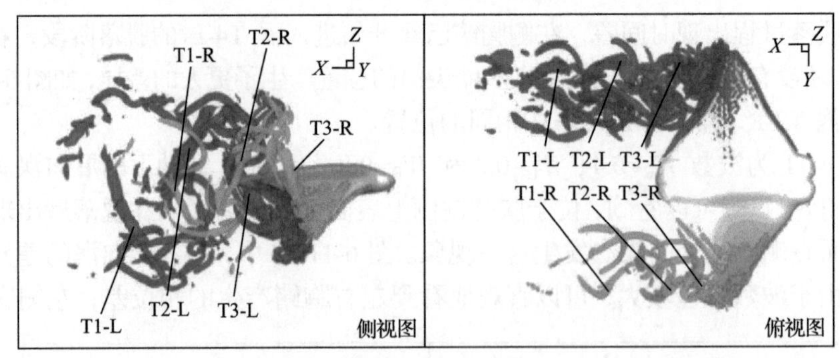

(d) $W_R=0.8$，$W_L=0.3$

图 6-10　t/T=4.1 时刻不同左右波数组合下三维涡量等值面图(Q=80)

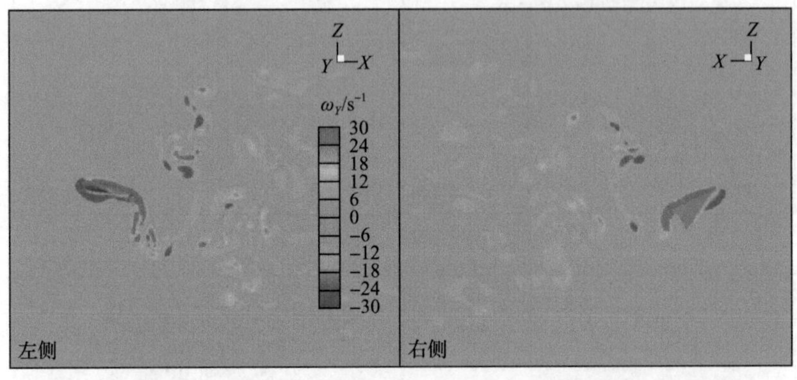

(a) $W_R=0.4$，$W_L=0.2$

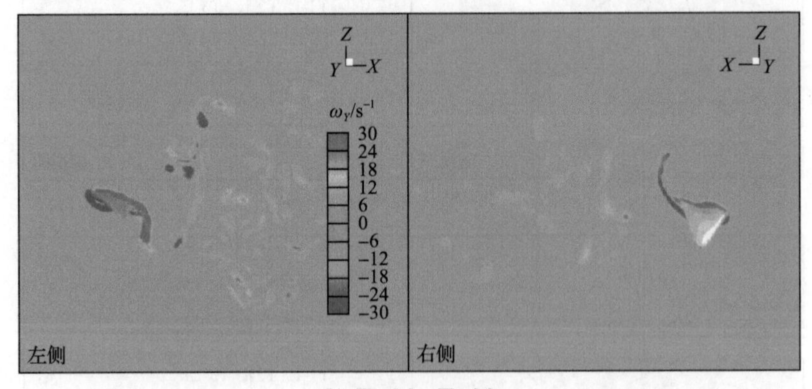

(b) $W_R=0.8$，$W_L=0.3$

图 6-11　t/T=4.1 时刻不同左右波数组合下 y/SL=0.62 剖面位置处展向涡涡量云图

面的中线与来流方向的夹角为正，此时其剖面上方的展向涡脱落，而右侧胸鳍剖面的中线与来流方向的夹角为负，此时其剖面下方的展向涡脱落，这种相位的差异导致模型产生更大的偏航力矩。

6.3.3　左右非对称频率对水动力影响分析

为了研究左右非对称频率对转弯过程水动力特性的影响，本节对 f_R=1Hz、f_R=1.3Hz 和 f_L=0.4Hz、f_L=0.7Hz 组合下的运动进行计算，其余参数均取为 A/BL=0.35，W=0.4，左右相位差 φ=0。图 6-12 为力系数、力矩和瞬时功率随时间的变化曲线。时间量采用右侧胸鳍的周期 T_R 进行无量纲化，左右侧胸鳍运动频率不同导致其周期不同，相关的曲线中力和力矩的变化并没有表现出明显的周期性特征，因此取右侧胸鳍运动两个周期的曲线进行分析。

由图 6-12(a)可以看出，在右侧胸鳍运动两个周期内，Q_Z 产生四个波峰值，在右侧频率相同时，波峰值与频率差展现出一定的逆相关性，即波峰值不随频率差的增大而升高。例如，在 f_R=1.3Hz 运动下，虽然 f_L=0.7Hz 时第 1、3 波峰值小

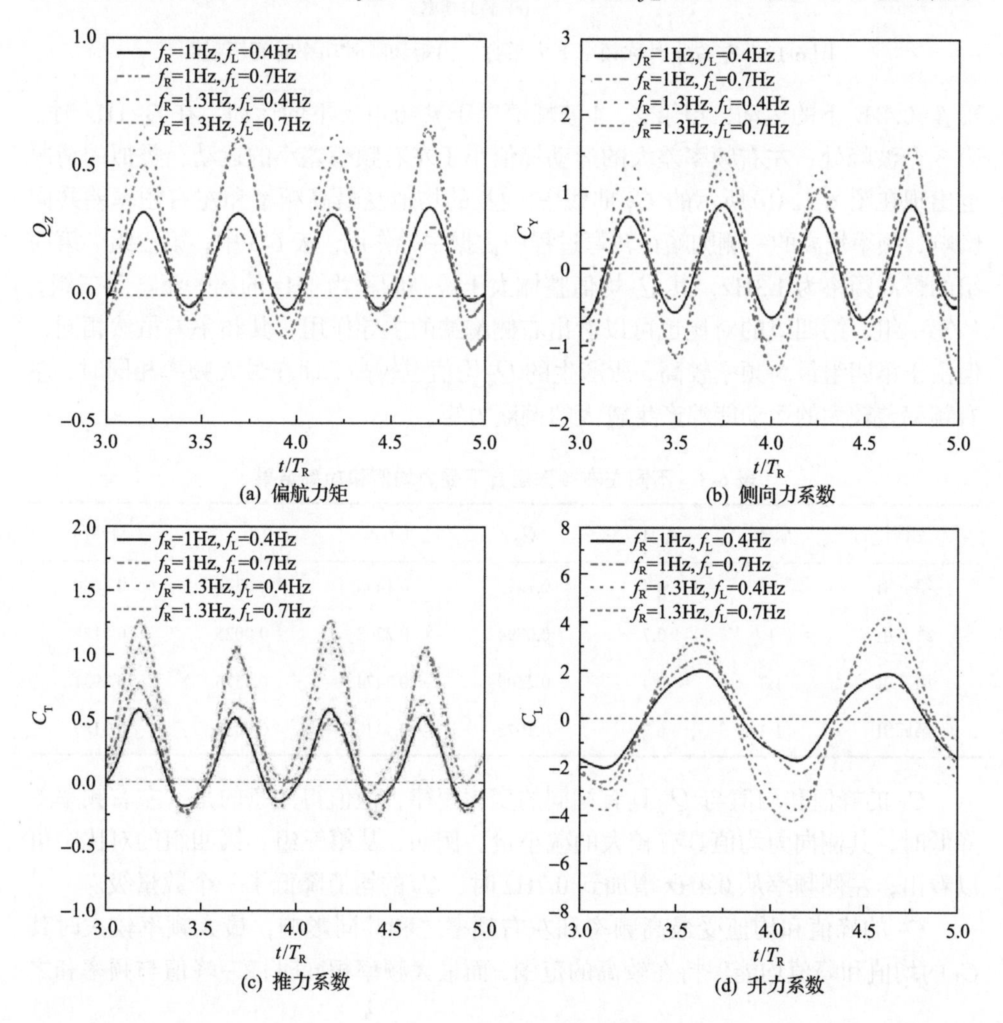

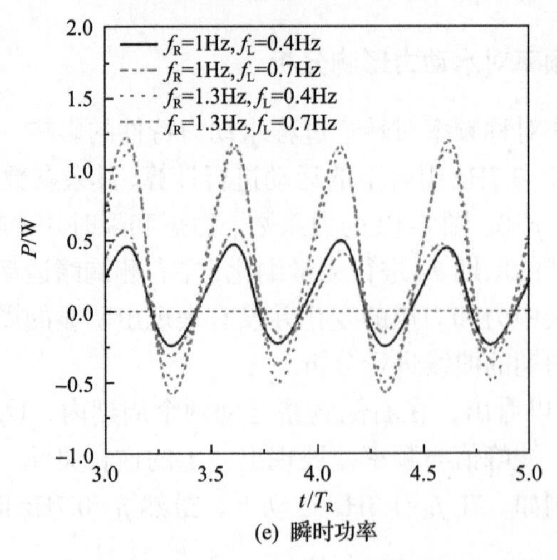

(e) 瞬时功率

图 6-12　左右非对称频率下力系数、力矩和瞬时功率时间历程图

于 f_L=0.4Hz 下的运动，但第 2、4 波峰值等于 f_L=0.4Hz 下的运动，在 f_R=1Hz 时，第 3 个波峰处，左右频率差大的运动峰值小于左右频率差小的运动，类似的情况也出现在图 6-12(b)所示的 C_Y 曲线中。Q_Z 的均值受最高频率和左右频率差共同影响，频率较高的一侧胸鳍在转弯过程中占据主导作用。表 6-3 中，第三组、第四组的最高频率为 1.3Hz，其 Q_Z 均值整体大于最高频率为 1Hz 的第一组、第二组，从第一组、第四组的对比也可以看出右侧胸鳍的主导作用，其频率差虽然相同，但由于第四组最高频率较高，所产生的 Q_Z 均值也较高，而在最大频率相同时，左右频率差较大的运动能够产生较大的偏航力矩。

表 6-3　不同左右频率组合下受力均值和功率结果

组别	f_R/Hz	f_L/Hz	$\bar{Q}_Z$	$\bar{C}_T$	$\bar{C}_Y$	P/W
第一组	1	0.4	0.1299	0.1438	0.0326	0.1000
第二组	1	0.7	0.0794	0.2208	0.0025	0.1182
第三组	1.3	0.4	0.2509	0.3474	0.0575	0.2931
第四组	1.3	0.7	0.1978	0.4340	0.0058	0.3189

C_Y 的峰值和均值与 Q_Z 具有相同的变化规律，但值得注意的是，左右频率差降低时，其侧向力均值具有较大的减小量。例如，从第三组、第四组的对比中可以看出，左侧频率从 0.4Hz 增加到 0.7Hz 时，C_Y 的均值降低了一个数量级。

C_T 的峰值和均值受最高频率和左右频率之和共同影响，最大频率较大时其 C_T 的均值和峰值均能保持在较高的范围，而最大频率相同时，C_T 峰值与频率和之间也展现出了逆向关性特征。该特征同样出现在 f_R=1.3Hz 时的第 1、3 波峰和 f_R=1Hz 时的第 3 波峰，对 C_T 均值来说，最大频率相同时，左右频率之和越大，其产生的推力也就越大。

功率峰值与均值的变化与 C_T 相似，结合 Q_Z 的均值来看，左右频率差较大的运动不仅能够获得较大的转矩，还能较少地消耗转弯过程中的能量。而与非对称振幅的功率均值相比较可以看出，在产生相同的偏航力矩(表 6-3 中第三组)时，非对称振幅运动消耗的能量更少。

图 6-13 为不同左右频率组合下蝠鲼尾流场的三维涡量等值面图。左右频率不同首先导致的是左右鳍尖涡个数的不同，在图 6-13(a)中，右侧胸鳍几乎已经产生了 3 个完成脱落的鳍尖涡，而左侧胸鳍处只有鳍尖涡 T1-L 完成脱落，在左右频率差更大的图 6-13(c)中，右侧胸鳍甚至已经开始进入 T4-R 的脱落；其次频率的不同导致涡的位置出现差异，在当前脱落阶段，图 6-13(a)中左侧鳍尖涡 T1-L 位于右侧展向涡的位置处，图 6-13(b)中左侧鳍尖涡 T2-L 位于右侧鳍尖涡 T3-R 位置处，图 6-13(d)中左侧鳍尖涡 T2-L 位于右侧鳍尖涡 T4-R 位置处。此外，左右频率的非对称性带来的左右涡的强度差异尤为明显，尤其是右侧频率为 1.3Hz 的运动，这也从一定程度上解释了曲线变化中右侧胸鳍起主导作用的原因。

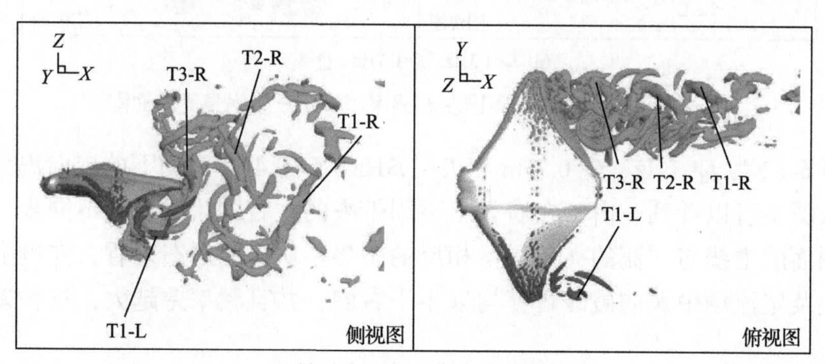

(a) f_R=1Hz，f_L=0.4Hz，Q=40

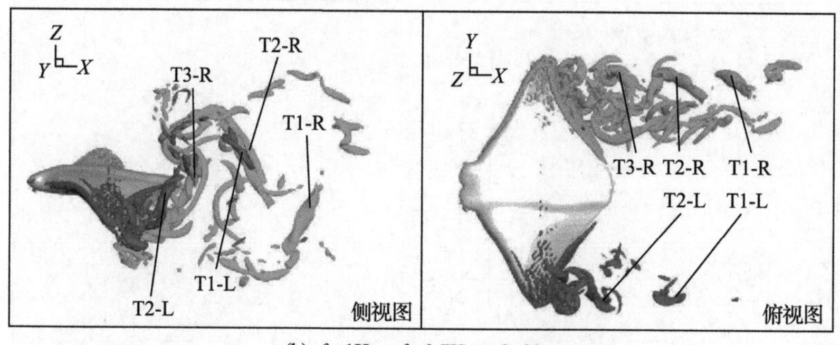

(b) f_R=1Hz，f_L=0.7Hz，Q=80

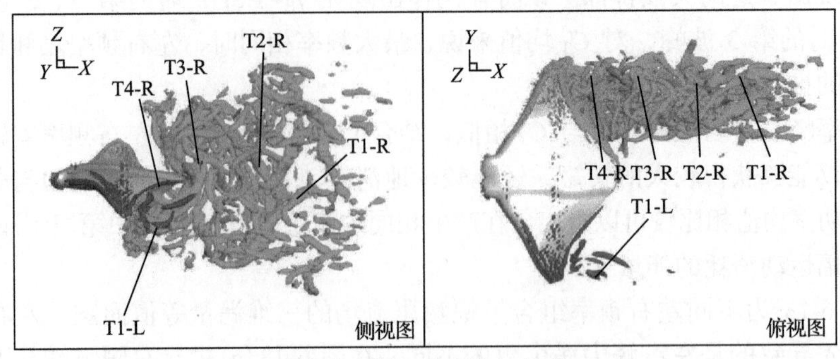

(c) f_R=1.3Hz，f_L=0.4Hz，Q=40

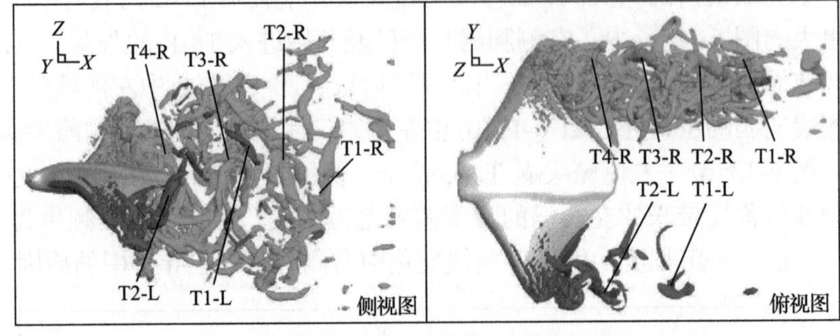

(d) f_R=1.3Hz，f_L=0.7Hz，Q=80

图 6-13 t/T=4.1 时刻不同左右频率组合下三维涡量等值面图

图 6-14 为 f_R=1Hz、f_L=0.7Hz 和 f_R=1.3Hz、f_L=0.4Hz 运动下的展向涡涡量云图。从图中可以看到，由于左右频率不同带来的左右胸鳍运动的不同步，左右胸鳍剖面的中线与来流的夹角均呈相反的态势。从涡的形态来看，左侧的展向涡强度及尾流场中涡的破碎程度均远小于右侧，并且频率差越大，这种差异越明显。

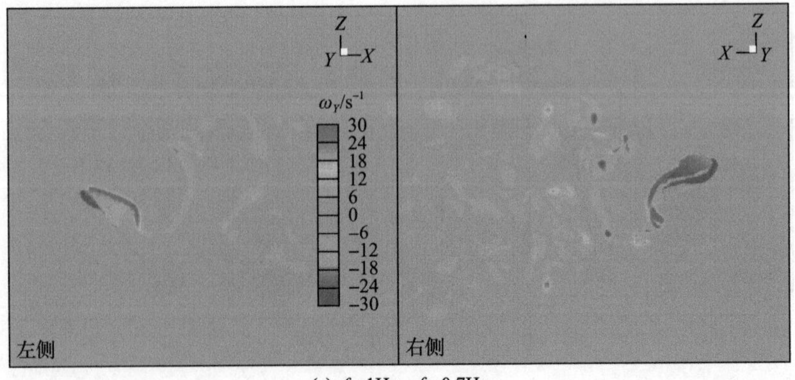

(a) f_R=1Hz，f_L=0.7Hz

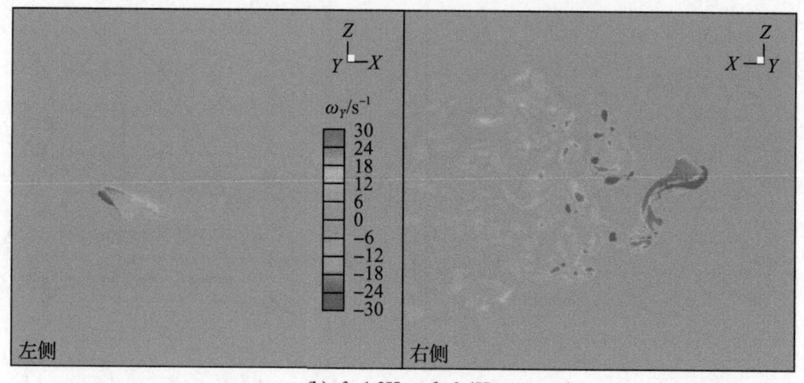

(b) f_R=1.3Hz，f_L=0.4Hz

图 6-14　t/T=4.1 时刻不同左右频率组合下 y/SL=0.62 剖面位置处展向涡涡量云图

6.3.4　左右相位差对水动力影响分析

为了研究左右相位差对转弯过程水动力特性的影响，本节对左右相位差 φ 为 π/6、2π/6、3π/6、4π/6、5π/6、6π/6 下的运动进行计算，其余参数均取为 A/BL=0.35，W=0.4，f=1Hz。图 6-15 为左右相位差下力系数、力矩和瞬时功率随时间的变化曲线。从 Q_Z 和 C_Y 曲线中首先可以看出 φ 对曲线峰值的影响，在无相位差的左右对称运动下，Q_Z 和 C_Y 的峰值会处在一个极小的量级，相位差的存在使曲线的峰值大大增加，其中，φ=3π/6 时峰值最大，φ=6π/6 时峰值最小(等于无相位差时的峰值)。值得注意的是，相位差之和为 π 时的运动具有相同的 Q_Z 和 C_Y 峰值，如 φ=2π/6 和 φ=4π/6 时的运动。其次曲线的相位产生一定变化，随着 φ 的增加，曲线波峰出现的时间逐渐提前。

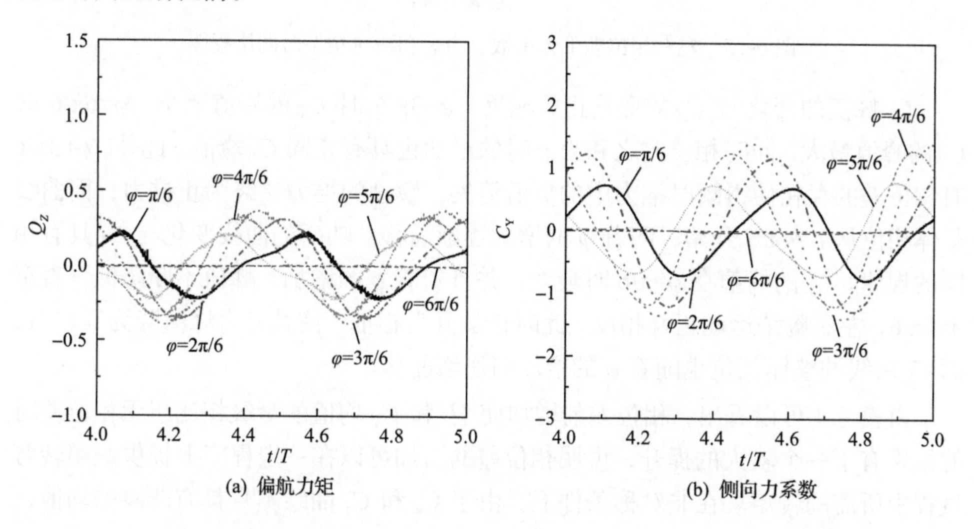

(a) 偏航力矩　　　　(b) 侧向力系数

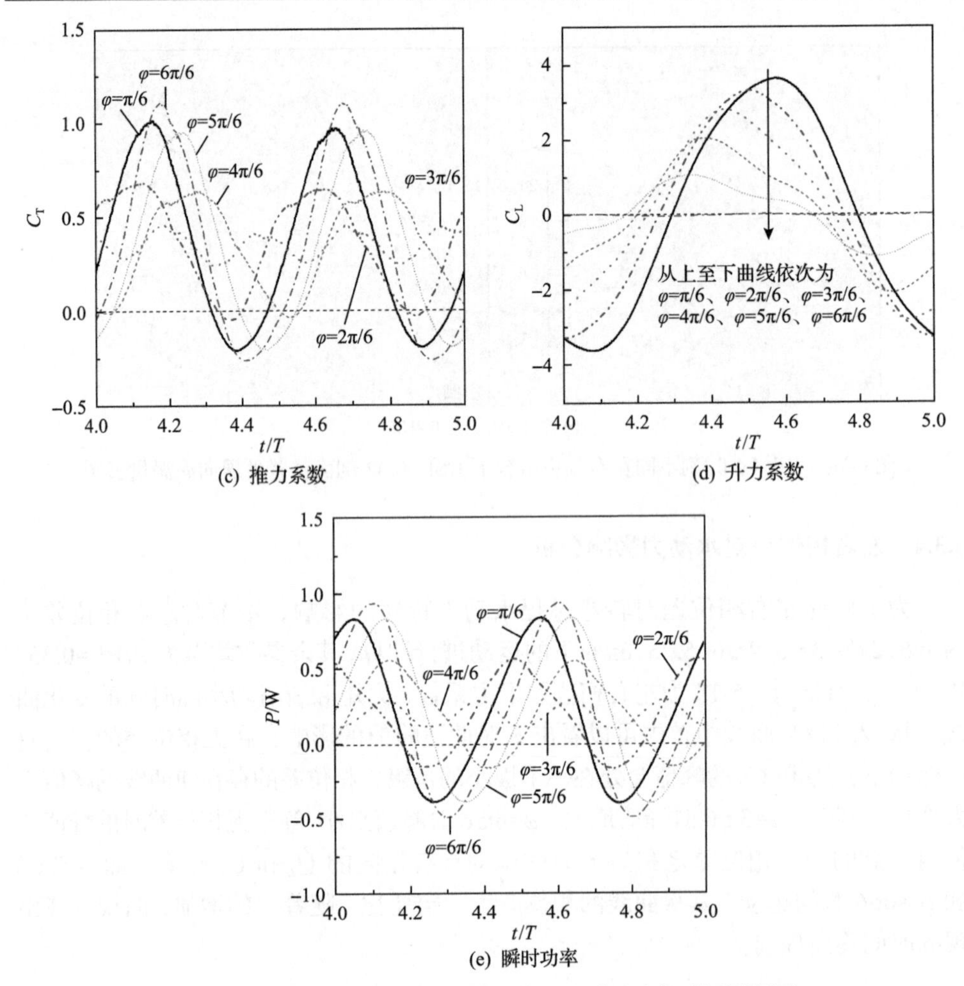

图 6-15 左右相位差下力系数、力矩和瞬时功率时间历程图

C_T峰值的变化与 Q_Z的变化正好相反，φ=3π/6 时 C_T的峰值最小，φ=6π/6 时 C_T的峰值最大，同时相位差之和为 π 时的运动也具有相同 C_T峰值。此外，φ=3π/6 时相位差的存在使得瞬时推力中的负值消失，模型的推力始终为正推力；而曲线整体相位从 φ=4π/6 开始，随着 φ 的增加逐渐前移。功率的曲线变化与 C_T具有相同的规律。C_L的峰值在 φ=π/6 时最大，并且随着 φ 的增加，峰值不断降低，直至 φ=6π/6，左右胸鳍运动正好相反，此时正负升力相抵，使其升力峰值降为 0 左右；而 C_L曲线的整体相位也随着 φ 的增加而逐渐前移。

由表 6-4 可以看出，相位差的增加使 Q_Z和 C_Y均值的量级相比于无相位差时的结果有了一个较大的提升，说明相位差的增加可以在一定程度上提供蝠鲼转弯过程中所需的转矩。在非对称条件下，由于 Q_Z和 C_Y曲线本身具有非零的均值，增加相位差的效果较为明显。因此在非对称振幅 A_R/BL=0.43 和 A_L/BL=0.2 的运动状态下增加相位差 φ=3π/6，则有 $\bar{Q}_Z$=0.2407，$\bar{C}_Y$=0.0702，相比于表 6-1 中未增加相位差的运动，偏航力矩和侧向力分别增加了 2.2%和 29.3%。

表 6-4　不同左右相位差下受力均值及功率结果

组别	φ	$\bar{Q}_Z$	$\bar{C}_T$	$\bar{C}_Y$	P/W
第一组	π/6	-3.55×10^{-3}	3.58×10^{-1}	7.02×10^{-3}	2.04×10^{-1}
第二组	2π/6	-3.69×10^{-3}	3.55×10^{-1}	7.08×10^{-3}	2.01×10^{-1}
第三组	3π/6	-5.43×10^{-3}	3.50×10^{-1}	1.24×10^{-2}	1.97×10^{-1}
第四组	4π/6	-2.58×10^{-3}	3.49×10^{-1}	1.80×10^{-2}	1.95×10^{-1}
第五组	5π/6	-1.77×10^{-4}	3.44×10^{-1}	4.17×10^{-3}	2.04×10^{-1}
第六组	6π/6	-5.25×10^{-5}	3.44×10^{-1}	1.36×10^{-4}	1.95×10^{-1}

图 6-16 和图 6-17 分别为不同相位差下蝠鲼尾流场的三维涡量等值面侧视图和正视图，左右侧涡的形态只有位置的差异。随着右侧胸鳍相位的增加，其鳍尖涡的位置相比于左侧涡逐渐后移，在 φ=6π/6 时，后移量正好等同于前后两个鳍尖涡的间距。由正视图(图 6-17)可以看出，随着相位差的增加，右侧胸鳍的位置逐渐上移，这也导致此时其下方的涡强度逐渐高于上方。

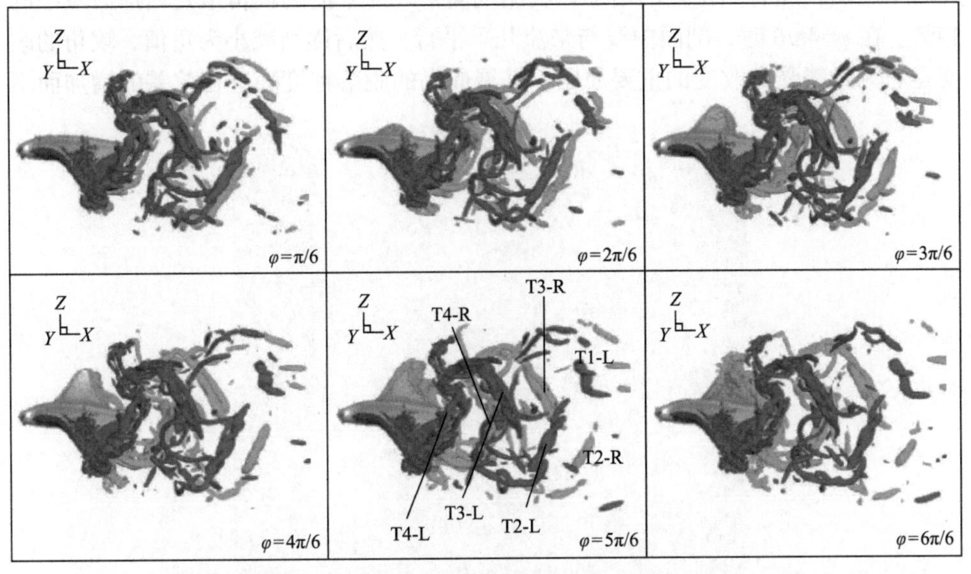

图 6-16　t/T=4.1 时刻不同左右相位差下蝠鲼尾流场的三维涡量等值面侧视图(Q=80)

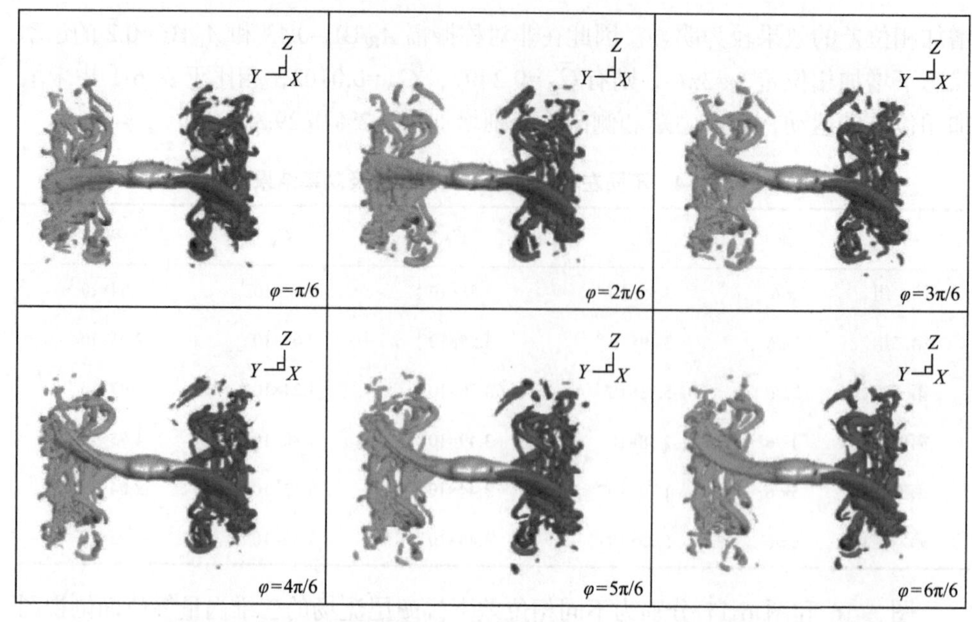

图 6-17　t/T=4.1 时刻不同左右相位差下蝠鲼尾流场的三维涡量等值面正视图(Q=80)

图6-18和图6-19分别为不同相位差下蝠鲼左侧胸鳍和右侧胸鳍展向涡涡量云图。图6-18为左侧胸鳍剖面处的涡量图，由于不同相位差下左侧位置处的胸鳍运动均保持一致，所以只展示出一个工况下的展向涡涡量云图。图6-19为右侧胸鳍剖面处的涡量图，随着相位差的增加，胸鳍剖面中线与来流的攻角呈先增加后减小的趋势。在 φ=4π/6 时，剖面中线与来流几乎平行，然后逐渐减小为负值，攻角的改变是右侧胸鳍受力改变的重要原因，其展向涡的脱落程度随着相位差的增加而不

图 6-18　t/T=4.1 时刻不同相位差下蝠鲼左侧胸鳍 y/SL=0.62 剖面位置处的展向涡涡量云图

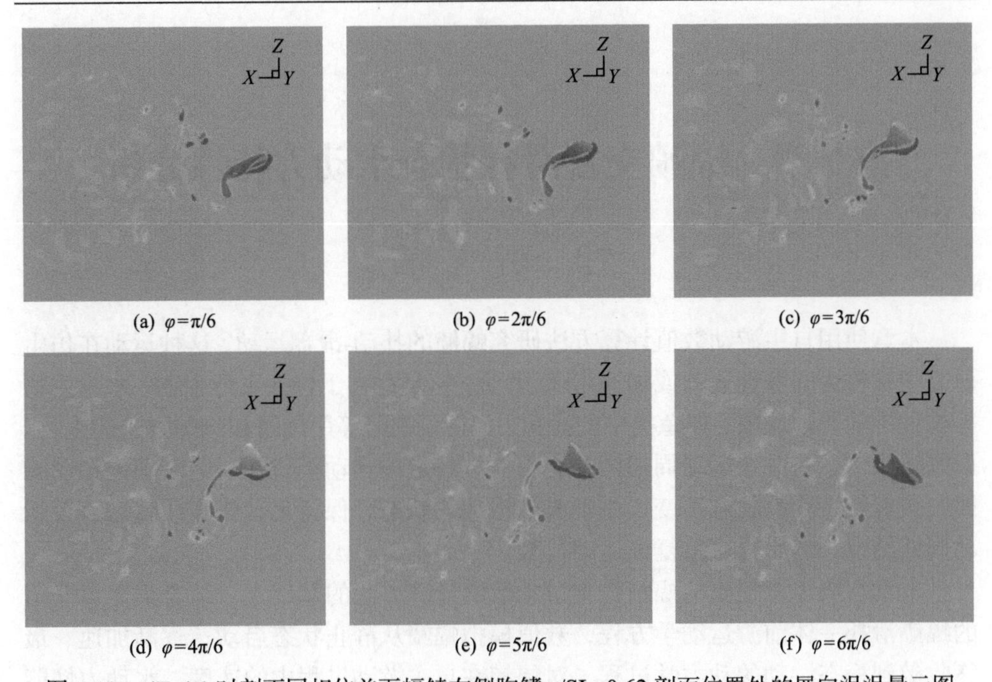

(a) $\varphi=\pi/6$　(b) $\varphi=2\pi/6$　(c) $\varphi=3\pi/6$

(d) $\varphi=4\pi/6$　(e) $\varphi=5\pi/6$　(f) $\varphi=6\pi/6$

图 6-19　t/T=4.1 时刻不同相位差下蝠鲼右侧胸鳍 y/SL=0.62 剖面位置处的展向涡涡量云图

断加深。值得注意的是，TEV 的脱落对应模型推力的峰值，而在 $\varphi=3\pi/6$ 时，位于胸鳍剖面上方的 TEV 脱落完成，此时右侧和左侧的受力差异最大，因此可以在一定程度上解释曲线图中 Q_Z 和 C_Y 在 $\varphi=3\pi/6$ 时峰值较大的原因。

第7章　蝠鲼交替滑扑状态水动力特性分析

7.1　引　言

本章使用自主游动数值计算方法研究蝠鲼的扑动-滑翔运动，这种运动在仿生研究中被称为间歇性运动或加速-滑行运动。它是存在于包括飞行生物、水生生物等物种中的普遍现象，如鱼类中的鲸鱼、海豚、蝠鲼等用尾鳍和胸鳍推进的生物。以蝠鲼为例，在一个运动周期内，它首先以特定的运动模式在一定时间内拍动胸鳍，接着维持胸鳍状态不变，呈现类似滑翔的状态，保持无动作直线状态直至运动周期结束，然后再次重复该运动行为。

本章在第3章提出的蝠鲼自主游动数值计算方法的基础上，结合第2章介绍的蝠鲼滑扑一体前游运动学方程，数值模拟蝠鲼从静止状态启动、逐渐加速、最终收敛到稳态游动的动力学过程，对蝠鲼在自主游动过程中的速度、水动力性能以及流场结构的时间历程变化进行分析，揭示蝠鲼在扑动-滑翔下直线前游的自主游动机理，详细讨论滑行时间对扑动-滑翔运动特性和水动力性能的影响，并与连续性自主游动进行对比，进而归纳出扑动-滑翔运动的节能机制。在仿生航行器的设计与研发中，研究扑动-滑翔自主游动的机理可以合理规划航行器的游动模式，充分利用外界流场能量，进而达到高效节能的目的。

7.2　扑动-滑翔运动的时间历程分析

7.2.1　自主游动的运动特性和水动力性能

扑动-滑翔自主游动是指蝠鲼按照扑动-滑翔运动学，自静止状态启动，经逐渐加速并最终收敛到稳态游动的动力学过程。由于蝠鲼在扑动-滑翔自主游动过程中，当给定运动学方程后，其速度和力均具有明显的非定常变化，因此，为了更好地说明蝠鲼的扑动-滑翔自主游动的动力学机理，本节将着重比较蝠鲼扑动-滑翔自主游动与连续性自主游动下的速度、位移等时间历程规律。

与图2-19所示的鳍尖运动位移和占空比对应，图7-1给出了占空比DC=0.5时扑动-滑翔游动与连续性自主游动的前游速度和位移时间历程变化，可以得到如下结论。

(1)当DC=0.5时，扑动运动周期与滑翔周期相等，由于与连续游动有相同的启动运动阶段，所以在启动周期内两种运动的速度曲线变化趋势相同。可以看出，蝠鲼扑动-滑翔自主游动的稳态巡游速度为 1.05BL/s，与连续游动相比大约下降了 21%，且波动更剧烈，幅度明显增大，约为后者的 5 倍，呈“锯齿”状振荡。另外，扑动-滑翔游动加速至稳态的时间较连续性自主游动更短，这是由加速阶段与滑翔阶段交替变化导致的。

(2) 比较二者前游方向的位移曲线可知，在相同的游动周期下，扑动-滑翔的前游位移大于连续性前游位移，且斜率更大。由于扑动-滑翔前游速度的大幅度振荡，前游位移并不是类似于连续性游动的直线，其中存在轻微波动。

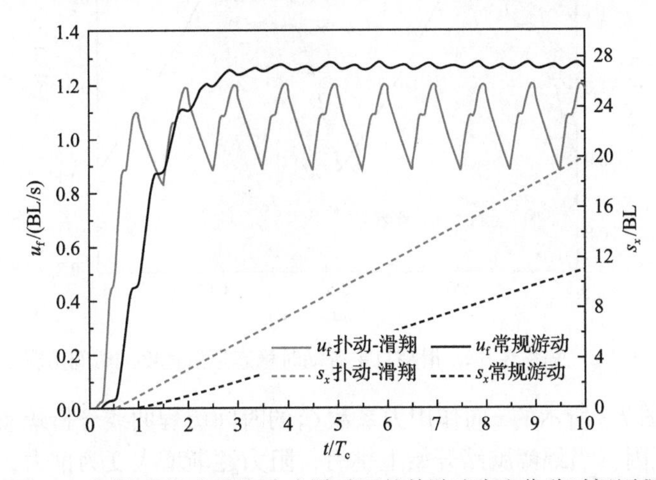

图 7-1　蝠鲼在扑动-滑翔自主游动下的前游速度和位移时间历程

在收敛到稳态以后，扑动-滑翔游动 x 向、z 向的速度和作用力均为周期性变化，并非连续性自主游动时的正弦波动。在间歇性游动过程中，随着运动学中加速阶段与滑翔阶段的交替变化，其游动速度和作用力也呈现周期性变化。图 7-2 和图 7-3 给出了速度和作用力的变化规律，可以得到如下结论。

(1) 如图 7-2 所示，当 DC=0.5 时，扑动-滑翔周期 T_c 为加速周期 T_p 的 2 倍，将图中 x 向与 z 向速度 u_f、u_z 的曲线在一个 T_c 内划分为下拍、上挑、滑翔三个区域。在收敛到稳态后，从游动的前进方向来看，在扑动阶段，前游速度总体呈阶梯式增大趋势，下拍时前游速度大幅增大，上挑时速度继续增大后缓慢减小，到滑翔阶段时速度大幅度单调减小，因为此时蝠鲼胸鳍是静态的，没有做功，蝠鲼克服阻力前进，所以速度没有振荡。对于连续游动，前游速度随时间变化表现为正弦曲线，一个游动周期内变化两次，而扑动-滑翔游动速度的变化较为不规则，具有锯齿状波形。由此可知，一个游动周期内，前游速度的最小值出现在每次启动后，而最大值出现在滑翔开始前，这与金枪鱼等鲭科鱼类的摆动-滑行自主游动前游速度的变化是类似的[107,203]。在蝠鲼连续性自主游动状态下，z 向速度曲线为正弦曲线。一个游动周期内的 z 向速度曲线有一个波峰和一个波谷，当蝠鲼加入滑翔运动后，在扑动周期内速度曲线依然能够保持正弦形状，但曲线连续性被打断，上挑结束后速度先小幅增大，后因滑翔呈二次曲线而缓慢减小，虽然能在一个游动周期内保持稳定，但变化是不对称的，向下的速度幅值明显大于向上的速度幅值。

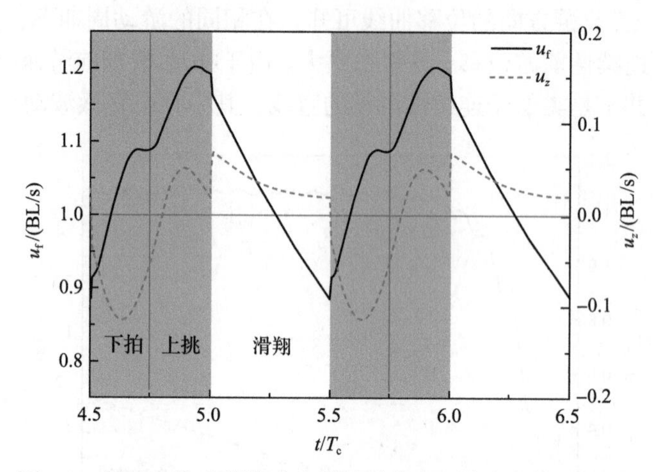

图 7-2 蝠鲼在扑动-滑翔自主游动时稳态巡游速度的时间历程

(2)结合图 7-3 所示的 x 向作用力系数 C_f 的时间历程曲线分析蝠鲼前游速度周期性变化的原因：当蝠鲼胸鳍开始上挑后，阻力逐渐增大变为推力，使得前游速度 u_f 逐渐增加。在扑动阶段 C_f 恒为推力，且经历两次峰值，因此 u_f 随之产生两个峰值。在上挑后期的减速阶段，C_f 由推力逐渐减小为阻力，故 u_f 由最大值逐渐减小，在滑翔阶段 C_f 恒为阻力，因此 u_f 单调减小。进一步分析发现，由于滑翔阶段

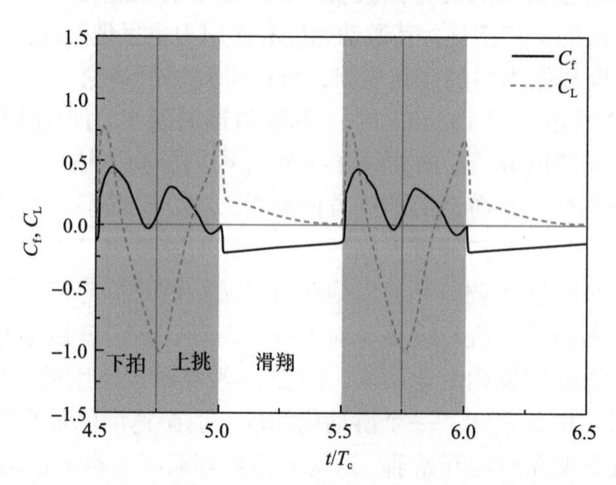

图 7-3 蝠鲼在扑动-滑翔自主游动时作用力系数的时间历程

u_f的减小进而阻力 C_f也减小，最终导致 u_f的减幅逐渐降低。

(3)综合分析 u_f和 C_f的变化规律可知，在一个扑动-滑翔周期内，C_f分别存在一次由阻力变为推力(发生在扑动启动阶段)和一次由推力变为阻力(发生在上挑末期减速阶段)的时刻，对应 u_f在这两个阶段分别存在一个极小值和极大值。极小值在启动阶段开始之后产生，而极大值在上挑结束之前或滑翔阶段到来之前产生。

7.2.2　流场结构演化

为了揭示蝠鲼扑动-滑翔自主游动的机理，探讨其游动过程中周围流场的瞬态变化是十分必要的，本节通过提取扑动-滑翔游动形成的尾流区域的涡量等值面图来监测流场的瞬态信息。图 7-4 给出了蝠鲼自主游动收敛到稳态后一个游动周期内的涡量分布情况，其中图 7-4(a)、(b)分别为 DC=0.5 的扑动-滑翔游动和 DC=1.0 的连续性自主游动时的三维涡结构云图。

扑动-滑翔游动在扑动的起步和结束阶段分别脱落一个顺时针旋转的涡环 V1 和一个逆时针旋转的涡环 V2，共同产生指向后方的合力，随之产生向前的推力。

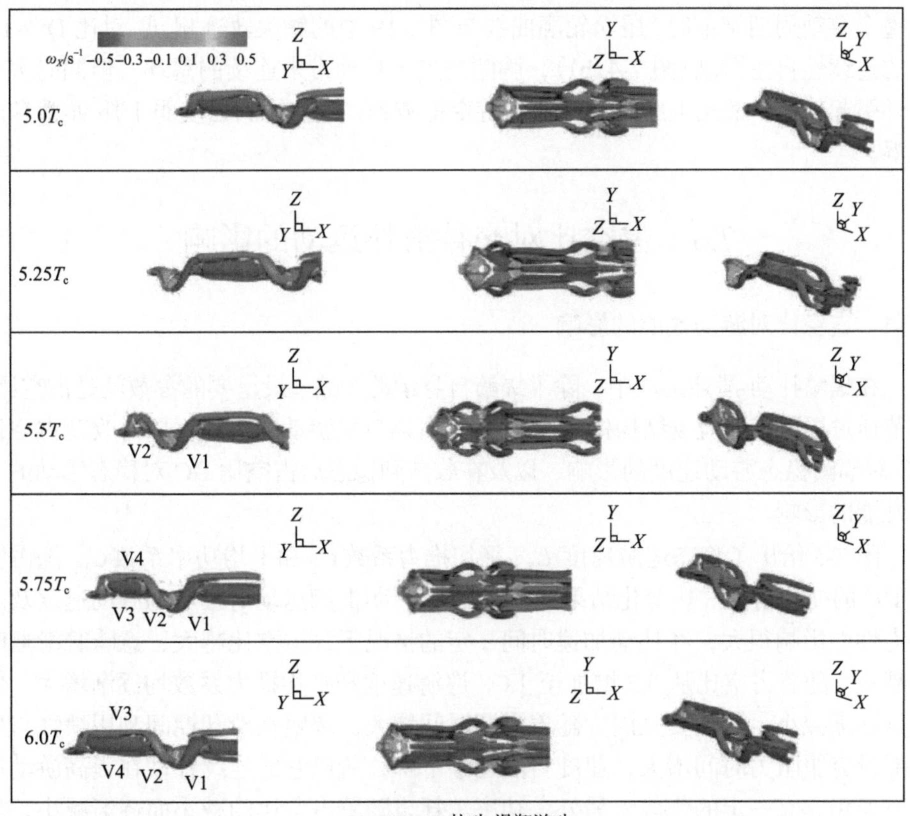

(a) DC=0.5, 扑动-滑翔游动

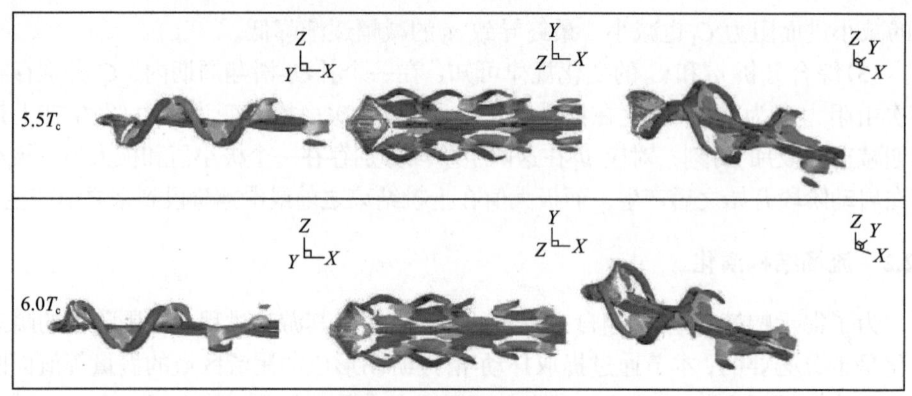

(b) DC=1.0, 连续性自主游动

图 7-4 蝠鲼扑动-滑翔和连续性自主游动在一个周期内的三维涡结构

胸鳍上挑至最高点时在 t=5.5T_c 进入滑翔阶段，蝠鲼无动作前游时水向后流动，在蝠鲼身体后每侧各形成两个条状涡。其中，涡环 V3 在上方由鳍尖拖出，涡环 V4 与蝠鲼身体在同一高度，由胸鳍后缘拖出。由 t=6.0T_c 时刻的侧视图可以看出，在整个游动周期结束时，尾涡轮廓曲线与图 2-19 中的鳍尖轨迹相同。对比 DC=1.0 时的连续性自主游动(图 7-4(b))，胸鳍的连续扑动带来连续的涡环，但同时多个涡环引起耗散，最先生成的涡环在下游变得破碎，且整体涡强度弱于扑动-滑翔的尾涡。

7.3 占空比对交替滑扑运动的影响

7.3.1 占空比对游动性能的影响

在蝠鲼扑动-滑翔运动中，除了蝠鲼自身运动参数，最重要的参数就是占空比。本节通过提取三维流场结构揭示蝠鲼扑动-滑翔自主游动的机理，探讨改变占空比 DC 对蝠鲼稳态游动速度的影响，以及在收敛到稳态后占空比 DC 对稳态游动的力学性能的影响。

图 7-5 给出了稳态巡游速度 U_s、平均推力系数 $\bar{C}_T$ 和平均功率系数 $\bar{C}_{PL}$ 随占空比 DC 的变化情况。从变化结果能够看出，扑动-滑翔运动对蝠鲼的游动速度及水动力性能影响很大，在扑动加速时间一定的情况下，占空比越大，意味着滑翔时间越短。随着占空比从 0.2 增加至 1.0，巡游速度和平均推力系数均逐渐增大，但增量逐渐减小，这主要是因为随着滑翔时间增大，蝠鲼在滑翔期间利用惯性与尾涡能量克服阻力时间增大，速度自然逐渐下降，所以它的连续扑动在提高游动速度方面仍具有一定的优势。另外，功率消耗也随着占空比的减小而逐渐减小，虽然获得的稳态巡游速度减小，但大部分时间只需要保持蝠鲼胸鳍弓形弯曲的滑翔

姿态，不需要蝠鲼主动做功，平均功率消耗大大降低。

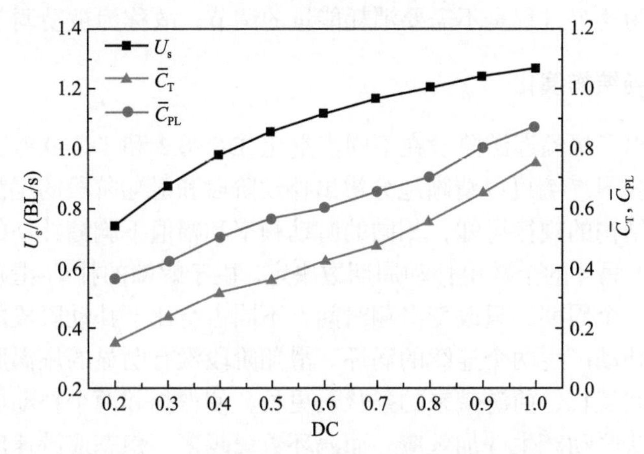

图 7-5　不同占空比下的巡游速度及力学系数

扑动-滑翔下两种自主游动的推进效率的变化如图 7-6 所示。随着占空比的减小，Froude 效率 η_F 逐渐减小，输入功率逐渐减小，虽然巡游速度也呈下降的趋势，但其下降速率小于输入功率，因此蝠鲼的 MPG 效率 η_M 随着占空比的减小而逐步增大。相比于 DC=1.0 时的连续性游动，滑翔时间越长，蝠鲼在滑翔阶段吸收的能量越多，能量利用效率越高，可以在获得相同稳态游动速度时消耗更少的功率，进而在游动相同距离时显著节约能量。因此在能量利用效率方面，扑动-滑翔游动具有一定优势；但在推进效率方面，连续性自主游动的效果更好。

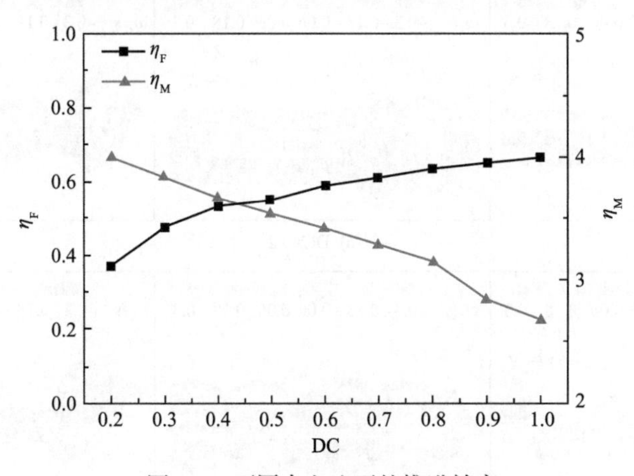

图 7-6　不同占空比下的推进效率

以 DC=0.2 和 DC=0.8 两组工况为例，DC=0.2 比 DC=0.8 的滑翔时间要长得多，稳态游动速度只降低了 38.5%，功率消耗却减少了 50%，同时速度功率比增加了 27%。也就是说，游动相同的距离，虽然 DC=0.2 时蝠鲼游动所需的时间更长，但是前者的能耗是后者的 77%。蝠鲼在游动过程中可以方便地调整滑翔时间，即调整占空比，因为这个过程是不需要消耗能量的调节，故称为被动调节。

7.3.2 三维流场结构演化

图 7-7 给出了蝠鲼巡游阶段在不同占空比(DC=0.2 和 DC=0.8)下的三维涡量等值面图，结合图 7-4 可以清晰地分辨出扑动阶段和滑翔阶段的尾涡结构。由前面总结的尾涡结构的规律可知，相同的游动频率和幅值下胸鳍扑动的尾涡结构是相似的，尾迹中涡环的个数由扑动周期数决定。由于蝠鲼的扑动-滑翔的扑动周期数相同，均为一个周期，只改变滑翔时间，不同占空比下扑动阶段的尾迹特征是相同的，每次扑动产生两个连续的涡环。滑翔阶段没有明显的尾涡脱落，占空比越小，滑翔时间越长，前游带来的条状涡更长，使得相邻两个扑动周期的涡环间距离更远，无法联动产生叠加效应。而涡环数量越多，稳态巡游速度越大，这种条状涡打破涡环的连续性，长度越大，蝠鲼后方相同大小的流场中涡环数量越少，使得涡环合力减小得越多，进而导致稳态巡游速度减小。从图 7-7 中可以看出，当 DC=0.2 时，流场中有两个涡环(单侧)，当 DC=0.8 时，流场中有四个涡环(单侧)，所以 DC=0.8 时的稳态巡游速度和推力均大于 DC=0.2 时的情况。另外，从涡强度来看，扑动-滑翔游动较连续性自主游动要弱，占空比越小，涡强度越小，与此对应的是损耗在尾涡中的能量逐渐减弱，功率消耗较小，这与前文的水动力变化规律是一致的。

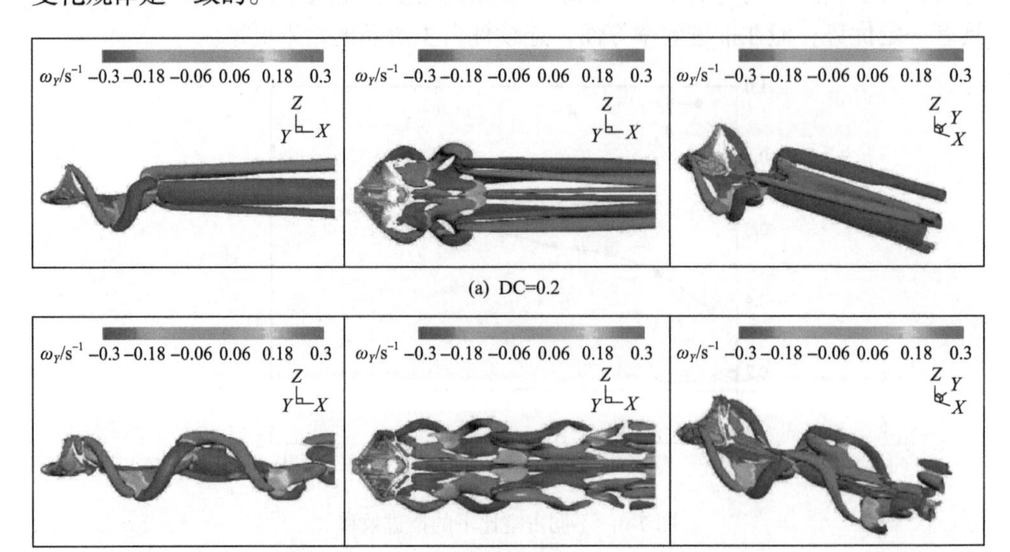

图 7-7 蝠鲼巡游阶段在不同占空比下的三维涡量等值面图

图 7-8 为蝠鲼巡游阶段在不同占空比下 y/SL=0.83 处的展向涡涡量云图。由

图可以看出，每个扑动阶段生成一个正涡和一个负涡，同样在展向涡方向有由滑翔运动产生的条状涡。随着占空比的增大，两涡的强度越来越小，同时两个涡的纵向间距和垂向间距越来越大，上下分布更加对称，使得产生的合力向后的分量更大，而且是多对涡叠加，所以占空比越大，推力越大。另外，在扑动阶段，多个涡的产生增加了此阶段功率的消耗，较弱的涡强度及连续对称的涡结构导致可吸收利用的能量更低，而在滑翔阶段，蝠鲼不但能够利用惯性运动，尾涡射流给它提供的推力也将增加游动的能量利用效率。由此可知，蝠鲼扑动-滑翔游动虽然在扑动阶段消耗了较大功率，但正是利用滑翔这一方式来补偿并提高整个游动过程中的能量利用效率。所以，合理规划滑翔时间，充分利用滑翔来吸收能量，能够提高能量利用效率。

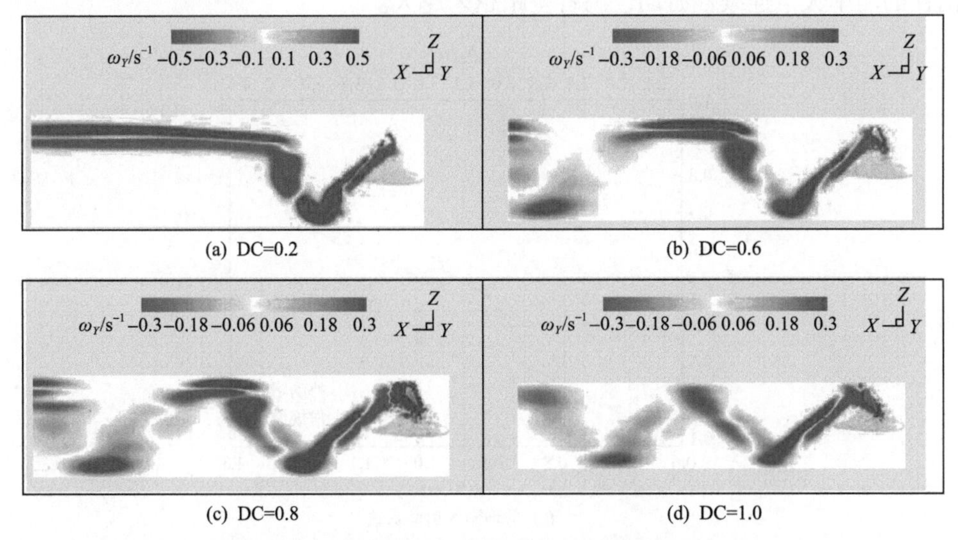

(a) DC=0.2　(b) DC=0.6

(c) DC=0.8　(d) DC=1.0

图 7-8　蝠鲼巡游阶段在不同占空比下的展向涡涡量云图，y/SL=0.83

7.4　交替滑扑运动与连续游动的比较

由 7.3 节分析可知，扑动-滑翔游动能够提高能量利用效率。为了更深入地理解扑动-滑翔作为一种节能模式的自主游动的机理，充分比较它与连续性自主游动的水动力学差异是十分必要的。本节通过比较相同巡游速度下的效率来评估连续游动和间歇游动的性能，为合理规划仿蝠鲼航行器的推进模式提供科学依据。为了更好地比较两者差异，在前文定义的 Froude 效率的基础上，增加参数运输成本(cost of transport，CoT)，即单位质量的运输成本。它是量化连续游动和间歇游动性能的关键参数，也是目前间歇游动研究中常用的参数，用来衡量游动的能量变化情况，它的倒数类似于 MPG 效率。运输成本以单位质量为基础，衡量游动单位距离所消耗的能量。较小的运输成本意味着较低的能量消耗和较大的能量节约，它在生物学文献中被广泛使用[84]，表示如下：

$$\mathrm{CoT} = \frac{\overline{P}_{\mathrm{in}}}{mU_{\mathrm{s}}} \tag{7-1}$$

式中，CoT 为运输成本；U_s 为稳态巡游速度；$\overline{P}_{in}$ 为输入功；m 为质量。

图 7-9 进一步比较了不同稳态巡游速度下，两种游动模式的平均输入功率系数 $\overline{C}_{PL}$、Froude 效率 η_F 和运输成本 CoT 的变化。扑动-滑翔的稳态巡游速度普遍比连续性自主游动低，当雷诺数大约为 3.8×10^6 时，两者功率消耗相等。在中高速范围内(1.1～1.3BL/s)，两者的功率消耗相差很小，随着速度的降低，扑动-滑翔消耗的功率大于连续性游动，两者差距越来越大。

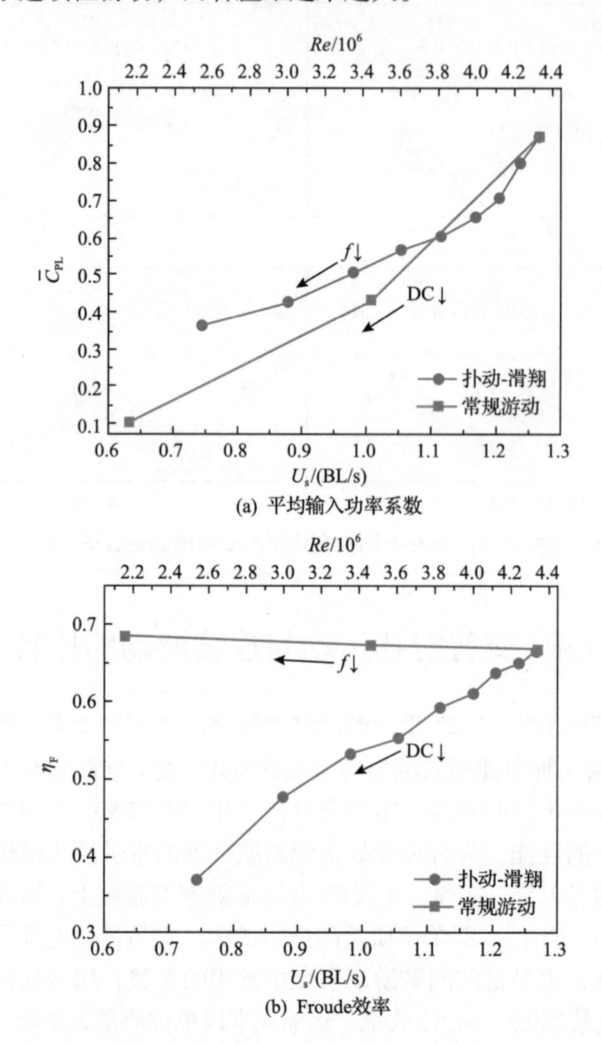

(a) 平均输入功率系数

(b) Froude效率

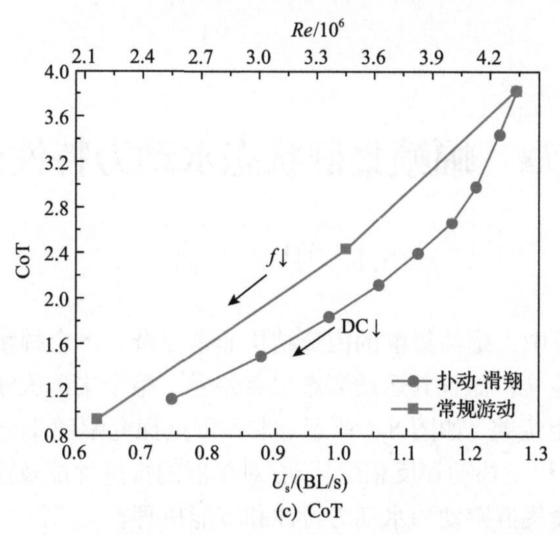

(c) CoT

图 7-9　两种游动模式下平均输入功率系数、Froude 效率和 CoT 随稳态巡游速度的变化

在所有巡游速度下，扑动-滑翔的 Froude 效率都小于连续性游动，且游速越低，两者差距越大。因此，在实现相同的巡游速度时，扑动-滑翔普遍较连续性游动的 Froude 效率要低。随着运动频率的增加，连续性游动的 CoT 呈线性增加，扑动-滑翔的 CoT 呈二次增加，游速在 0.75～1.25BL/s 时扑动-滑翔明显优于连续性游动，且在中高速范围内两者差距较为明显。当运动频率减小及占空比降低时，连续性游动和扑动-滑翔的巡游速度减小，同时 CoT 降低，但是与连续性游动相比，扑动-滑翔游动阶段可以在保证游速不变的同时降低 CoT，因此在雷诺数较高、巡游速度(占空比)适中的情况下，扑动-滑翔游动比连续性游动更经济。

通过在海洋馆实际观察蝠鲼游动发现，蝠鲼大多数时间都采取扑动-滑翔的游动方式，且多发生在向前或向斜下方游动时，原因如下：

(1) 从蝠鲼实现相同的游速角度来看，在规定的时间内游动相同的距离，选择扑动-滑翔较连续性自主游动消耗的能量更少。

(2) 从适应海洋环境需求的角度来看，蝠鲼寻找水底食物、机动转弯、向下俯冲时，需要不断调整位置，因此扑动-滑翔这种速度多变的游动是它所需要的。

(3) 蝠鲼更适合扑动-滑翔游动，扑动-滑翔游动很容易随时调整动作和能耗，且在滑行阶段不需要耗能；相反，连续性游动并不容易达到，不仅要求有持续稳定的动作，还必须有足够的时间和距离来调节，这样的游动反而限制了蝠鲼的自由，同时会不断消耗其能量。

第 8 章　蝠鲼集群状态水动力特性分析

8.1　引　　言

在真实生物界中，蝠鲼集群的内部结构非常复杂，各个蝠鲼之间不仅存在三维空间位置上的差异，而且其运动姿态也有差异，整个集群胸鳍扑动并非同步，存在一定的扑动相位差，如图 8-1 所示。本章重点探究蝠鲼集群的几种典型队形和扑动相位差(同相位扑动和反相位扑动)对集群的推进性能及流场结构的影响，以进一步理解蝠鲼集群游动的水动力特性和节能机理。

图 8-1　蝠鲼集群游动

8.2　双体蝠鲼扑动水动力特性分析

本节在前文研究的基础上对双体蝠鲼扑动进行数值模拟仿真，具体思路是设置两条蝠鲼在同一水平面的不同队列同相位拍动及反相位拍动，开展流场数值仿真；随后与单体的水动力仿真结果进行对比分析，探究不同队形和扑动相位差对蝠鲼集群的推进性能及流场结构的影响。

为了方便比较和分析，本节蝠鲼扑动的运动参数统一设置为：扑动振幅 A/BL= 0.35，弦向变形波数 W=0.4，扑动频率 f=1.00Hz。为了适应蝠鲼集群计算要求，取加密区长度大小 Δx 为 0.0135BL，CFL 为 0.5，时间步长 Δt 为 0.6823ms，单体计算结果分别是推力系数为 0.326、推进效率为 0.1538。同一水平面的蝠鲼队形间距无量纲参数分别为：流向间距 $D_x = x/\mathrm{BL}$，横向间距 $D_y = y/\mathrm{SL}$。为了方便区分，规定流向位置靠前的蝠鲼为 MANTA1，流向位置靠后的蝠鲼为 MANTA2。双体蝠鲼扑动的间距设置及命名方式如图 8-2 所示。

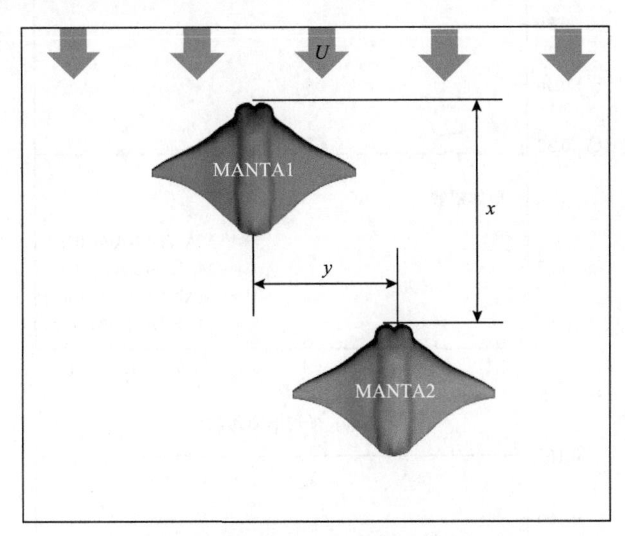

图 8-2　双体蝠鲼队形设置及命名方式

此外，为了更好地分析蝠鲼集群的推进性能，本节还引入两个无量纲参数 $\bar{C}_{\mathrm{TA}}$、η_{A}，分别表示蝠鲼集群与单体蝠鲼扑动相比的推力变化和推进效率的变化，其计算公式为

$$\bar{C}_{\mathrm{TA}} = \left(\frac{1}{n}\sum \bar{C}_{\mathrm{T}i} - C_{\mathrm{T单}}\right) \Big/ C_{\mathrm{T单}}，\quad \eta_{\mathrm{A}} = \left(\frac{1}{n}\sum \eta_i - \eta_{单}\right) \Big/ \eta_{单} \tag{8-1}$$

8.2.1　沿运动方向串联排列(D_y=0)

本节首先数值模拟蝠鲼双体沿运动方向排列同相位扑动（$\Delta\Phi = 0°$）和反相位扑动（$\Delta\Phi = 180°$）的流体动力，流向间距 D_x 从 1.1 到 1.8 每隔 0.1 取一个工况，数值模拟结果如图 8-3(a)所示。由图 8-3(a)可以看出，无论是同相位还是反相位，MANTA1 受到 MANTA2 的影响都很小，两组工况下，MANTA1 的平均推力系数相较于单体蝠鲼扑动的推力系数变化不大，两条曲线几乎重合，都是在流向间距 D_x=1.1 时达到最大值，随着 D_x 的增大逐渐减小，数值逐渐与单体蝠鲼的计算结果靠近。而 MANTA2 受到 MANTA1 的影响较大，观察图中 MANTA2 的平均推力系数曲线可知，MANTA2 的时间平均推力系数都随着 D_x 在单体蝠鲼的推力系数附近波动变化，并且波动幅度随着流向间距的增大而减小，对比发现两条推力系数变化曲线基本关于单体蝠鲼的计算结果对称。同相位扑动时 MANTA2 的平均推力系

数在 D_x=1.2 时达到最大值，反相位扑动时 MANTA2 的平均推力系数则在 D_x=1.5 时达到最大值。

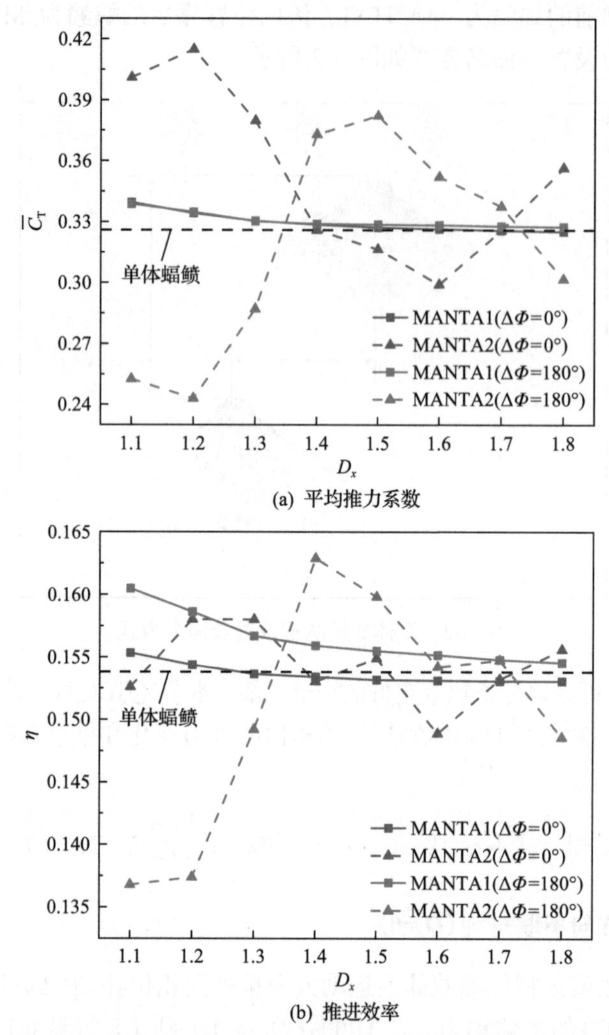

(a) 平均推力系数

(b) 推进效率

图 8-3　双体蝠鲼串联队形下的各条蝠鲼推进性能变化曲线

对比推进效率变化曲线(图 8-3(b))可知，两组工况下 MANTA1 的推进效率随 D_x 的变化趋势相似，都随着流向间距的增大逐渐减小，整体上反相扑动下 MANTA1 的推进效率大于同相扑动，并且始终大于单体蝠鲼扑动的推进效率，而同相扑动的推进效率在 $D_x \geqslant 1.3$ 时小于单体蝠鲼。MANTA2 的推进效率变化曲线更加复杂，整体上与各自对应的推力系数变化趋势相似，在同相位扑动时曲线波动幅度变小，并且在 D_x=1.5 时出现一个拐点，在反相位扑动时，曲线最大/小值会向前移，最小值在 D_x=1.1 时出现，最大值在 D_x= 1.4 时出现。

由图 8-4 可以看出，蝠鲼集群整体的平均推力系数和平均推进效率变化曲线与对应的 MANTA2 变化曲线相似度很高，这也进一步说明了串联队形下同相位和反相位扑动下 MANTA1 的推进性能变化不大，整体的推进性能主要取决于 MANTA2 的推进性能。图 8-4(a)中，同相位的平均推力系数在 D_x=1.2 时取得最大值，相较于单体蝠鲼扑动提升 14.90%；反相位扑动的整体平均推力系数在 D_x=1.5 时取得最大值，相较于单体蝠鲼扑动提升 9.01%。图 8-4(b)中，同相位的平均推进效率在 D_x=1.2 时取得最大值，相较于单体蝠鲼扑动提升 1.55%；反相位扑动的整体

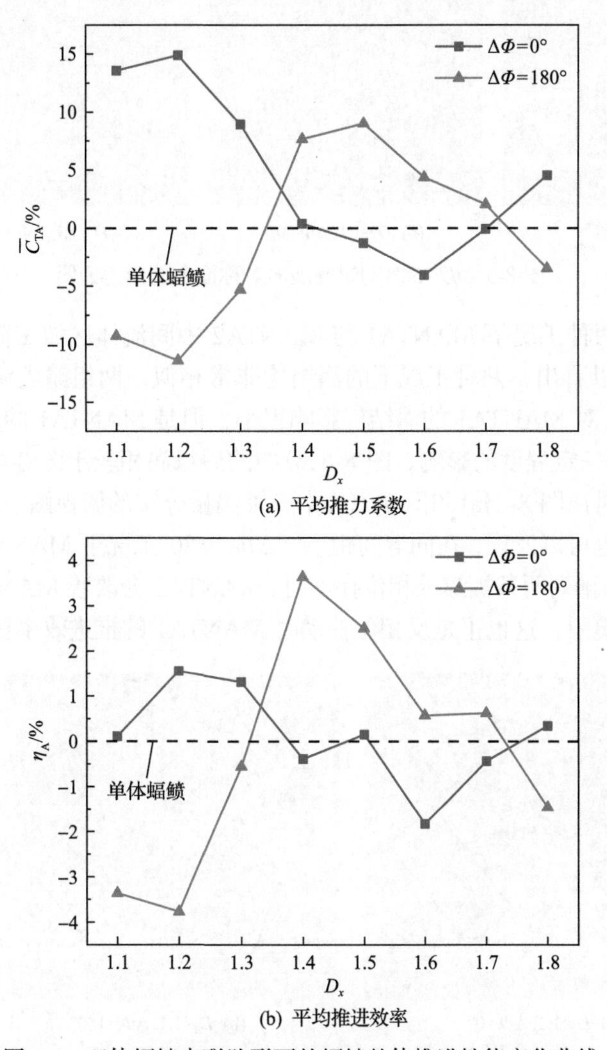

图 8-4　双体蝠鲼串联队形下的蝠鲼整体推进性能变化曲线

平均推进效率在 D_x=1.4 时取得最大值，相较于单体蝠鲼扑动提升 3.63%。

为了解释蝠鲼集群巡游时推进性能变化的原因，对二维和三维流场结构进行对比分析。图 8-5 为蝠鲼展向对称面上的压力云图。由图可知，在 t/T=5 时刻，蝠鲼在游动过程中头部附近有一个高压区，由于 MANTA2 的存在，MANTA1 的尾部压力会增大，因此导致 MANTA1 的推力增加，并且随着 D_x 的增大，高压区离 MANTA1 的距离增大，对 MANTA1 的影响逐渐减小，所以 MANTA1 的推力会逐渐减小。

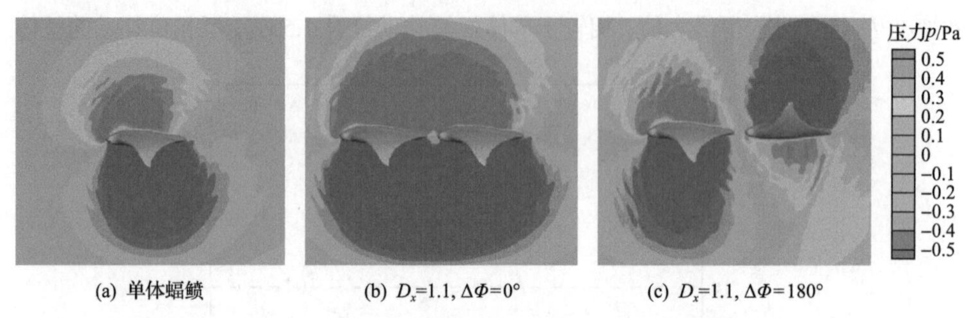

(a) 单体蝠鲼　(b) D_x=1.1, $\Delta\Phi$=0°　(c) D_x=1.1, $\Delta\Phi$=180°

图 8-5　t/T=5 时刻蝠鲼展向对称面上的压力云图

图 8-6 为两种工况下 MANTA1 与 MANTA2 中间流体区域 x 截面的二维涡量云图。由图可以看出，两种工况下的涡结构非常相似，两组鳍尖涡 T 基本一致，说明 MANTA2 对 MANTA1 的涡结构影响很小，但是 MANTA1 的后缘涡 TEV(方框)还是会受到一定程度的影响，图 8-6(b)中的后缘涡相较于图 8-6(a)更加集中。进一步观察并对比图 8-7(a)和图 8-7(c)中三维涡量分布的俯视图中的 MANTA1 尾涡(点划线框)也可以发现，在同等间距下，$\Delta\Phi$ =180°工况下 MANTA1 的尾涡更加集中，说明串联排列两条蝠鲼反相位扑动时，MANTA2 会改善 MANTA1 的涡结构，使其能量更加集中，这也正是反相位扑动时 MANTA1 的推进效率更高的原因。

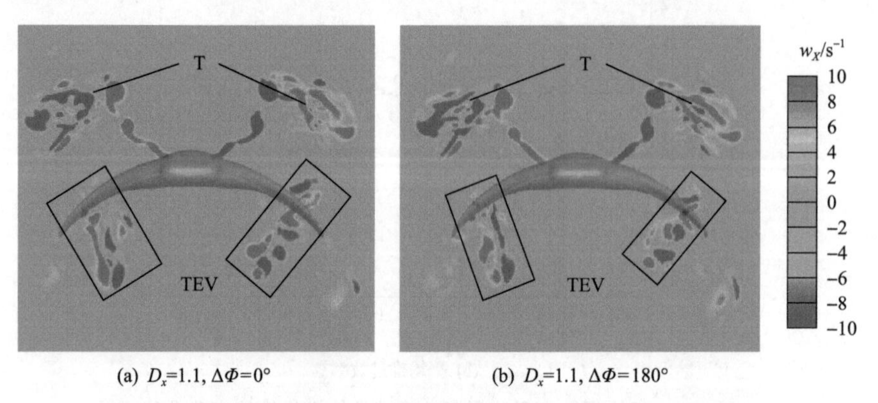

(a) D_x=1.1, $\Delta\Phi$=0°　(b) D_x=1.1, $\Delta\Phi$=180°

图 8-6　t/T=5 时刻蝠鲼中间流体区域 x 截面的弦向涡涡量云图

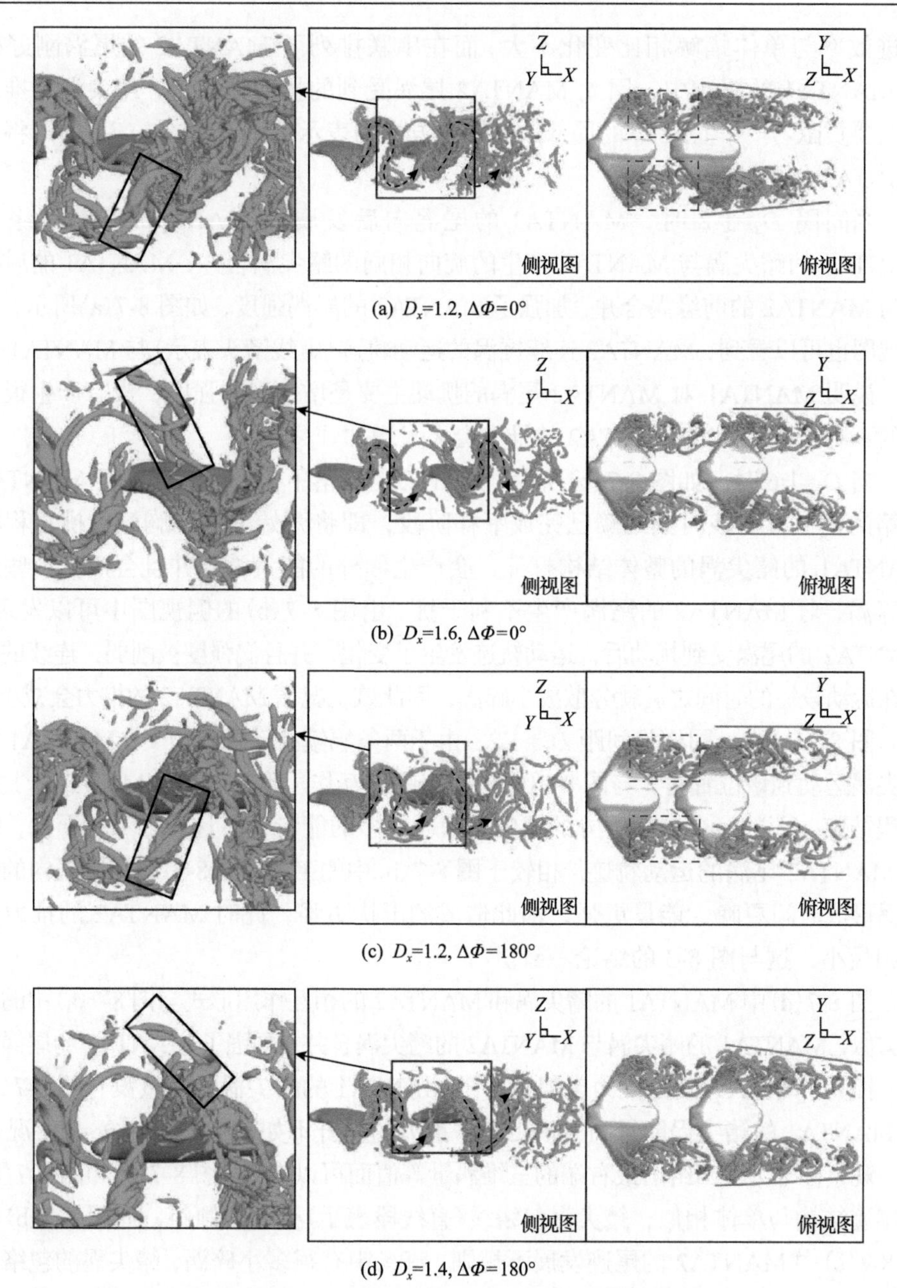

(a) D_x=1.2, $\Delta\Phi$=0°

(b) D_x=1.6, $\Delta\Phi$=0°

(c) D_x=1.2, $\Delta\Phi$=180°

(d) D_x=1.4, $\Delta\Phi$=180°

图 8-7　t/T=5 时刻的三维涡量等值面图(D_y=0)

图 8-7 绘制了几个典型工况下蝠鲼巡游流场的三维涡量等值面图(Q=100)。由图可以观察到，双体蝠鲼串联排列时，MANTA1 的尾迹涡流与相同运动参数下的单体蝠鲼的流场结构基本一致，因此双体蝠鲼中 MANTA1 的推力系数和

推进效率与单体蝠鲼相比变化不大，而在串联排列下 MANTA2 的尾涡刚好处于 MANTA1 的尾迹中，因此 MANTA2 尾涡受到的扰动很强烈。鳍尖涡是推力的主要贡献者[41]，图 8-7 的局部放大图中方框内表示由 MANTA1 产生的即将与 MANTA2 作用的鳍尖涡。

当间隔 D_x=1.2 时，MANTA1 的尾涡向后发展到 MANTA2 胸鳍前缘，MANTA1 的鳍尖涡与 MANTA2 产生的旋向相同的鳍尖涡合并，MANTA1 的后缘涡与 MANTA2 的前缘涡合并，加强了 MANTA2 的尾涡强度，如图 8-7(a)所示，由侧视图也可以看到，MANTA2 连续尾涡的运动轨迹(虚线箭头表示)与 MANTA1 一致，说明 MANTA1 对 MANTA2 尾涡的扰动主要是增加涡的强度，没有产生很强烈的不利干扰，因此 MANTA2 的推力会大大增加。

当 D_x=1.6 时，如图 8-7(b)所示，MANTA1 脱落下来的鳍尖涡位于 MANTA2 胸鳍的正上方，该时刻蝠鲼已完成下扑阶段，即将开始上挑，胸鳍上挑过程将 MANTA1 的鳍尖涡的整体结构打乱，会产生额外的能量消耗并且会产生一些细小碎涡，对 MANTA2 的尾涡产生不利干扰。由图 8-7(b)的侧视图中可以发现，MANTA2 的尾涡受到扰动后，运动轨迹发生了变化，并且涡强度被削弱，连续的尾涡在运动较短的时间之后就分散成小碎涡，因此该工况下 MANTA2 的推力会减小。

图 8-7(c)中，同样是间距 D_x= 1.2，由于两条蝠鲼扑动相位相反，MANTA1 的鳍尖涡运动到该位置时，与图 8-7(b)中涡流的相互作用形式相似，MANTA2 上挑行程结束，下扑时会破坏下方的鳍尖涡消耗更多的能量，并且产生不利干扰，改变 MANTA2 尾涡的运动轨迹。相较于图 8-7(b)中的工况，图 8-7(c)中方框内的鳍尖涡形成时间更晚，能量更强，因此造成的干扰更强，此时 MANTA2 的推力会降到最小，这与图 8-3 的结论一致。

图 8-7(d)中 MANTA1 的鳍尖涡和 MANTA2 的相互作用形式与图 8-7(a)中的原理类似，MANTA1 的鳍尖涡与 MANTA2 的鳍尖涡合并，加强了 MANTA2 的尾涡能量，提高了 MANTA2 的推力，但是由于 MANTA1 的鳍尖涡的能量没有图 8-7(a)中 MANTA1 的鳍尖涡能量高，该工况下推力的提升不如 D_x=1.2，$\Delta\Phi$ =0°工况。

观察图 8-7 中四组图最右端的三维涡量等值面可以发现，图 8-7(a)和图 8-7(d)的尾迹结构与单体相似，鳍尖涡包络线(直线段表示)会向内倾斜，而图 8-7(b)和图 8-7(c)中 MANTA2 的尾迹发展不规则，流场中有很多小碎涡，鳍尖涡的包络线会向外侧偏移，因此图 8-7(b)和图 8-7(c)的工况下 MANTA2 的推进效率会减小，与图 8-3 中的计算结果相契合。

为了更好地解释流场的变化，图 8-8 绘制了两个典型工况下一个周期内的三维涡量等值面图(Q=100)。仍然重点关注 MANTA1 的鳍尖涡对 MANTA2 的影响，图中 T3a(点划线圈)、T3b(实线圈)分别代表由 MANTA1 运动一个周期内产生的与 MANTA2 作用的不同旋转方向的两个鳍尖涡。在图 8-8(a)中可以观察到，T3a 在 t/T=4 时刻结构完整，随着时间发展，MANTA2 胸鳍上挑，T3a 受到干扰，逐渐被拉伸变形，并且由于空间刚好错开，始终不会与 MANTA2 的鳍尖涡融合，与 MANTA2 的鳍尖涡保持平行状态，持续干扰 MANTA2 的尾流；T3b 在 t/T=4.75 时刻运动到 MANTA2 的胸鳍正下方，此时 T3b 的结构已经开始分散，随着胸鳍向下扑动，在下一个时刻(第五个周期已经进入了稳定发展的阶段，所以 t/T=4 时刻的流场可以认为是 t/T=5 时刻的流场)可以明显发现，T3b 分散成小涡对 MANTA2 造成干扰，因此 MANTA2 的推力会减小。图 8-8(b)中，由于 MANTA2 扑动相位相反，在该周期内 MANTA1 产生的主要与 MANTA2 发生作用的鳍尖涡为 T3b(实线圈)与 T4a(点划线圈)。在 t/T=4.25 时刻，T3b 与 MANTA2 接触时，MANTA2 刚好下扑产生与 T3b 旋向相同的鳍尖涡，随后在 t/T=4.50 时刻可以观察到两者合并，t/T=4.75 时两者合并完成，T3b 消失，MANTA2 鳍尖涡的能量增强。同样地，T4a 运动到 MANTA2 胸鳍前缘时，MANTA2 同步产生一个旋向相同的鳍尖涡，两者合并，加强了 MANTA2 的尾涡能量，这也正是 MANTA2 推力增加的原

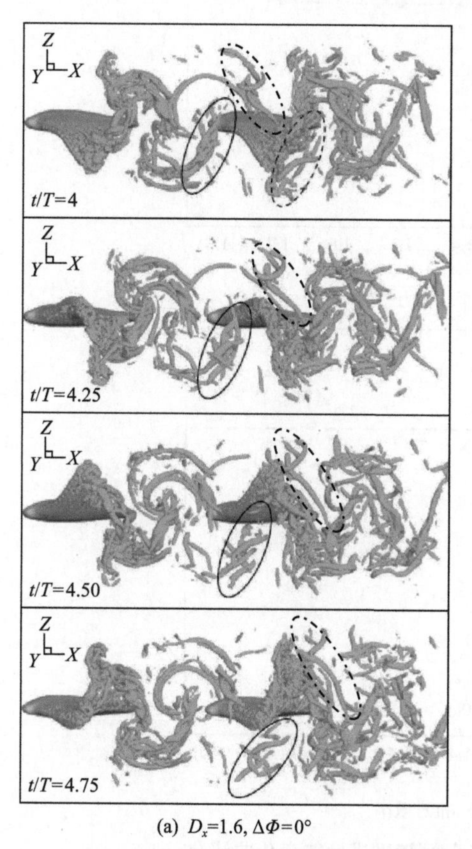

(a) D_x=1.6, $\Delta\Phi$=0°　　(b) D_x=1.4, $\Delta\Phi$=180°

图 8-8　两个典型工况下一个周期内的流场三维涡量等值面图(Q=100)

因。由此也可以推断出，MANTA2 推力系数波动变化也正是因为间距的变化改变了 MANTA1 的鳍尖涡对 MANTA2 的作用形式，两者的作用形式取决于鳍尖涡的“同步性”，即前蝠鲼的鳍尖涡向后发展过程中与下游蝠鲼旋向相同的鳍尖涡的重合度。MANTA2 的鳍尖涡和 MANTA1 的鳍尖涡“同步性”越强，推力越大；反之，MANTA2 的鳍尖涡和 MANTA1 的鳍尖涡“同步性”越差，则推力越小。

8.2.2 沿运动方向交错排列(D_y=1)

由数值仿真得到的平均推力系数变化图(图 8-9(a))可知，与串联排列相似，在交错排列的双体蝠鲼同相和反相扑动的两组工况下，MANTA1 的推力与单体蝠

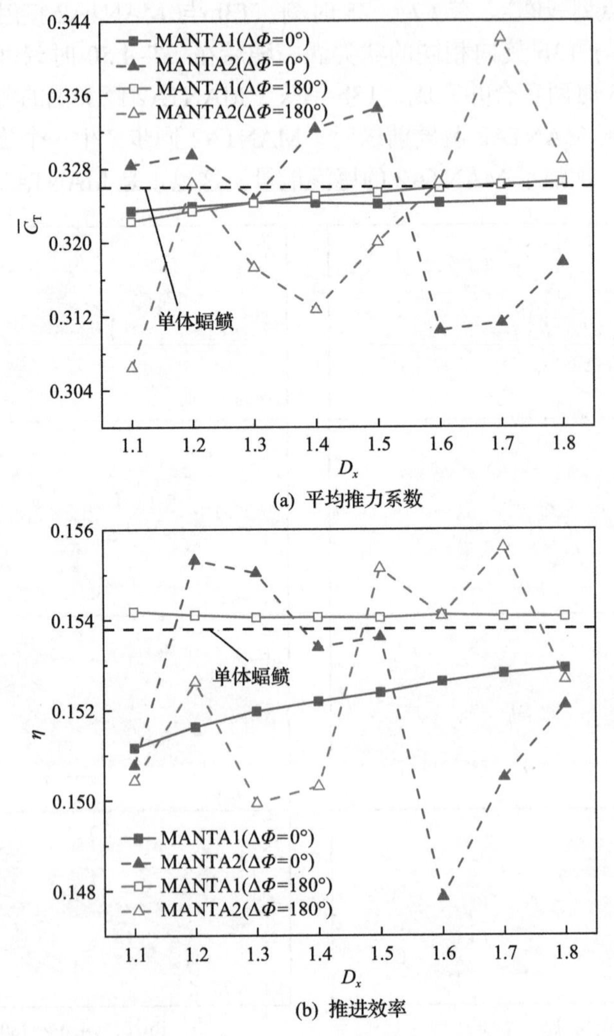

(a) 平均推力系数

(b) 推进效率

图 8-9　双体蝠鲼交错队形下的各条蝠鲼推进性能变化曲线(D_y=1)

鲼运动的推力相比变化不大，MANTA2 的推力变化更为明显，都是随流向间距 D_x 而波动变化，并且除个别间距外，大致上也是两条关于单体蝠鲼的推力系数的值对称变化的曲线；与串联排列不同，交错排列下两条蝠鲼的推力相较于单体蝠鲼的变化明显更小，这也正是由于两条蝠鲼沿 y 方向错开一定距离之后，相互之间的干扰更小，尤其是 MANTA1 对 MANTA2 尾流的干扰，两组工况下 MANTA1 的推力基本小于单体蝠鲼的推力，随着间距增加，同相位扑动的 MANTA1 推力变化平稳，反相位扑动的 MANTA1 推力缓慢增加。两组工况下 MANTA2 的推力波动幅度随间距的增大而增大，同相位扑动时 MANTA2 的推力在 D_x=1.5 时最大，在 D_x=1.6 时最小，反相位扑动时 MANTA2 的推力在 D_x=1.7 时取得最大值。

观察推进效率变化曲线(图 8-9(b))可以发现，$\Delta\Phi$ =0°时 MANTA1 的推进效率始终小于单体蝠鲼，随流向间距的增大而缓慢增加，而 $\Delta\Phi$ =180°时 MANTA1 的推进效率始终略大于单体蝠鲼，几乎不会随流向间距变化，趋近于一条直线；MANTA2 的推进效率曲线的变化趋势与推力变化曲线大致相同，说明推力是影响推进效率变化的主要因素，对于 $\Delta\Phi$ =0°时的 MANTA2，推进效率的最小值也是在 D_x=1.6 工况下，而最大值会前移，出现在 D_x=1.2 时，对于 $\Delta\Phi$ =180°时的 MANTA2，推进效率还是在 D_x=1.7 时最大。

同样地，由图 8-10 所示的双体蝠鲼交错队形下的蝠鲼整体推进性能变化曲线可知，$\bar{C}_{TA}$ 和 η_A 变化曲线与 MANTA2 的 $\bar{C}_T$、η 变化曲线基本一致，说明整体的推进性能主要取决于 MANTA2 的推进性能。在 D_y=1 的交错排列队形中，同相位的平均推力系数在 D_x=1.5 时取得最大值，相较于单体蝠鲼扑动提升 1.01%；反相位扑动的整体平均推力系数在 D_x=1.7 时取得最大值，相较于单体蝠鲼扑动提升 2.50%。在推进效率方面，$\Delta\Phi$ =0°时双体蝠鲼的平均推进效率总是小于单体蝠

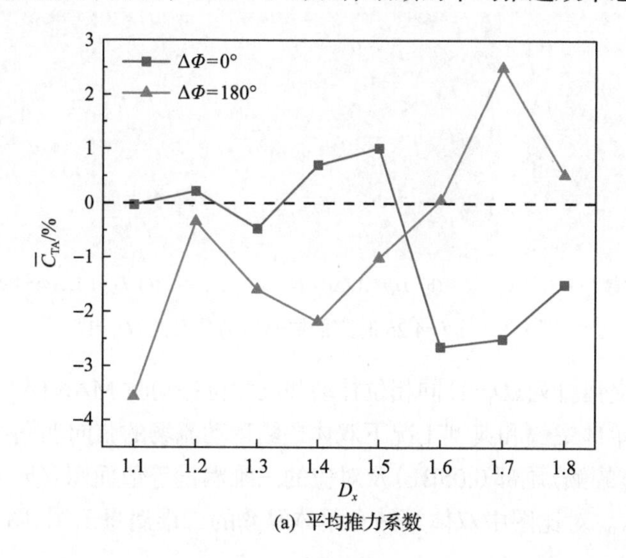

(a) 平均推力系数

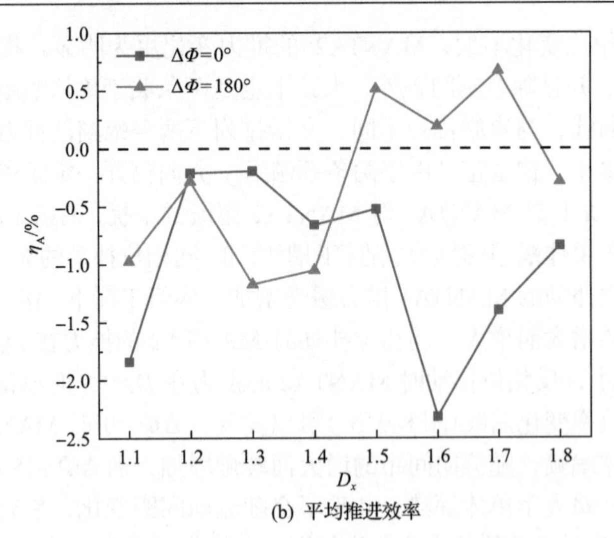

(b) 平均推进效率

图 8-10　双体蝠鲼交错队形下的蝠鲼整体推进性能变化曲线（D_y=1）

鲼，说明此队形没有节能效果，$\Delta\Phi$ =180°时整体的节能效果也不明显，整体的平均推进效率提升的最大值在 D_x=1.7，仅为 0.67%。

图 8-11 为 t/T=4.25 时刻单体蝠鲼与沿运动方向交错排列（D_y=1）的双体蝠鲼的压力分布图。其中，双体蝠鲼所选截面为 MANTA1 的中心对称面。经过对比，在图 8-11（a）中单体蝠鲼的尾部没有发现低压区，而在 D_y=1 的交错排列队形下，MANTA2 的鳍尖刚好位于 MANTA1 尾部的正后方，而 MANTA2 鳍尖扑动时周围会产生一个低压区，这个低压区会扩散到 MANTA1 的尾部，这就导致了 MANTA1 推力的减小。

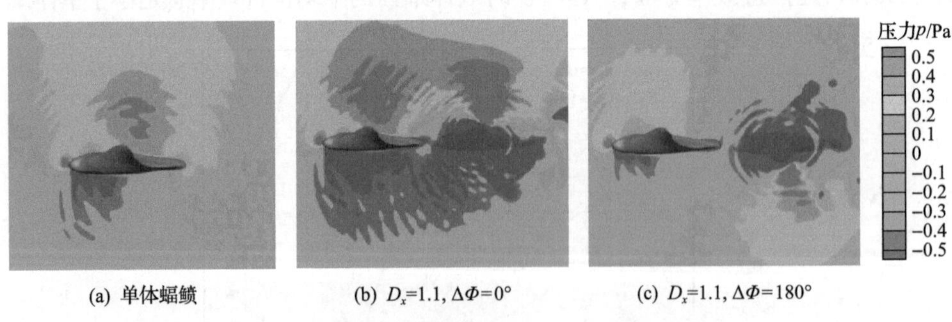

(a) 单体蝠鲼　　(b) D_x=1.1, $\Delta\Phi$=0°　　(c) D_x=1.1, $\Delta\Phi$=180°

图 8-11　t/T=4.25 时刻的蝠鲼压力分布图（D_y=1）

为了解释交错排列（D_y=1）同相位扑动和反相位扑动时 MANTA1 的推进效率变化的原因，对单体蝠鲼和典型工况下双体蝠鲼运动流场的弦向涡涡量云图（截面距 MANTA1（单体蝠鲼）尾部 0.05BL）及对应的三维涡量等值面图（Q=100）进行分析，如图 8-12 所示。对比图中双体蝠鲼和单体蝠鲼的二维涡量云图（图 8-12（a））可以看出，与串联排列类似，鳍尖涡(T)几乎不会受到影响，两种工况下的鳍尖涡与单体蝠鲼的鳍尖涡结构几乎一样，涡结构差异最大的是图中框内的后缘涡(TEV)。观察三维涡量等值面图(图 8-12(b))可以更清晰地分析后缘涡的结构变化，同相扑动($\Delta\Phi$ =0°)时，MANTA1 的后缘涡结构相较于单体蝠鲼存在更多的小碎涡，意味着更多的涡间干扰，这就导致 MANTA1 的推进效率低于单体蝠鲼；而反相扑动($\Delta\Phi$ =180°)时，MANTA1 的后缘涡结构比单体蝠鲼更加完整，破碎涡数量明显减少，涡间干扰也就更少，这也正是双体蝠鲼反相扑动时 MANTA1 推进效率提高的原因。因此，可以得出同样的结论：双体蝠鲼沿运动方向交错排列(D_y=1)的情况下，$\Delta\Phi$ =180°时 MANTA2 的运动可以改善 MANTA1 的涡结构，从而对 MANTA1 有一定的节能效果。

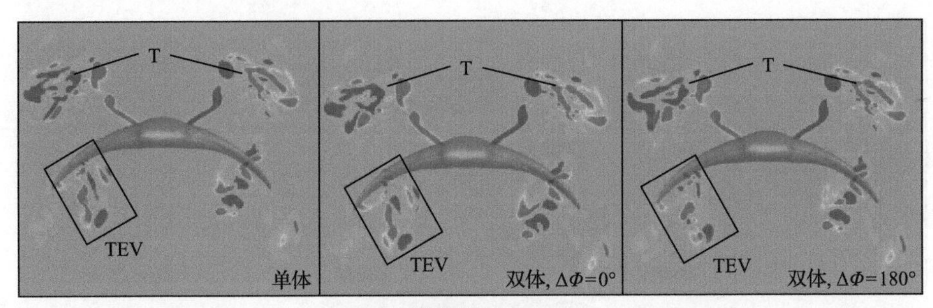

(a) 二维涡量云图(D_x=1.1)

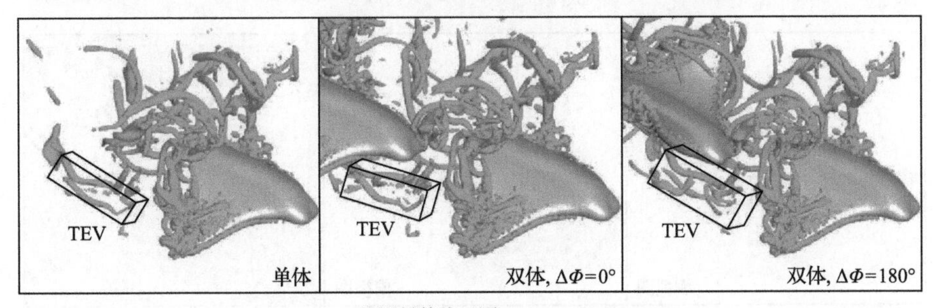

(b) 三维涡量等值面图(D_x=1.1, Q=100)

图 8-12　t/T=5 时刻对应的二维涡量云图和三维涡量等值面图(D_y=1)

图 8-13 展示了双体蝠鲼沿运动方向交错排列(D_y=1)运动时，在不同工况下的三维涡量等值面图(Q=100)和展向涡涡量云图(截面距 MANTA2 身体中线 y/SL=0.62)。从图中可以看出，当 D_y=1 交错排列时，MANTA1 与 MANTA2 外侧尾涡并没有受到扰动，与单体蝠鲼产生的尾涡无异，仅靠内侧的尾涡会发生干扰，并且 MANTA1 的身体右端尾涡与 MANTA2 的身体左端尾涡不在一个竖直平面内，因此尾涡的相互干扰会减少，这也在一定程度上解释了该横向间隔下双体蝠鲼整体推力及推进效率变化小的原因。对比图中的流场结构的侧视图可以发现，图 8-13(b)

与(d)中 MANTA2 的主体尾涡结构相较于其他工况的尾涡更为规则，与单体蝠鲼的尾涡结构具有很高的相似性，说明这两个工况下 MANTA1 的尾涡向后传递过程中因与 MANTA2 的主体尾涡进行合并而得到加强。由对应的展向涡涡量云图也能看出，这两个工况下的尾涡相对规则，类似一条波峰逐渐增大的正弦式曲线，并且能量更强，在流场发展末端还可以观察到少量较强的涡团(图中实线框圈出)，因此这两个工况分别对应了该队形下双体蝠鲼同相扑动与反相扑动的推力最大值点。在图 8-13(a)中，当 D_x=1.2，$\Delta\Phi$ =0°时，虽然 MANTA2 的尾迹结构发生了变化，但是由于两条蝠鲼的间距较小，MANTA1 的尾涡还具有较强的能量，对 MANTA2 尾涡的能量加强的有益干扰超过了影响尾迹结构的不利干扰，因此在此工况下 MANTA2 的推力相较于单体蝠鲼会稍有提高。在图 8-13(c)中，小间距反

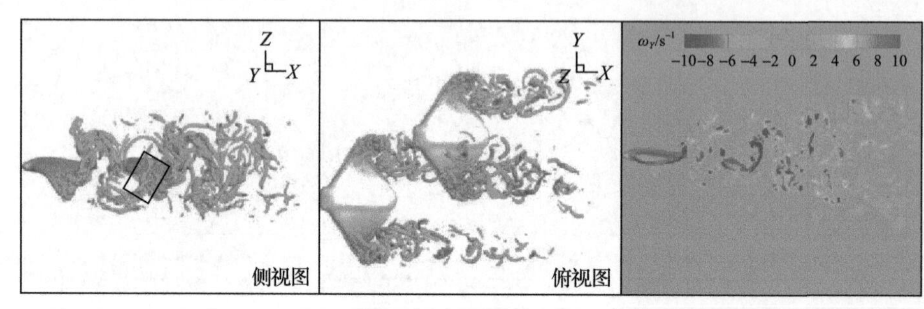

(a) D_x=1.2, $\Delta\Phi$=0°

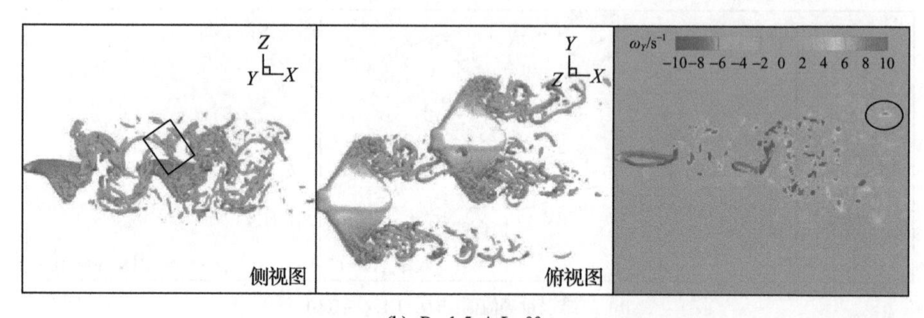

(b) D_x=1.5, $\Delta\Phi$=0°

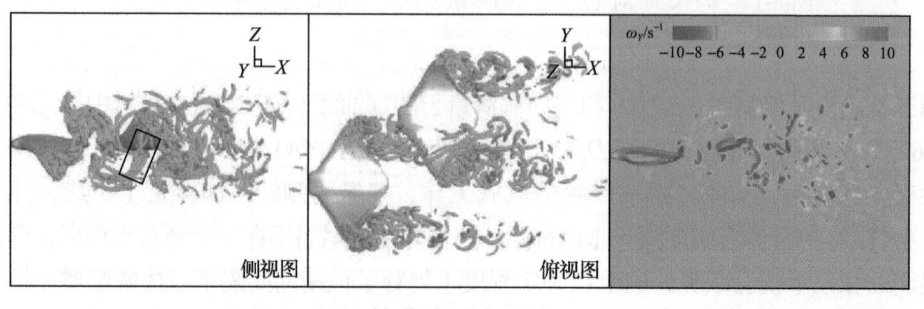

(c) D_x=1.1, $\Delta\Phi$=180°

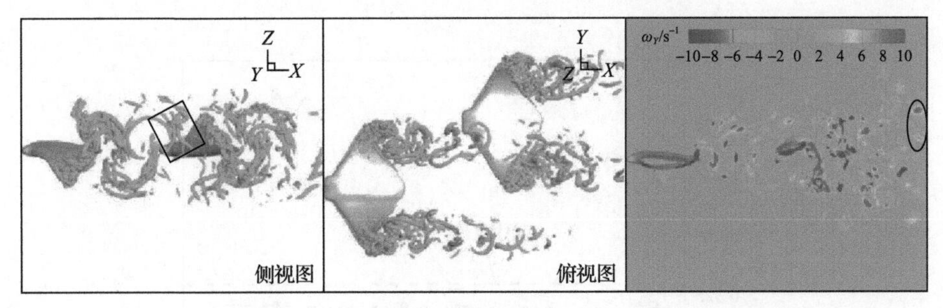

(d) D_x=1.7, $\Delta\Phi$=180°

图 8-13　t/T=5 时刻的三维涡量等值面图和展向涡涡量云图(D_y=1)

相位扑动时，MANTA2 的尾迹结构明显更混乱，此时不利干扰就大于有益干扰，推力相对减小。依照 8.2.1 节双体蝠鲼沿运动方向串联排列的分析，图 8-13(b)和(c)中的 MANTA2 下一个阶段的运动会破坏方框内的鳍尖涡而产生额外的能量消耗，并且会导致尾流场中出现很多碎涡，涡间干扰同样会消耗更多的涡能量，从而导致推进效率降低。图 8-13(a)和(d)对应的工况下 MANTA1 的鳍尖涡没有干扰 MANTA2 胸鳍的运动，所以推力的提升也会带来推进效率的提升。

8.2.3　沿运动方向交错排列(D_y=2)

本节对双体蝠鲼沿运动方向交错排列(D_y=2)队形的同相位扑动和反相位扑动进行数值仿真模拟，蝠鲼扑动第五个周期的计算结果平均值如图 8-14 所示。由图 8-14(a)可以看出，两组工况下 MANTA1 的平均推力系数变化规律与 D_y=1 的交错排列的 MANTA1 一致，说明 $\Delta\Phi$=0°时 MANTA1 的推力始终小于单体蝠鲼的推力，变化平稳；$\Delta\Phi$=180°时 MANTA1 的推力随流向间距的增大缓慢增大，在 D_x=1.6 时超过单体蝠鲼的推力。两组工况下的 MANTA2 平均推力系数基本都大于单体蝠鲼的，只有单独几个工况下小于单体蝠鲼，其变化与前面两个队形相比，随流向间距变化趋势表现出更多的相似性，都是在 D_x=1.7 时平均推力系数达到最大值，说明与扑动相位差相比，此队形下的流向间距 D_x 是影响蝠鲼推力变化的主要因素。观察图 8-14(b)可以发现，各蝠鲼的推进效率变化曲线与对应平均推力系数变化曲线的趋势大致相同。根据推进效率的计算公式定义，主要是推力的变化引起推进效率变化，各组工况下推进效率在数值上与单体蝠鲼相比会整体下移，这是因为两条蝠鲼的尾涡相互干扰，造成更多的能量消耗而导致功率提高，两组工况下 MANTA1 的推进效率均小于单体蝠鲼的推进效率。当 $\Delta\Phi$=0°时，MANTA2 的推进效率在 D_x<1.5 时都会小于单体蝠鲼，并且依旧在 D_x=1.7 时达到最大值；而当 $\Delta\Phi$=180°时，MANTA2 的推进效率最大值会在 D_x=1.5 时出现。

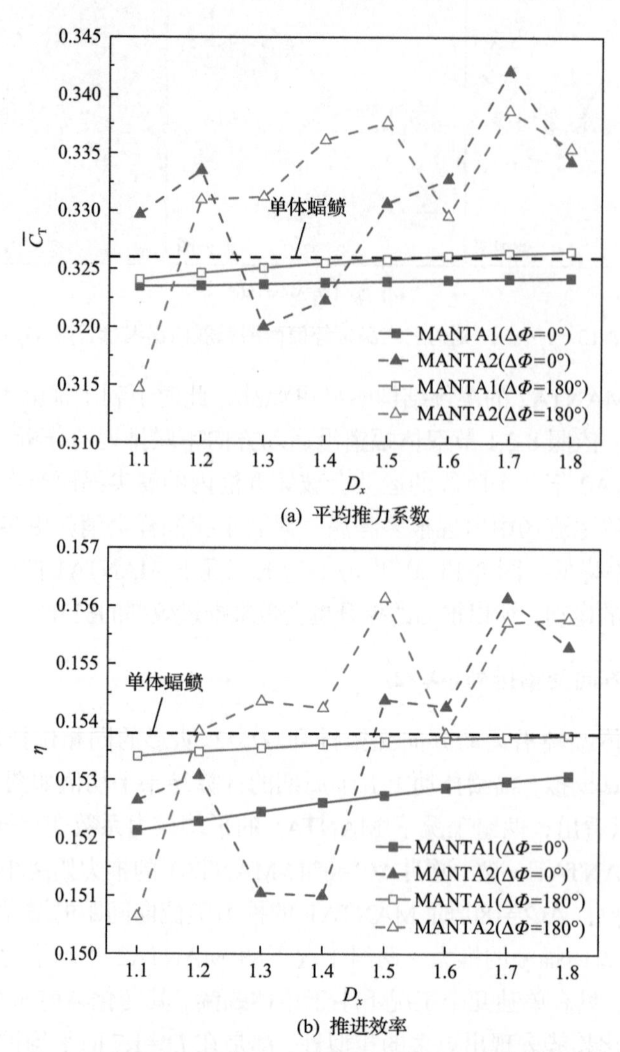

(a) 平均推力系数

(b) 推进效率

图 8-14　双体蝠鲼交错队形下的各条蝠鲼推进性能变化曲线(D_y=2)

双体蝠鲼交错排列队形下(D_y=2)的蝠鲼整体推进性能变化曲线如图 8-15 所示。在 D_y=2 的双体蝠鲼交错排列队形中，蝠鲼整体最佳的推力表现均在流向间距 D_x=1.7 时，同相位扑动的整体平均推力系数相较于单体蝠鲼扑动提升 2.18%，反相位扑动的整体平均推力系数相较于单体蝠鲼扑动提升 1.99%。在推进效率方面，整体的提升较小，说明该队形对于集群的节能效果并不明显，$\Delta\Phi$=0°时整体的平均推进效率提升最大仅为 0.49%，$\Delta\Phi$=180°时整体的平均推进效率提升的最大值在 D_x=1.5，为 0.71%。

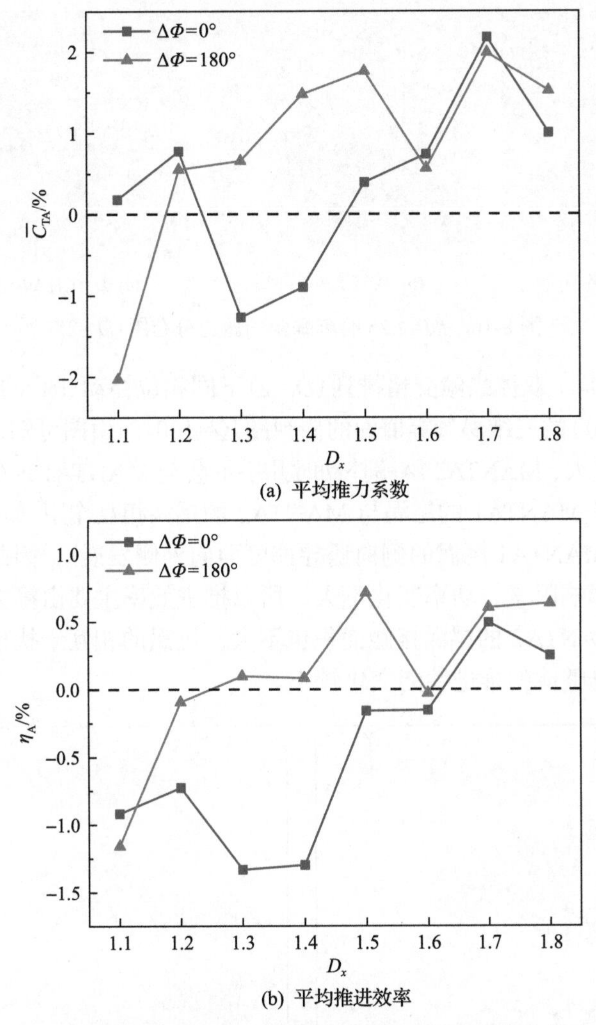

图 8-15　双体蝠鲼交错队形下蝠鲼整体的推进性能变化曲线(D_y=2)

图 8-16 展示了 t/T=4.25 时刻单体蝠鲼与沿运动方向交错排列(D_y=2)的双体蝠鲼的压力分布图。其中截面在两条蝠鲼中间位置，距 MANTA1 的中心对称面 y/SL=1 处。图 8-16(a)中单体蝠鲼的鳍尖后方的低压区上下交错分布，这是由蝠鲼扑动时鳍尖产生的涡向后发展而造成的。对比发现，图 8-16(b)与(c)中，MANTA2 扑动时鳍尖处也会出现一个低压区，与 MANTA1 的鳍尖后方的低压区叠加，变成一个面积更大的低压区，这就是 MANTA1 推力减小的原因，推力减小就会造成推进效率减小。而随着间距的增大，反相位扑动时，MANTA2 的鳍尖低压区对 MANTA1 的影响减弱，MANTA1 尾涡受到 MANTA2 的改善，有益干扰大于不利干扰，推力逐渐高于单体蝠鲼的推力。

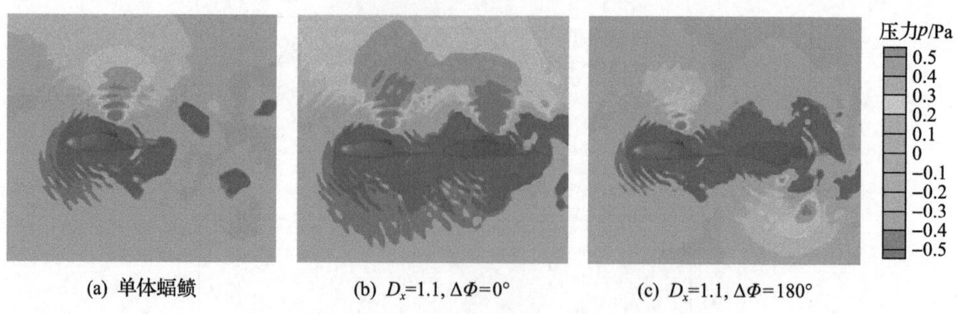

(a) 单体蝠鲼　　(b) D_x=1.1, $\Delta\Phi$=0°　　(c) D_x=1.1, $\Delta\Phi$=180°

图 8-16　t/T=4.25 时刻蝠鲼的压力分布图(D_y=2)

图 8-17 绘制了双体蝠鲼交错排列(D_y=2)下同相位扑动(图 8-17(a))和反相位扑动(图 8-17(b))的三维涡量等值面的俯视图(Q=100)。由图可知，在该队形下，由于横向间距过大，MANTA2 胸鳍扑动时几乎不会与 MANTA1 产生的尾迹涡流有直接接触，只有 MANTA1 的尾涡与 MANTA2 的尾涡相互作用(如图 MANTA2 左侧尾涡会因为 MANTA1 尾涡的侧向诱导速度而向外侧发展)，因此在能耗方面少了一个重要的影响因素，功率变化不大，所以推进效率主要由推力决定。同时，MANTA1 和 MANTA2 的尾涡接触面积也不大，尾涡的相互干扰也较弱，所以该队形下蝠鲼集群整体的推进性能变化较小。

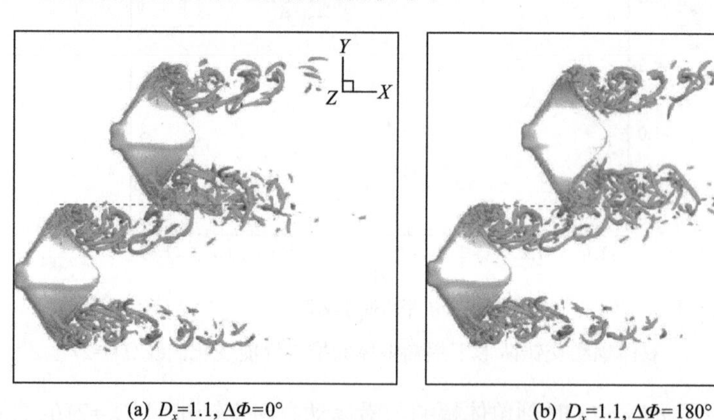

(a) D_x=1.1, $\Delta\Phi$=0°　　(b) D_x=1.1, $\Delta\Phi$=180°

图 8-17　t/T=5 时刻的三维涡量等值面图(D_y=2)

图 8-18 与图 8-19 分别为交错队形(D_y=2)中 $\Delta\Phi$ =0°与 $\Delta\Phi$ =180°时，两条蝠鲼在不同流向间距下的三维涡量等值面的侧视图(Q=100)。可以发现，由于尾迹涡流的相互干扰较小，图中 MANTA2 的主体尾涡没有受到强烈的影响，主体结构大致相同，并且尾迹周围都会存在很多小碎涡，涡间干扰会消耗部分能量。在此队形下，MANTA2 推力变化的原因有两个，一是 MANTA1 尾涡对 MANTA2 尾涡结构本身的干扰，二是 MANTA1 尾迹对 MANTA2 尾涡诱导出来的射流的影响。在流向间距较小时，到达 MANTA2 鳍尖位置处的 MANTA1 尾涡的能量还很强，此

时 MANTA1 的尾涡对 MANTA2 的尾涡的干扰就是主导因素。图 8-18(a)中，MANTA1 的尾涡与 MANTA2 的尾涡重合度较高，两者进行融合，对 MANTA2 的尾涡进行增强，使 MANTA2 产生更大的推进力，因此在 D_x=1.1 时，MANTA2 的推力在同相位扑动时会增大。而图 8-19(a)中，由于 MANTA2 的扑动相位相反，MANTA1 脱落的尾涡与 MANTA2 产生旋向相反的尾涡相互作用，因此会抵消 MANTA2 尾涡的部分能量，造成 MANTA2 推力减小。在流向间距较大时，由于漩涡的衰减，MANTA1 产生的尾涡到达 MANTA2 鳍尖位置时变得很微弱，此时 MANTA1 产生的射流就是影响 MANTA2 的主导因素。

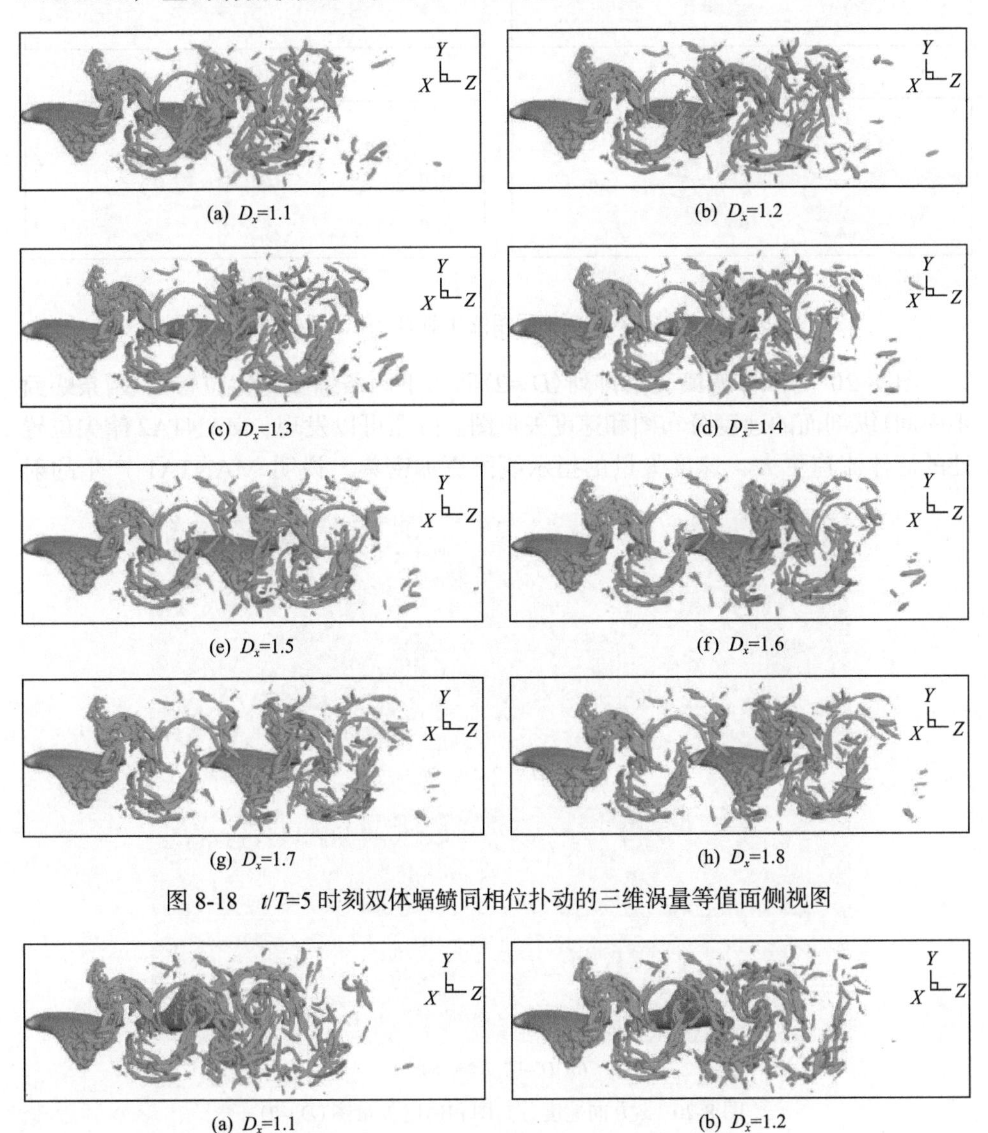

(a) D_x=1.1　(b) D_x=1.2

(c) D_x=1.3　(d) D_x=1.4

(e) D_x=1.5　(f) D_x=1.6

(g) D_x=1.7　(h) D_x=1.8

图 8-18　t/T=5 时刻双体蝠鲼同相位扑动的三维涡量等值面侧视图

(a) D_x=1.1　(b) D_x=1.2

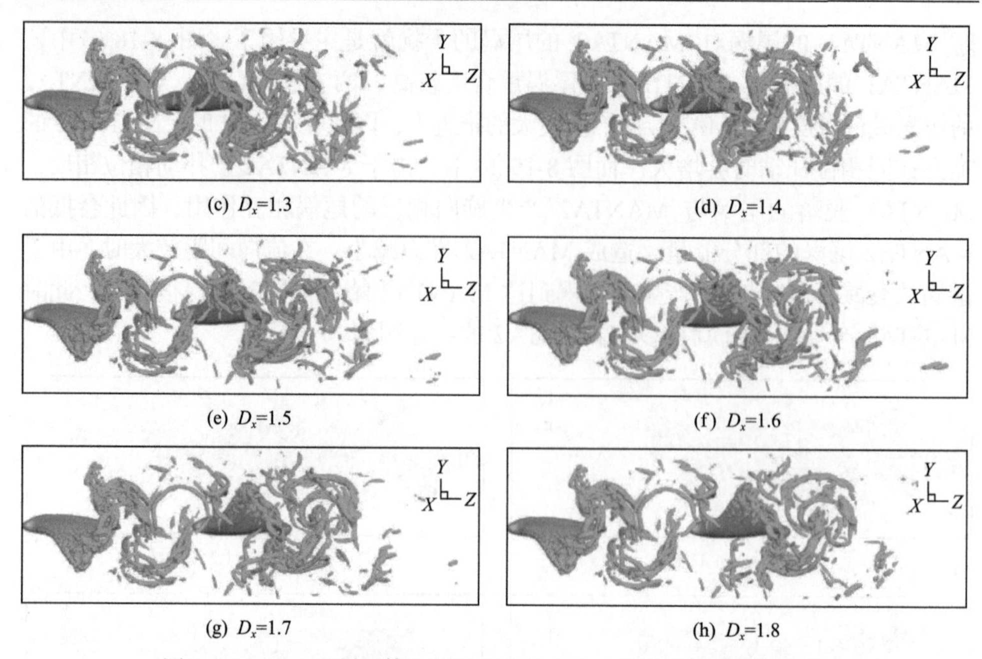

(c) D_x=1.3　　(d) D_x=1.4

(e) D_x=1.5　　(f) D_x=1.6

(g) D_x=1.7　　(h) D_x=1.8

图 8-19　t/T=5 时刻双体蝠鲼反相位扑动的三维涡量等值面侧视图

图 8-20 为双体蝠鲼交错排列(D_y=2)队形下两条蝠鲼鳍尖位置处(两条蝠鲼正中间)纵剖面的速度分布图和速度矢量图。由图可以发现，MANTA2 鳍尖位置处的流体流速更大，速度矢量的指示线段更加密集，说明 MANTA1 产生的射

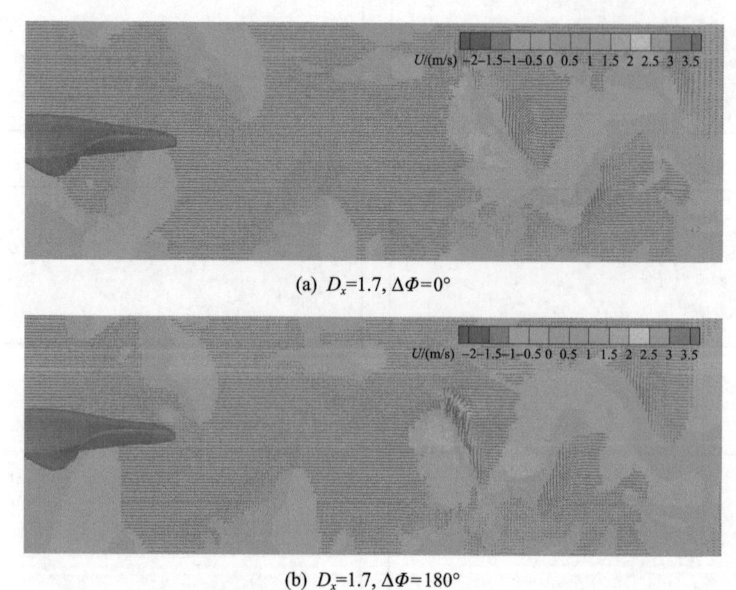

(a) D_x=1.7, $\Delta\Phi$=0°

(b) D_x=1.7, $\Delta\Phi$=180°

图 8-20　x 方向速度分布图和速度矢量图(D_y=2)

流会使 MANTA2 产生的射流更加强烈，从而产生额外的推力，因此当 D_x>1.5 时，在相同流向间距下，同相位扑动和反相位扑动的 MANTA2 的推力变化趋势一样，推力系数的数值大小也相差不大。

8.3　三体蝠鲼集群游动水动力特性分析

8.3.1　三体蝠鲼串联队形排列

对于三体蝠鲼集群游动的研究，本节首先探究三体蝠鲼串联队形排列时的水动力特性。在同一水平面上保持三体蝠鲼的前后流向间距相等，编队示意图及命名方式如图 8-21 所示。

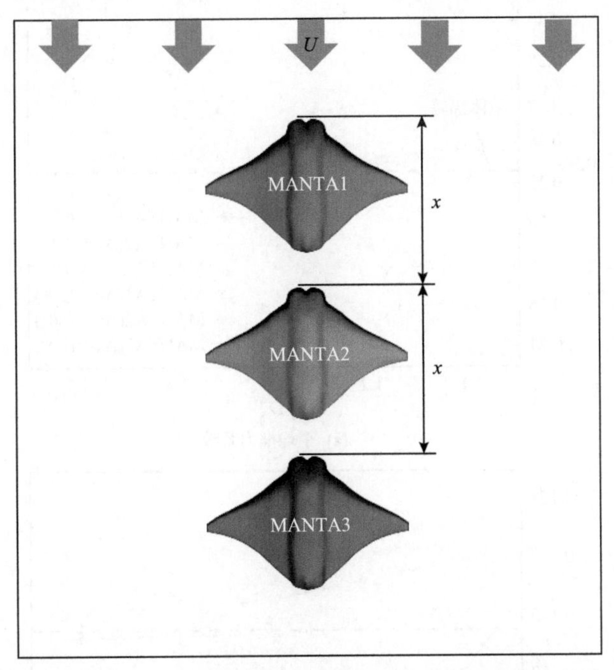

图 8-21　三体蝠鲼串联队形设置及命名方式

流向间距 D_x 从 1.1 到 1.5 每隔 0.1 取一个工况，分别对该队形的同相位扑动及反相位扑动进行数值模拟，反相位扑动的工况设置为 MANTA1 与 MANTA3 的扑动相位相同，MANTA2 的扑动相位与这两条蝠鲼相反。

数值仿真的力学特性变化曲线如图 8-22 和图 8-23 所示。由图 8-22 可见，MANTA1 与 MANTA2 的平均推力系数和推进效率变化趋势与对应相同工况下双体蝠鲼串联排列游动的趋势基本一致，MANTA3 的推进性能随流向间距的变化在同相位扑动的工况下与反相位扑动的工况下有较大差异。由图 8-22(a)可以看出，由于 MANTA2 扑动相位的变化，MANTA3 的平均推力系数变化趋势是相反的，同相位扑动时，在单体蝠鲼扑动推力系数的数值附近小范围波动；而在反相位扑动的工况下，MANTA3 的平均推力系数变化范围比较大，并且 MANTA3 的平均推力系数与 MANTA2 的平均推力系数在数值上相近。观察图 8-22(b)可以发现，同相位扑动时，MANTA3 的推进效率在流向间距较小时会有明显的降低，随着流向间距 D_x 的增大，MANTA3 的推进效率也会逐渐提高，在 D_x=1.5 时，推进效率会略微高于单体蝠鲼扑动的推进效率；反相位扑动时，MANTA3 的推进效率随流向间距的变化趋势与 MANTA2 相似，对应工况下的推进效率数值上会低于 MANTA2 的推进效率。

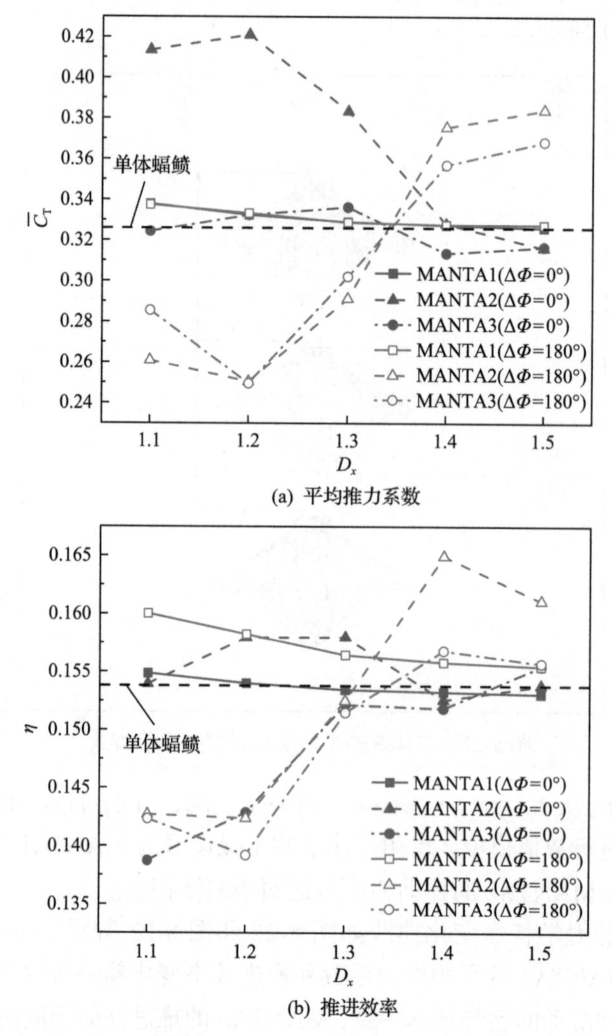

(a) 平均推力系数

(b) 推进效率

图 8-22 三体蝠鲼串联队形下的各条蝠鲼推进性能变化曲线

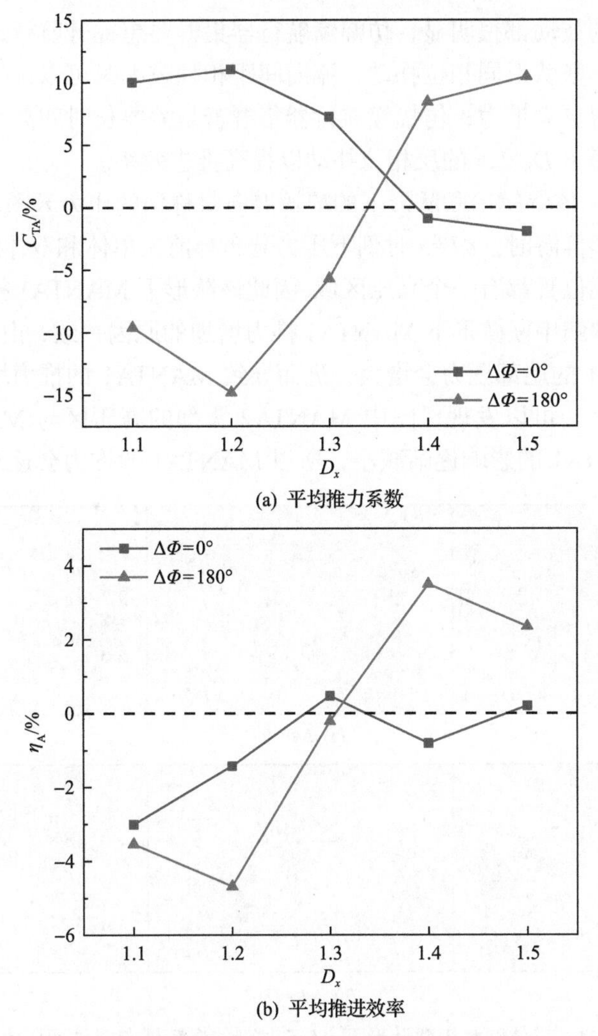

(a) 平均推力系数

(b) 平均推进效率

图 8-23　三体蝠鲼串联队形下蝠鲼整体的推进性能变化曲线

由图 8-23 所示蝠鲼整体推进性能变化曲线可以看出，与双体蝠鲼串联排列相同，同相位扑动时，整体最佳的推力表现均在流向间距 D_x=1.2，同相位扑动时整体的平均推力系数相较于单体蝠鲼扑动提升 11.05%，反相位扑动的整体平均推力系数提升最高点为 D_x=1.5，相较于单体蝠鲼扑动提升 10.43%。在推进效率方面，同相位扑动时，仅 D_x=1.3 时，整体的平均推进效率相较于单体蝠鲼扑动会有所提升，并且提升效果也并不明显，相较于单体蝠鲼提升 0.20%；在 D_x=1.4 时，反相位扑动时整体的平均推进效率提升较大，相较于单体蝠鲼提升 3.50%，说明该工况下蝠鲼整体有较为明显的节能效果。由此可以得出结论，串联队形中流向间距的变化对推力的影响很大，无论是三体蝠鲼同相位扑动还是反相位扑动，整体的平均推力系数的波动都很明显，仿蝠鲼航行器集群要想提升航行速度，在紧凑巡游时可以选择串联队形同相位扑动，流向间距相隔较大时可以选择该队形的反相位扑动，以获得更大推力；仿蝠鲼航行器集群若是需要长时间高效率航行，则可以选择串联队形下 D_x=1.4 的反相位扑动以提高推进效率。

图 8-24 为三体蝠鲼串联队形下的蝠鲼展向对称面的压力云图。可以看出，三体蝠鲼串联队形群游时，t/T=5 时刻下压力分布与前文单体和双体蝠鲼游动类似，每条蝠鲼的头尾位置都有一个高压区域，因此该队形下 MANTA1 推力的变化原因与前文中双体蝠鲼串联队形下 MANTA1 推力增加的原因一致，由于 MANTA2 的存在，MANTA1 的尾部压力会增大，进而导致 MANTA1 的推力增加，并且会随着流向间距增大。可以发现，图中 MANTA2 头部的高压区与 MANTA1 的距离变大，对 MANTA1 的影响逐渐减小，所以 MANTA1 的推力会逐渐变小。

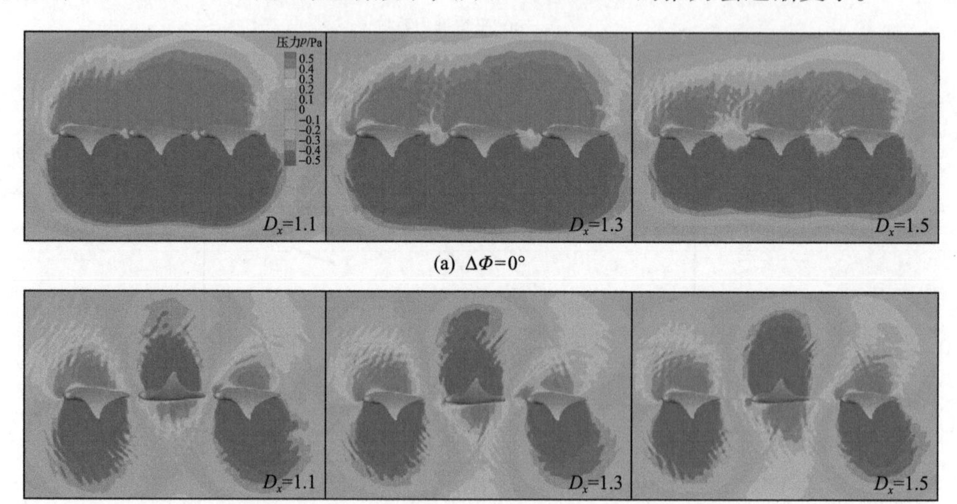

(a) $\Delta\Phi=0°$

(b) $\Delta\Phi=180°$

图 8-24　三体蝠鲼串联队形下 t/T=5 时刻的蝠鲼展向对称面压力云图

为了更好地分析串联队形下各蝠鲼推进性能变化的原因，本节绘制的三维涡量等值面侧视图(图 8-25)的 Q 值取为 300，以滤掉一些强度较小的碎涡，方便观察。由图可以发现，三体工况下 MANTA3 的加入对前两条蝠鲼的流场结构影响不大，MANTA1 与 MANTA2 的尾涡与双体工况下 MANTA1 与 MANTA2 的尾涡的演变规律相似。可以发现，在图 8-25(a)～(c)中，同相位扑动时，MANTA1 与 MANTA2 的“同步性”较好，MANTA1 的尾涡与 MANTA2 的尾涡融合，使得 MANTA2 能够产生更大的尾涡，因此会增大 MANTA2 的推力；当 D_x=1.2 时，MANTA2 的尾部涡团最大，能量最强，所以同相位扑动时，该工况下 MANTA2 的推力最大，而反相位扑动时，可以发现 MANTA2 的尾涡在受到 MANTA1 尾涡的扰动后被削弱，在 D_x=1.2 时，MANTA2 的尾涡甚至变成一个长细条状涡流，所以该工况下对应的 MANTA2 的推力最小。流向间距增大，在图 8-25(d)与(e)中，同相位扑动时，MANTA2 的尾涡能量被抵消，流场中的涡团变得十分稀松，涡团提早溃灭，因此推力会降低；反相位扑动时，MANTA1 的鳍尖涡与 MANTA2 的鳍尖涡“同步”，MANTA2 的尾涡被加强，推力增大，这与图 8-22 中的数值计算结果一致。

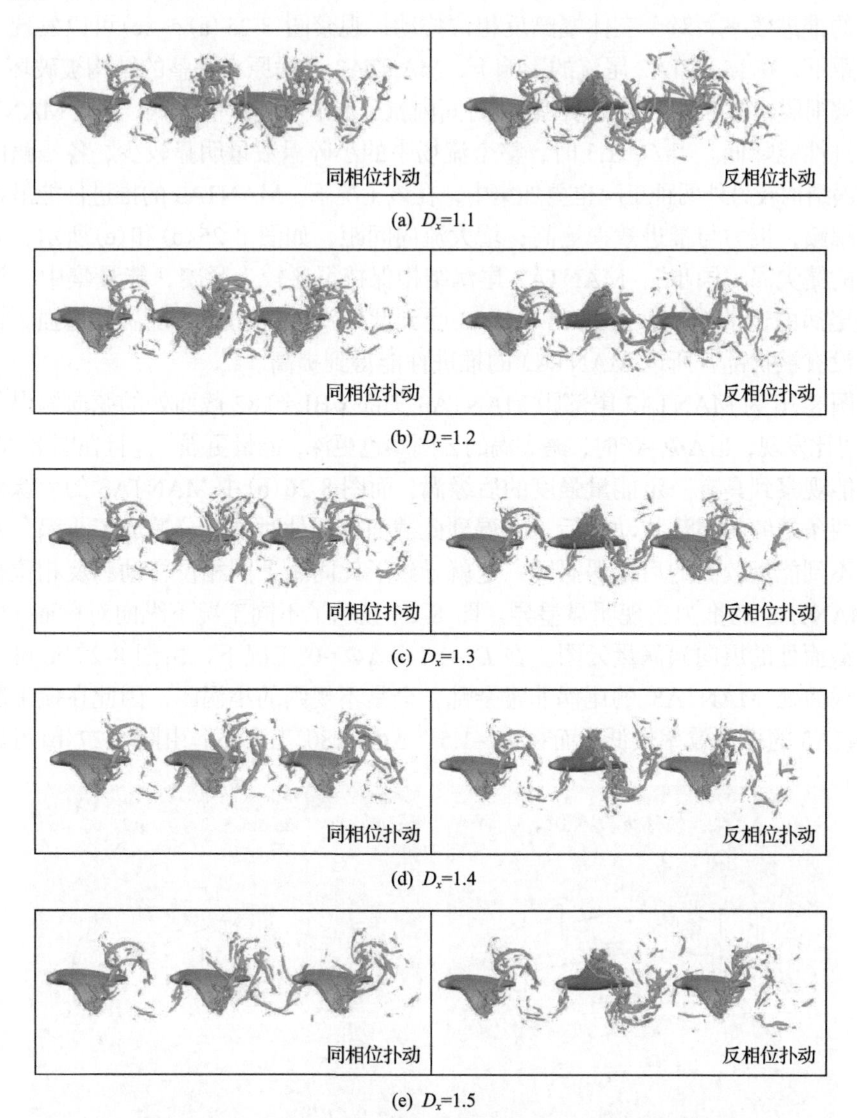

图 8-25　t/T=5 时刻三体蝠鲼串联队形下的三维涡量等值面图

对于同相位扑动，图 8-25(a)～(c)中 MANTA3 虽然处于高能量的尾流中，但是经过 MANTA1 与 MANTA2 相互作用之后的尾涡结构变得较为松散，不再像单体蝠鲼的尾涡结构那样集中，尾涡原本的运动规律发生变化，尾涡中也充斥着大量的小碎涡，因此在这样的尾涡干扰下，MANTA3 的推力变化幅度也较小。在推进效率方面，由于大量的小碎涡干扰，消耗增加，MANTA3 的推进效率反而会降低较多，并且随着间距的增大，MANTA1 与 MANTA2 的尾涡结构更松散，能量更弱，对 MANTA3 的影响降低，所以 MANTA3 的推进效率升高并逐渐趋于单体蝠鲼的推进效率。对于三体蝠鲼反相位扑动，观察图 8-25(a)～(c)可以发现，在小间距下，在 MANTA2 尾流的影响下，MANTA3 尾涡原本完整的结构被破坏，涡强度被削弱，鳍尖涡及尾缘涡在较短时间内就分散成不连续的小涡，因此 MANTA3 的推进性能降低。当 D_x=1.3 时，整个流场中的小碎涡数量明显较少，各蝠鲼的鳍尖涡涡结构较另外两种工况也更加集中，在该工况下，MANTA3 的推进性能最接近单体蝠鲼，推力与推进效率更高；增大流向间距，如图 8-25(d)和(e)所示，三条蝠鲼的鳍尖涡“同步”，MANTA2 尾涡结构保持得还较为紧凑，能量集中，没有扰乱尾涡的运动轨迹，因此 MANTA3 受到此尾涡的扰动后，尾涡被增强，运动轨迹没有被扰乱，所以 MANTA3 的推进性能得到提高。

图 8-26 为 MANTA3 尾部距 MANTA3 头部 x/BL=0.82 截面处的弦向涡涡量云图。对比发现，当 $\Delta\Phi$ =0°时，鳍尖涡的云图颜色更深，能量更强，并且在图 8-26(a)中还能观察到具有一定能量强度的后缘涡，而图 8-26(b)中 MANTA3 的后缘涡受到前两条蝠鲼的尾流扰动之后，发展到此截面位置处时已经分散成了小涡，几乎观察不到能量较高的后缘涡涡团，这就导致了此间距下同相位扑动和反相位扑动时 MANTA3 的推力出现明显差异。图 8-27 显示了不同工况下纵向对称面 y/SL=0.62 截面处的展向涡涡量云图。在 D_x=1.1、$\Delta\Phi$ =0°工况下，由图 8-27(a)可以发现，截面处 MANTA3 的尾涡非常杂乱，全是不规则的小涡团，因此在该工况下 MANTA3 的推进效率较低。而在 D_x=1.5、$\Delta\Phi$ =180°工况下，由图 8-27(b)可以看

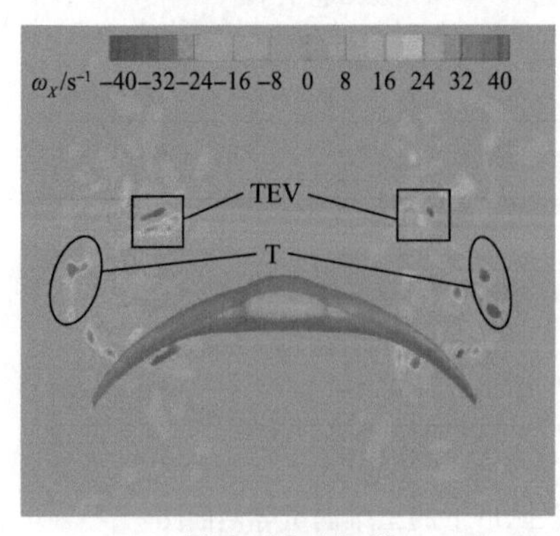

(a) D_x=1.2, $\Delta\Phi$=0°

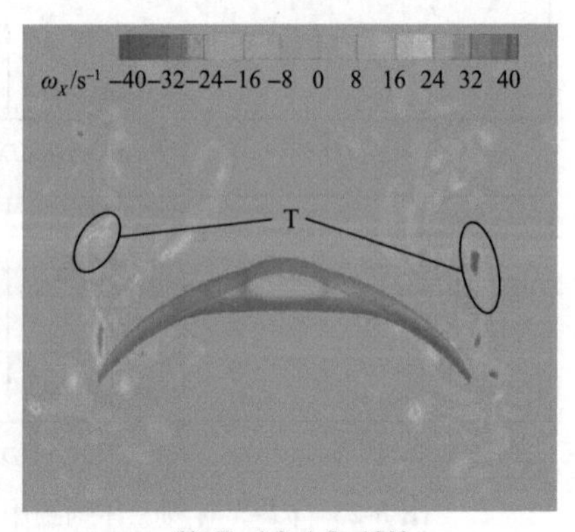

(b) D_x=1.2, $\Delta\Phi$=180°

图 8-26　t/T=5 时刻的弦向涡涡量云图

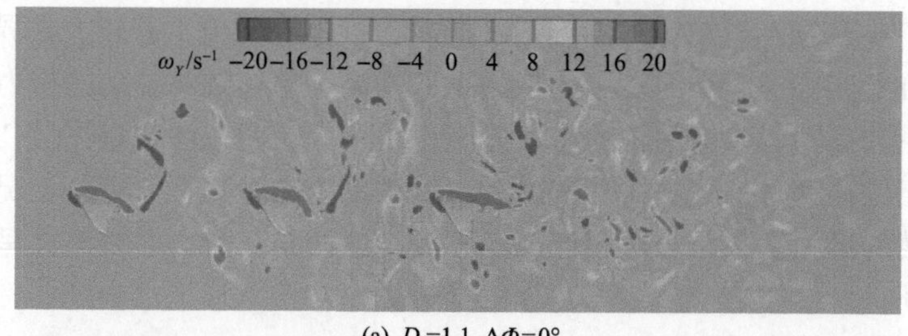

(a) D_x=1.1, $\Delta\Phi$=0°

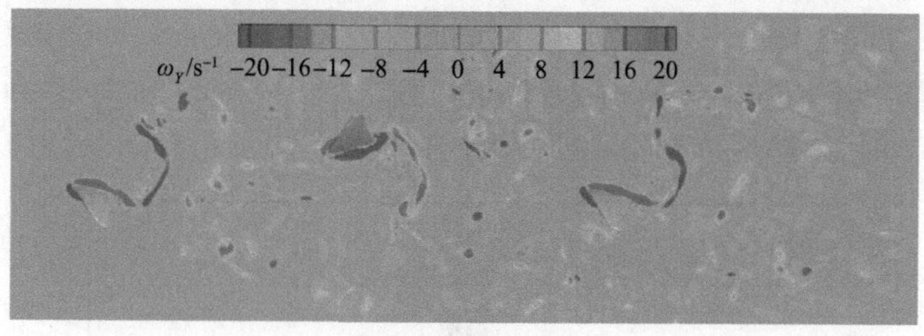

(b) D_x=1.5, $\Delta\Phi$=180°

图 8-27　t/T=5 时刻的展向涡涡量云图

出，MANTA3 的尾流场中有一个完整且规则的鳍尖涡，流场中细碎的小涡团较少，因此 MANTA3 的推进效率较高。

8.3.2　三体蝠鲼正三角队形排列

本节针对三体蝠鲼正三角队形排列(即前一后二)时的水动力特性进行研究。与双体蝠鲼交错队形一样，分别设置为后两条蝠鲼与领航的蝠鲼的横向偏移为 D_y=1 与 D_y=2(由于在 D_y=1 时并列排列的两蝠鲼胸鳍鳍尖会产生干涉，因此在实际数值模拟时增加了一定的横向位移量，即实际 D_y=1.03，避免干涉，下文相同)，后两条蝠鲼对称排布，编队示意图及命名方式如图 8-28 所示。流向间距 D_x 从 1.1 到 1.5 每隔 0.1 取一个工况，同样地，也分别对该正三角队形的同相位扑动及反相位扑动进行数值模拟，反相位扑动的工况设置为 MANTA2 与 MANTA3 的扑动相位与 MANTA1 的扑动相位相反。

图 8-29 为三体蝠鲼正三角队形下数值仿真的力学特性曲线。由 D_y=1 的力学特性变化曲线(图 8-29(a))可知，在该横向间距下，同相位扑动和反相位扑动时，MANTA1 的推力系数均小于单体蝠鲼的推力系数；而反相位扑动时，MANTA1 的推进效率会有一定的提升；三体蝠鲼同相位扑动，MANTA1 的推进效率始终低于单体蝠鲼的推进效率，并随着流向间距的增大逐渐提高，这与 D_y=1 时双体蝠鲼交错队形下 MANTA1 的推进性能变化规律一致。MANTA2 和 MANTA3 呈对称分布，因此其推进性能随流向间距 D_x 的变化趋势也基本一致，但是 MANTA2 与 MANTA3 的横向间距很小，两者之间相互干扰，以及 MANTA1 尾迹涡流的影响，

使得部分工况下 MANTA2 与 MANTA3 的推进性能在数值上有较大差异。同相位扑动时，MANTA2 与 MANTA3 的推力系数均高于单体蝠鲼扑动的推力系数，两者的推力系数都随着流向间距的增大先减小后增大，两条曲线整体呈“下凹”形态；而反相位扑动时，MANTA2 与 MANTA3 的推力系数在大部分工况下都会小于单体蝠鲼的推力系数，与同相位扑动相反，这两条灰色的曲线整体呈“上凸”形态。此外，MANTA2 与 MANTA3 的推进效率在该队形下都会减弱，并且与推力系数相似，$\Delta\Phi=0°$与$\Delta\Phi=180°$两组工况之间 MANTA2 与 MANTA3 的推进效率曲线的变化趋势相反，并且与各自对应的推力系数变化曲线的变化趋势相反。当$\Delta\Phi=0°$时，MANTA2 与 MANTA3 的推进效率变化曲线“上凸”；当$\Delta\Phi=180°$时，MANTA2 与 MANTA3 的推进效率变化曲线“下凹”。如图 8-29(b)所示，横

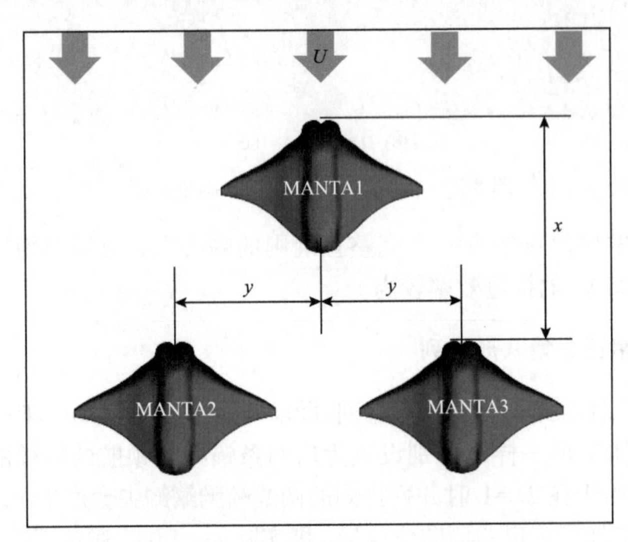

图 8-28　三体蝠鲼正三角队形设置及命名方式

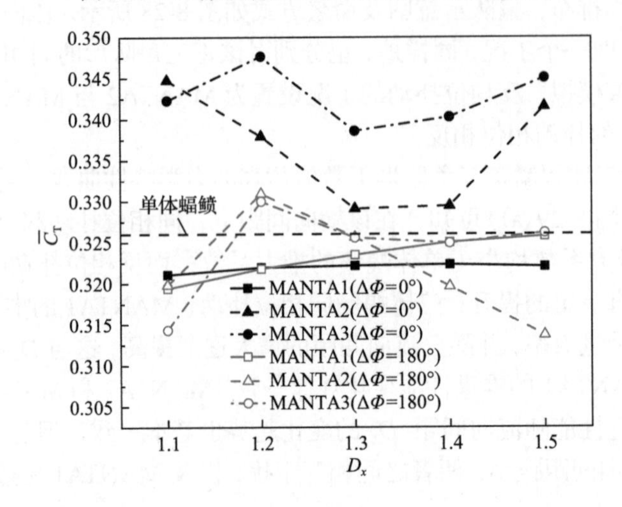

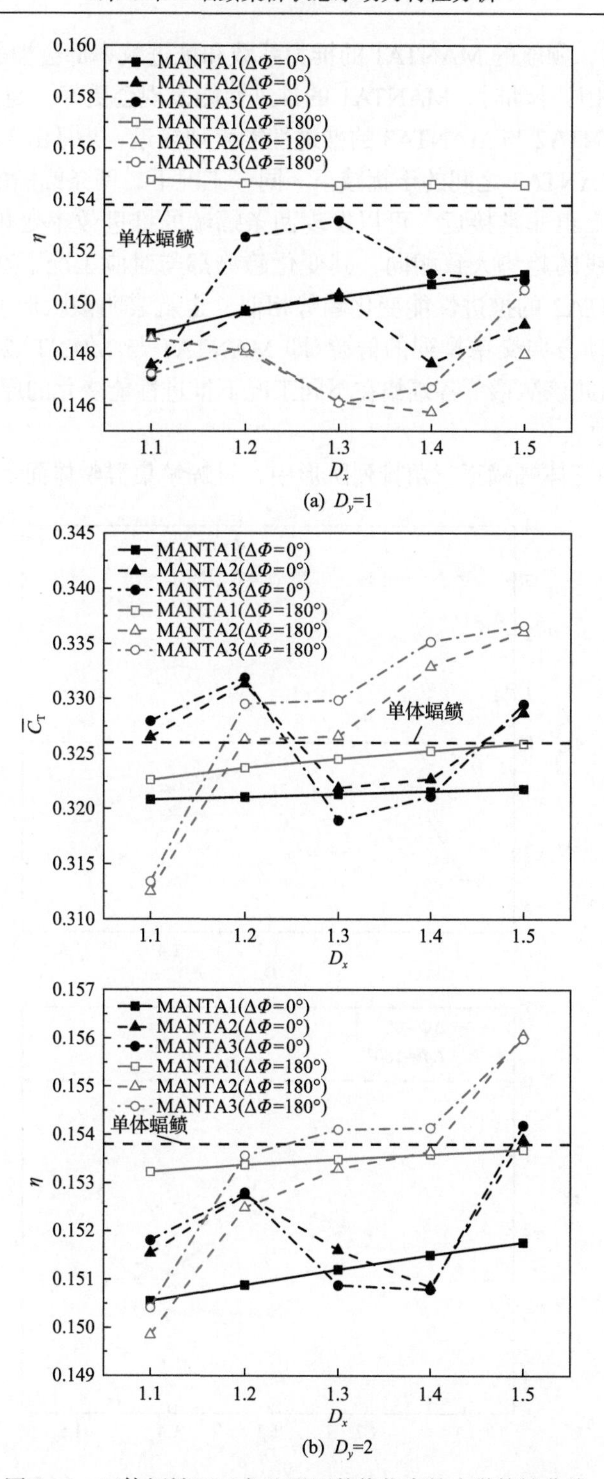

图 8-29　三体蝠鲼正三角队形下数值仿真的力学特性曲线

向间距 D_y=2 时，领航的 MANTA1 的推力系数和推进效率都会被削弱，并且下游的两条蝠鲼反相位扑动时，MANTA1 的推进性能表现会更好。与 D_y=1 一样，同一工况下，MANTA2 与 MANTA3 的推进性能表现接近，并且由于横向间距增大，MANTA2 与 MANTA3 之间的干扰减小。同一工况下，两条蝠鲼的推力系数与推进效率在数值上也非常接近，可以发现两条蝠鲼的推进效率变化曲线与对应推力系数变化曲线的趋势大致相同，其变化趋势都与对应工况下双体蝠鲼交错排列(D_y=2)MANTA2 的推进性能变化趋势相似，也就表明该队形可以等效为两个双体蝠鲼沿运动方向交错排列的群游(即 MANTA1 与 MANTA2、MANTA1 与 MANTA3)，因此该队形下各蝠鲼在不同工况下推进性能变化的原因也与 8.3.1 节的分析基本一致。

在 D_y=1 的三体蝠鲼正三角排列队形中，对蝠鲼集群整体而言，如图 8-30 所

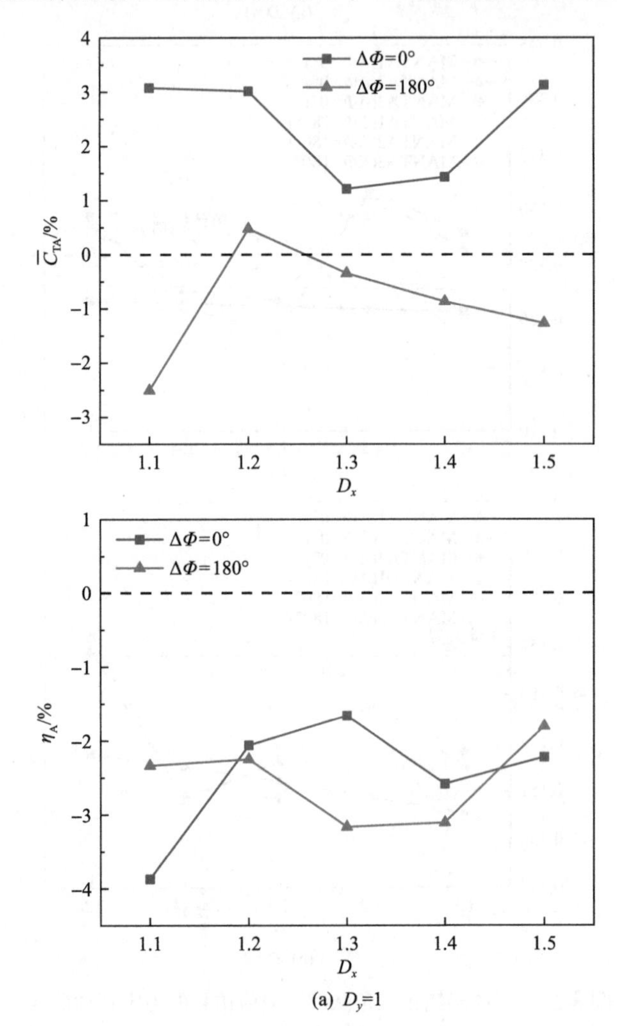

(a) D_y=1

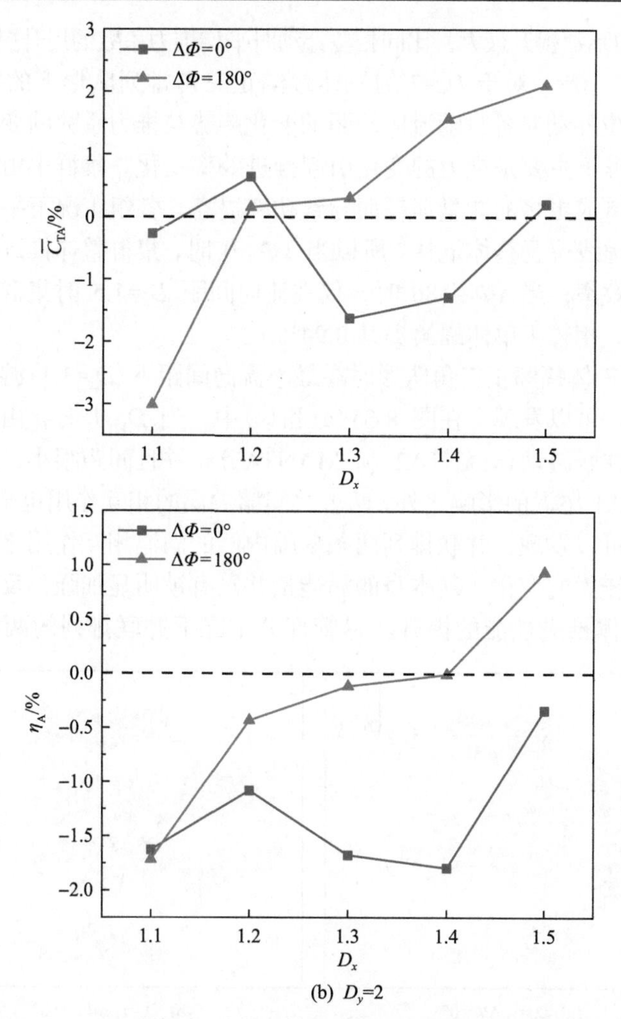

(b) D_y=2

图 8-30　三体蝠鲼正三角队形下蝠鲼整体的推进性能变化曲线

示，同相位扑动时，蝠鲼整体的平均推力表现更有优势，整体平均推力系数均大于单体蝠鲼，同相位扑动时整体的平均推力系数相较于单体蝠鲼扑动最高提升3.13%；反相位扑动时，整体平均推力系数相较于单体蝠鲼扑动仅在 D_x=1.2 时提升 0.48%，其余工况下整体的平均推力较单体蝠鲼没有优势。在推进效率方面，在 D_y=1 的三体蝠鲼正三角排列队形中，无论是同相位扑动还是反相位扑动，整体的平均推进效率变化曲线都在黑色虚线下方，相较于单体蝠鲼的推进效率减小，说明该队形对于集群没有节能效果。在 D_y=2 的三体蝠鲼正三角排列队形中，当 $\Delta\Phi$ =0°时，整体的平均推力系数在单体的平均推力系数附近上下波动，整体上有推力优势的工况提升效果也不明显，在流向间距 D_x=1.2 时提升最大，提升 0.64%；当 $\Delta\Phi$ =180°时，整体的平均推力系数随着流向间距的增大而增大，在 D_x=1.5 时，整体的平均推力系数提升最大，比同相位扑动时平均推力系数的提升更明显，相较于单体蝠鲼提升 2.10%。对于 D_y=2 的三体蝠鲼正三角排列队形下的整体平均推进效率，同/反相位扑动时各自随流向间距的变化趋势与推力系数的变化趋势基本一致，说明该队形下主要是推力的变化引起推进效率变化。集群中由于各蝠鲼的尾涡相互干扰，造成更多的能量消耗而导致功率提高，各组工况下平均推进效率变化曲线相对于虚线位置整体下移。所以当 $\Delta\Phi$ =0°时，集群整体推进效率都低于单体蝠鲼的推进效率；当 $\Delta\Phi$ =180°时，仅在流向间距 D_x=1.5 时集群游动的推进效率有增益效果，相较于单体蝠鲼提升 0.94%。

图 8-31 为三体蝠鲼正三角队形时在最小流向间距下(D_x=1.1)游动的流场三维涡量等值面图。可以发现，在图 8-31(a)和(b)中，当 D_y=1 时，由于其中下游的两条蝠鲼需要并联游动(MANTA2 和 MANTA3)，并且间距很小，这两条蝠鲼除了受到 MANTA1 尾涡的影响之外，两者之间鳍尖涡的相互作用也很明显。观察图中的流场结构可以发现，并联排列两条蝠鲼内侧的涡流相互作用之后，尾涡原本的结构发生了较大的变化，其本身的涡能量并没有被明显加强，反而变得紊乱，这就不利于整体推进性能的提升。尽管部分工况下并联排列的两条蝠鲼推力会

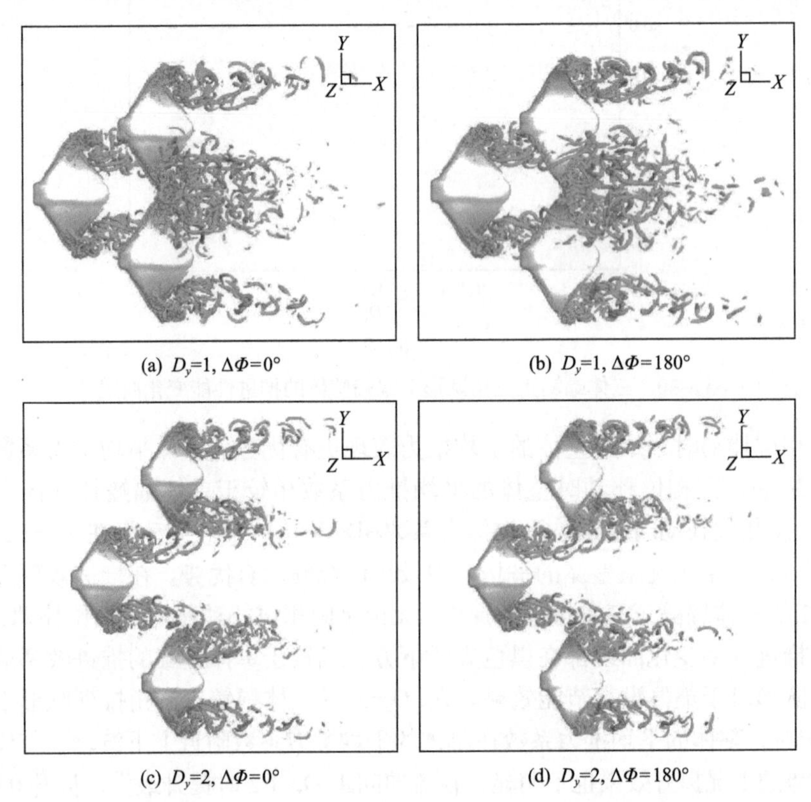

(a) D_y=1, $\Delta\Phi$=0°　(b) D_y=1, $\Delta\Phi$=180°

(c) D_y=2, $\Delta\Phi$=0°　(d) D_y=2, $\Delta\Phi$=180°

图 8-31　t/T=5 时刻三体蝠鲼正三角队形下的三维涡量等值面图

有所提升，但是尾涡的相互干扰会消耗更高的能量，导致该队形的整体平均推进效率都会有所降低，没有节能效果。而在 D_y=2 时，MANTA2 与 MANTA3 的间距足够大，下游的蝠鲼尾涡之间不会相互作用，都只有 MANTA1 的单侧尾涡分别与 MANTA2、MANTA3 的单侧尾涡相互干扰，所以 MANTA2、MANTA3 的推力系数与推进效率的变化几乎一致，在数值上都与对应间距下双体蝠鲼交错队形下(D_y=2)MANTA2 的数值计算结果相近。

图 8-32 为以上四种工况下的弦向涡涡量云图，截面都是取距离 MANTA2 与 MANTA3 头部 x/BL=1.05 位置处剖面。从二维涡量云图中也能发现，D_y=1 时，MANTA2 和 MANTA3 的鳍尖涡(T)的相互作用很明显，观察图中方框内可以发现，内侧的尾缘涡相互干扰，涡结构变得紊乱，并且内侧观察不到特征明显的鳍尖涡结构，说明内侧的鳍尖涡已在相互作用过程中被削弱或被破坏，仅在两条蝠鲼的胸鳍外侧能看到较为明显的鳍尖涡结构，导致该队形下蝠鲼集群没有节能效果，与前文分析结果一致。而在 D_y=2 时，MANTA2 与 MANTA3 的间距足够大，可以发现，两条蝠鲼中间流场域没有漩涡，尾涡不会互相干扰，可以认为是两个相互

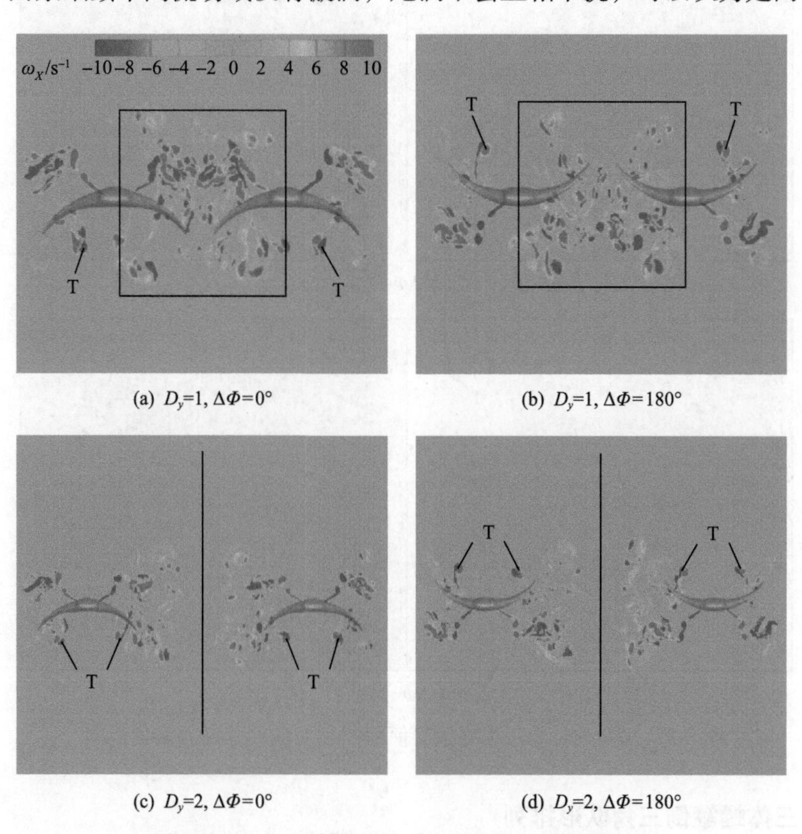

(a) D_y=1, $\Delta\Phi$=0°　(b) D_y=1, $\Delta\Phi$=180°

(c) D_y=2, $\Delta\Phi$=0°　(d) D_y=2, $\Delta\Phi$=180°

图 8-32　t/T=5 时刻不同工况下的弦向涡涡量云图

独立的流场结构，两条蝠鲼内侧的尾涡尽管会受到MANTA1尾涡的干扰，MANTA2与MANTA3胸鳍两侧依旧能看到明显的鳍尖涡和尾缘涡结构，流场结构没有受到太大的影响，所以在合适的间距下，MANTA2与MANTA3会有一定的节能效果。

图 8-33 显示了 D_y=1 的正三角队形最小流向间距下的三维涡量等值面图(Q=100)和弦向涡涡量云图(距MANTA1头部 x/BL=1.05 位置截面)。可以发现，反相位扑动时MANTA1的鳍尖涡结构，比同相位工况下MANTA1的鳍尖涡结构更加完整；同相位扑动时，三维涡量图中存在许多细碎的小涡。弦向涡涡量云图中也能发现反相位扑动时，MANTA1的鳍尖涡结构更加集中紧凑，这与前文分析一致，下游的蝠鲼反相位扑动能够更好地引导MANTA1尾涡的发展，从而改善MANTA1的尾涡结构，因此会提升MANTA1的推进效率，在此 D_y=1 的正三角队形群游中，仅反相位扑动的MANTA1会有一定的节能效果。

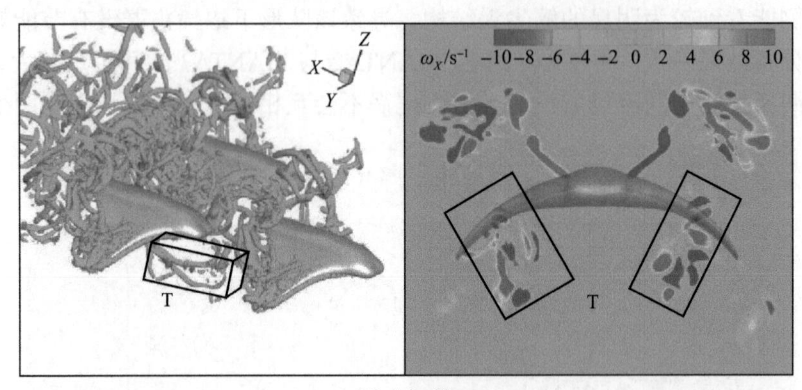

(a) $\Delta\Phi$=0°

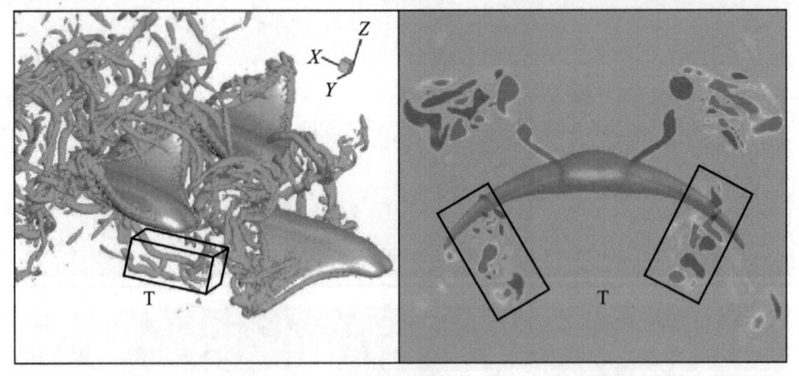

(b) $\Delta\Phi$=180°

图 8-33　t/T=5 时刻三维涡量等值面图和对应的弦向涡涡量云图

8.3.3　三体蝠鲼倒三角队形排列

三体蝠鲼倒三角队形排列(即前二后一)的示意图及命名方式如图 8-34 所示。

与正三角队形排列一样，分别设置为领航的前两条蝠鲼与后面的蝠鲼的横向偏移为 D_y=1 与 D_y=2，并列的两条蝠鲼对称排布。流向间距 D_x 依旧是从 1.1 到 1.5 每隔 0.1 取一个工况，该倒三角队形的反相位扑动定义为 MANTA1 与 MANTA2 的扑动相位保持相同，MANTA3 反相位扑动。

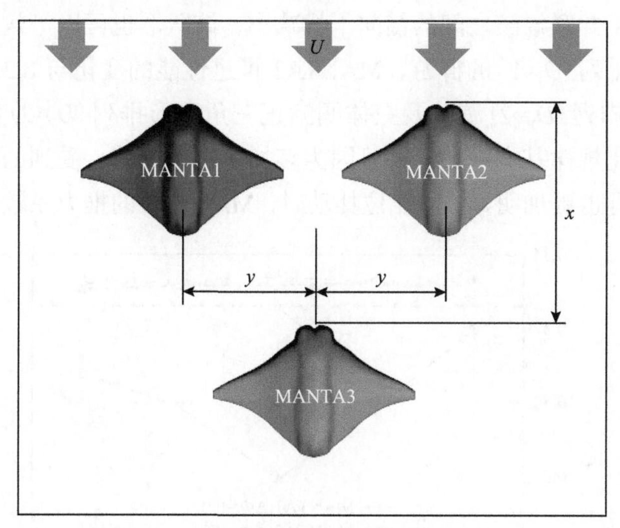

图 8-34　三体蝠鲼倒三角队形设置及命名方式

根据倒三角队形的力学特性变化曲线(图 8-35)，不同工况下前两条蝠鲼(MANTA1 与 MANTA2)的推力系数及推进效率在数值上都很接近，并且前两条蝠鲼的推进性能随流向间距 D_x 的增大都变化平缓，近乎为两条重合的直线，说明该队形下 MANTA3 对前两条蝠鲼推进性能影响很小，MANTA1 与 MANTA2 推进性能的变化主要是由两者并列排列胸鳍产生的涡流相互干扰导致的。由图可以发现，除了 D_y=1 时，MANTA1 与 MANTA2 的推力系数在不同流向间距下会大于单体蝠鲼的推力系数外，其余工况下 MANTA1 与 MANTA2 的推进性能数值都在黑色虚线之下，没有推进性能优势。通过观察 MANTA1 与 MANTA2 的力学特性曲线，灰色曲线基本都在黑色曲线之上，这也进一步证明了相较于同相位扑动，下游的蝠鲼反相位扑动会对上游的蝠鲼的推进性能有一定的增益效果。根据前文分析，在 D_y=1 的双体蝠鲼交错排列及三体蝠鲼正三角排列群游时，下游的蝠鲼总会获得推力优势。而在此倒三角队形下，由图 8-35(a)可知，MANTA3 在 MANTA1 与 MANTA2 尾流的共同干扰下，推力系数与推进效率反而有所降低，无论是同相位扑动还是反相位扑动，MANTA3 的推力系数与推进效率都低于单体蝠鲼扑动的数值，并且 MANTA3 的推力系数变化趋势与正三角队形下游的两条蝠鲼相似。同相位扑动时，MANTA3 的推力系数变化曲线“下凹”；反相位扑动时，MANTA3

的推力系数变化曲线“上凸”。与正三角队形群游不同，MANTA3 的推进效率在同相位和反相位扑动时随流向间距 D_x 的变化趋势相同，都是随着流向间距的增大推进效率先增大后减小，同相位扑动时 MANTA3 的推进效率整体会高于反相位扑动时 MANTA3 的推进效率。根据 D_y=2 的三体蝠鲼倒三角队形群游的力学特性变化曲线图，由于并联蝠鲼之间的横向干扰减小，该队形也可以等效为两组双体沿运动方向交错排列(D_y=2)的群游，MANTA3 推进性能的变化与 8.2.3 节中分析的双体蝠鲼交错排列(D_y=2)游动及三体蝠鲼正三角队形排列(D_y=2)群游的下游蝠鲼推进性能变化规律基本一致，并且因为多加了一条蝠鲼，受到的扰动会增强，推进性能的提升也更加明显。同相位扑动时，MANTA3 的推力系数与推进效率随

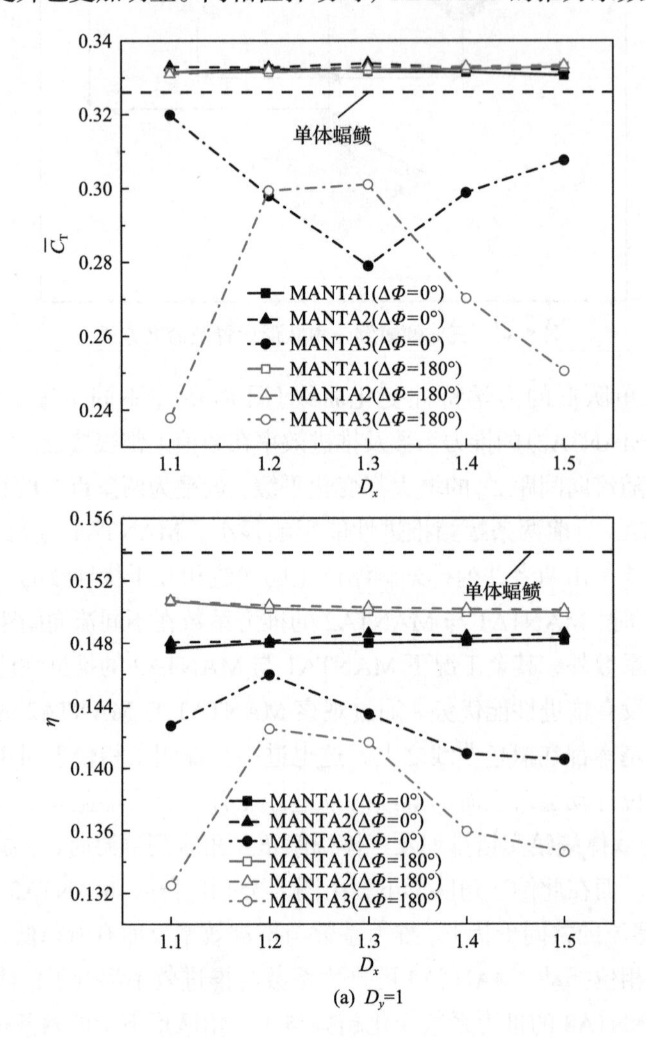

(a) D_y=1

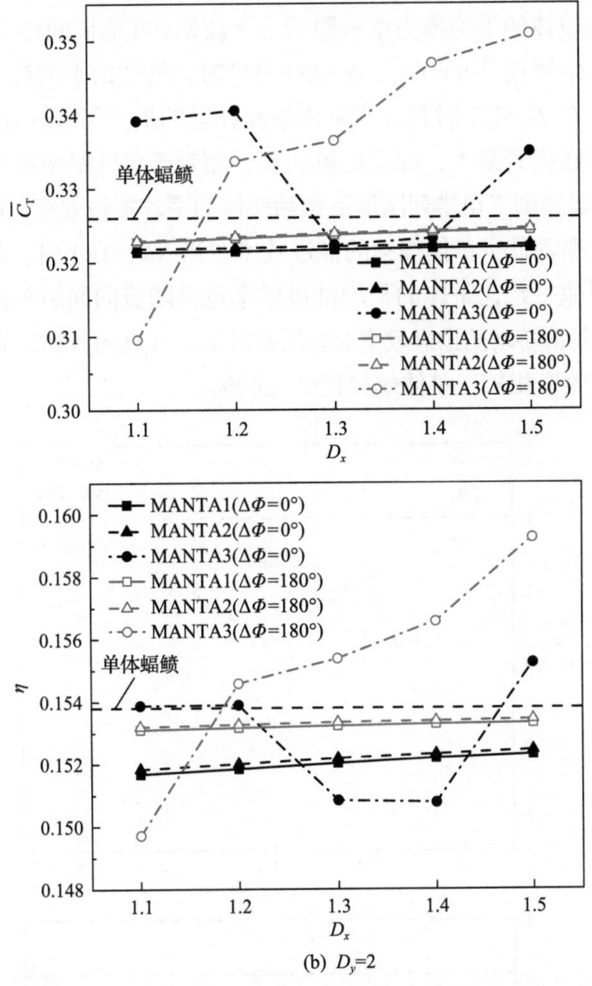

(b) D_y=2

图 8-35　三体蝠鲼倒三角队形下数值仿真的力学特性曲线

流向间距 D_x 都是先减小后增大，整体呈“下凹”形状；反相位扑动时，MANTA3 的推进性能随着流向间距的增大而提高，推力系数和推进效率都是在流向间距 D_x=1.5 时达到最佳。

根据整体推进性能变化曲线(图 8-36)，由于 MANTA1 和 MANTA2 的推进性能随流向间距变化平稳，整体的推进性能变化趋势与 MANTA3 的推进性能变化趋势大致相同。在 D_y=1 时，MANTA3 的推进性能都没有增益效果，导致整体的平均推力系数及平均推进效率基本都劣于单体蝠鲼扑动，仅在流向间距 D_x=1.1 时，同相位扑动的整体平均推力系数会有优势，提高 0.64%。在 D_y=2 的三体蝠鲼倒三角排列队形中，当 $\Delta\Phi$ =0°时，与三体正三角队形群游的推进性能变化一致，整体的平均推力系数在单体的平均推力系数附近上下波动，在流向间距 D_x=1.2 时提升最大，相较于单体蝠鲼提升 0.60%；当 $\Delta\Phi$ =180°时，整体的平均推力随着流向间距的增大而增大，在 D_x=1.2 时超过了单体蝠鲼扑动的推力系数，在 D_x=1.5 时，整体的平均推力系数提升最大，提升也更明显，相较于单体蝠鲼提升 2.22%。而对于 D_y=2 的三体蝠鲼倒三角排列队形下蝠鲼整体的平均推进效率，同相位扑动时，集群整体推进效率都低于单体蝠鲼的推进效率。当 $\Delta\Phi$ =180°时，与该组工况下的推力系数变化规律一致，整体的平均推进效率也是随流向间距单调递增，在流向间距 $D_x \geqslant 1.3$ 时集群游动的推进效率会有增益效果，当 D_x=1.5 时，节能效果最明显，整体的平均推进效率相较于单体蝠鲼提升 1.00%。

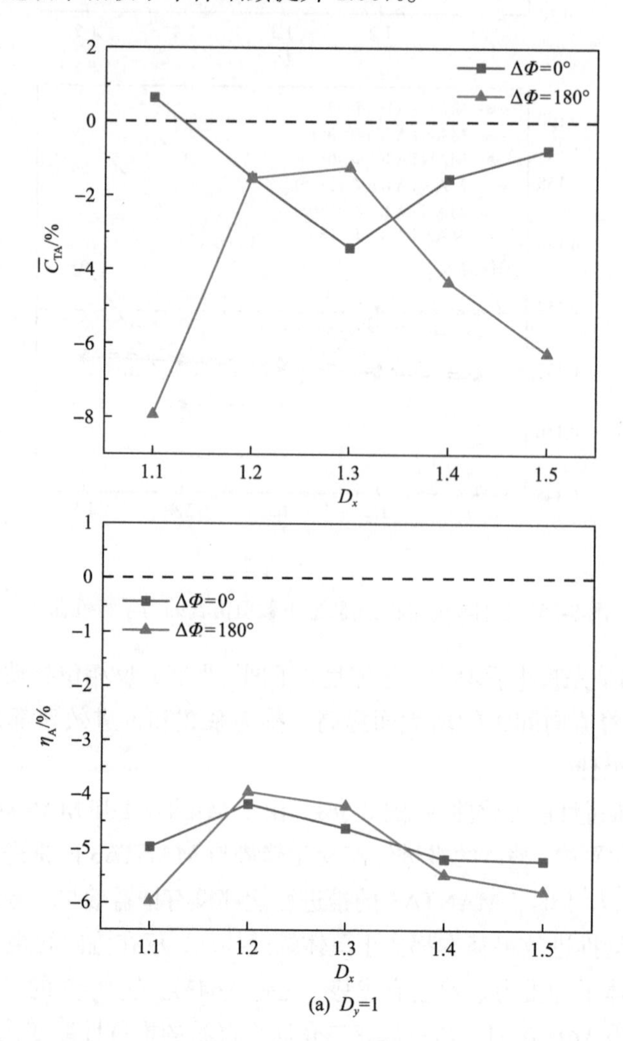

(a) D_y=1

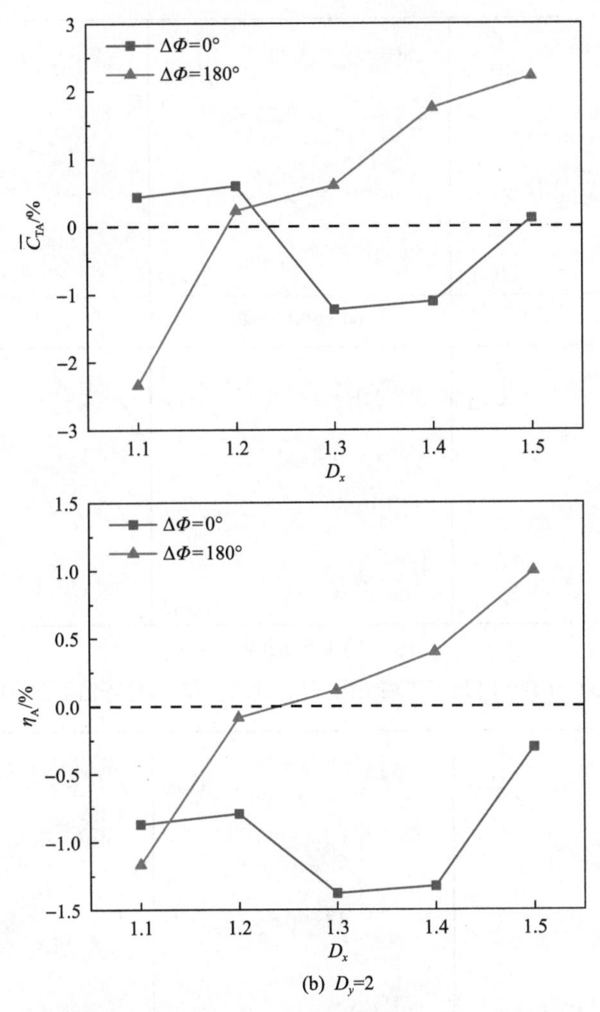

(b) D_y=2

图 8-36　三体蝠鲼倒三角队形下整体推进性能变化曲线

当 D_y=1 时，MANTA1 与 MANTA2 推力的提升是由于下游的 MANTA3 的存在导致流场上游两条蝠鲼尾部出现高压，从而起到一定的助推作用，而由于两者并联内侧胸鳍产生的尾涡相互干扰，会耗散更高的能量，所以两者的推进效率相较于单体蝠鲼没有提高。图 8-37 与图 8-38 为倒三角队形 D_y=1 与 D_y=2 时部分工况下的三维涡量等值面俯视图(Q=100)。由图可以看出，D_y=1 时，MANTA3 完全处在 MANTA1 与 MANTA2 的尾流场中，在此尾流的干扰下，MANTA3 的尾涡中会产生更多的小碎涡，所以推力系数及推进效率会降低。D_y=2 时，MANTA1 的尾流与 MANTA2 的尾流分别单独与 MANTA3 两侧的涡流相互作用，相当于双体蝠鲼沿运动方向交错排列(D_y=2)中的 MANTA2 的另一侧施加有相同的扰动，使得 MANTA3 推进性能变化幅度更大。

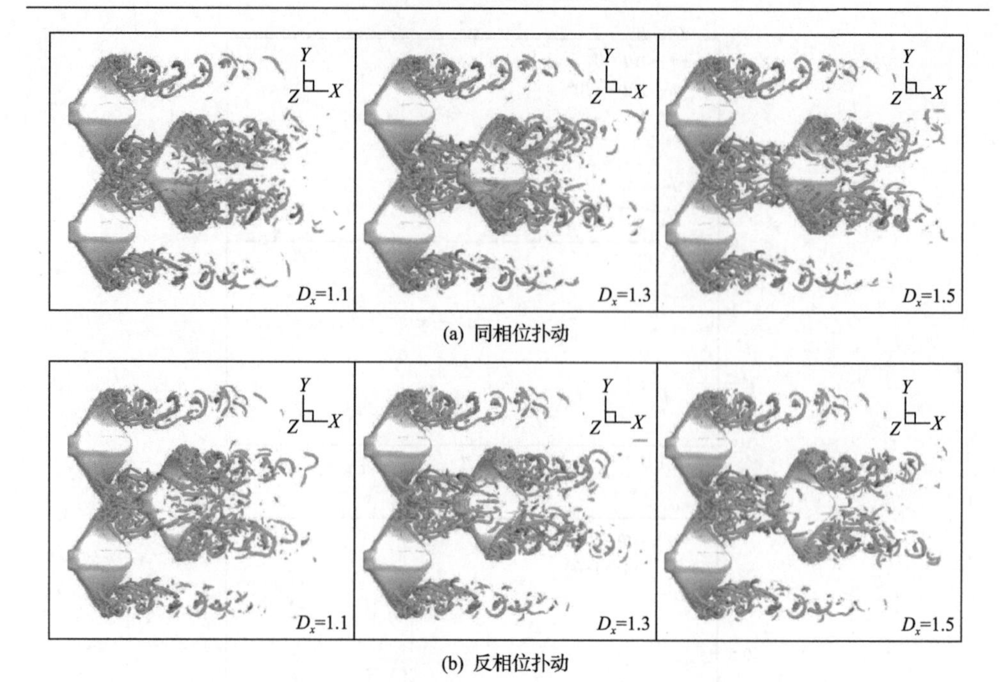

(a) 同相位扑动

(b) 反相位扑动

图 8-37　t/T=5 时刻三体蝠鲼倒三角队形的三维涡量等值面图(D_y=1)

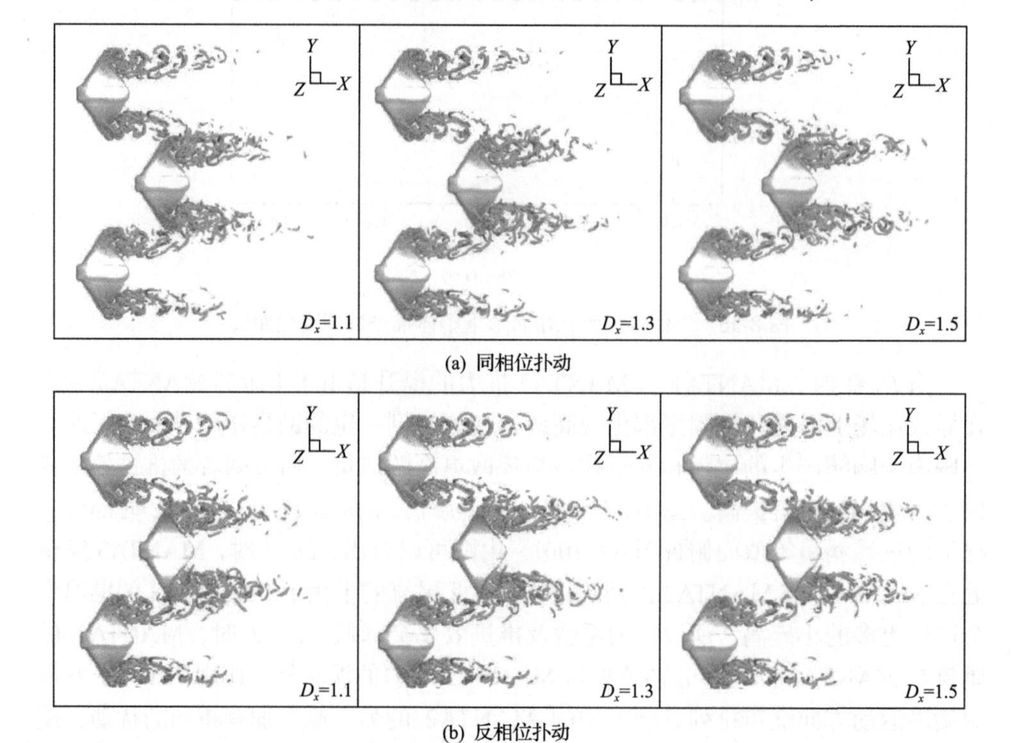

(a) 同相位扑动

(b) 反相位扑动

图 8-38　t/T=5 时刻三体蝠鲼倒三角队形的三维涡量等值面图(D_y=2)

8.4　多体蝠鲼集群游动水动力特性分析

8.4.1　四体蝠鲼集群游动

同样，本节在三体蝠鲼群游的基础上分别对四体蝠鲼的串联队形、钻石队形的集群游动进行数值模拟，四体蝠鲼队形设置及命名方式如图 8-39 所示。串联队形依旧保持等间距排布，反相位扑动为 MANTA2 与 MANTA4 的扑动相位滞后 MANTA1 与 MANTA3 的扑动相位 180°；钻石队形并列的两条蝠鲼对称分布，流向间距也保持相等，MANTA4 与 MANTA1 始终保持相同相位，所以反相位扑动工况即为 MANTA2 与 MANTA3 反相位扑动。

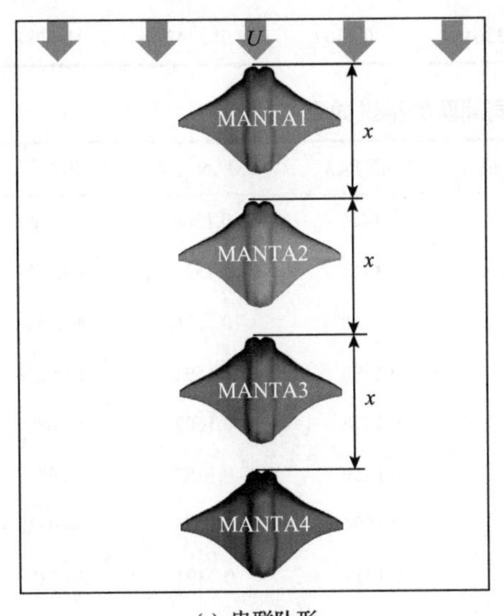

(a) 串联队形

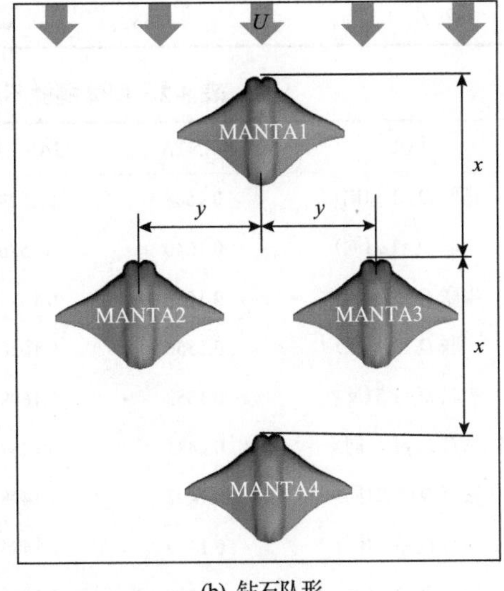

(b) 钻石队形

图 8-39　四体蝠鲼队形设置及命名方式

对于四体蝠鲼集群扑动的研究思路是，选取三体编队群游中推进性能有较好增益效果的工况再加一条蝠鲼进行拓展研究。各蝠鲼在不同队形下的推进性能表现如表 8-1 与表 8-2 所示，队形中“同”表示同相位扑动，“反”表示反相位扑动。特别指出，在钻石队形下，同相位扑动都是设置 D_y=1，反相位扑动都是设置 D_y=2，表中的相对值即对应的 $\bar{C}_{TA}$ 和 η_A 。

表 8-1　四体蝠鲼不同编队的推力系数

队形	MANTA1	MANTA2	MANTA3	MANTA4	相对值
串联 D_x=1.1(同)	0.3367	0.4094	0.3411	0.3158	+7.58%

续表

队形	MANTA1	MANTA2	MANTA3	MANTA4	相对值
串联 D_x=1.2(同)	0.3318	0.4186	0.3374	0.3026	+6.62%
串联 D_x=1.3(同)	0.3287	0.3816	0.3393	0.3406	+6.61%
串联 D_x=1.4(反)	0.3277	0.3742	0.3626	0.3632	+9.48%
串联 D_x=1.5(反)	0.3273	0.3825	0.3726	0.3805	+12.18%
钻石 D_x=1.1(同)	0.3195	0.3428	0.3433	0.2951	−0.25%
钻石 D_x=1.2(同)	0.3203	0.3368	0.3451	0.2811	−1.59%
钻石 D_x=1.3(同)	0.3207	0.3270	0.3340	0.2699	−4.01%
钻石 D_x=1.4(反)	0.3242	0.3334	0.3363	0.3448	+2.65%
钻石 D_x=1.5(反)	0.3248	0.3361	0.3367	0.3542	+3.67%

表 8-2　四体蝠鲼不同编队的推进效率

队形	MANTA1	MANTA2	MANTA3	MANTA4	相对值
串联 D_x=1.1(同)	0.1548	0.1529	0.1416	0.1366	−4.76%
串联 D_x=1.2(同)	0.1540	0.1576	0.1431	0.1332	−4.44%
串联 D_x=1.3(同)	0.1535	0.1575	0.1518	0.1526	+0.05%
串联 D_x=1.4(反)	0.1556	0.1650	0.1596	0.1591	+3.92%
串联 D_x=1.5(反)	0.1552	0.1609	0.1578	0.1602	+3.08%
钻石 D_x=1.1(同)	0.1483	0.1457	0.1459	0.1382	−6.03%
钻石 D_x=1.2(同)	0.1492	0.1478	0.1504	0.1375	−4.91%
钻石 D_x=1.3(同)	0.1499	0.1486	0.1511	0.1391	−4.31%
钻石 D_x=1.4(反)	0.1535	0.1537	0.1544	0.1584	+0.80%
钻石 D_x=1.5(反)	0.1536	0.1561	0.1560	0.1602	+1.75%

从表中数据可以看出，MANTA1、MANTA2 与 MANTA3 的推进性能表现与对应工况下的三体蝠鲼群游的推力系数与推进效率在数值上相近，MANTA4 的推进性能在不同队形下有较大差异。表 8-1 中，串联队形同相位扑动的三个工况下，MANTA4 的推力系数与单体蝠鲼游动的推力系数相比波动不大，D_x=1.1 与 D_x=1.2 时，MANTA4 的推力系数会略微降低，D_x=1.3 时，MANTA4 的推力系数会有所提升，较大的流向间距反相位扑动时，MANTA4 的推力系数会有明显的提升；钻石队形中，同相位扑动的三个工况下，在前三条蝠鲼产生的复杂尾流的影响下，MANTA4 的推力系数表现都不理想，较单体蝠鲼的推力系数都会降低，因此即使

对应正三角队形下的整体平均推力会有提升，由于 MANTA4 的加入，该四体钻石队形下蝠鲼的整体平均推力也会降低，反相位扑动的稀疏队形下，MANTA4 的推力系数会有提升，并且整个集群中，MANTA4 的推力表现最佳，因此这两个工况下整体的平均推力也会有所提高。表 8-2 中不同队形下 MANTA4 的推进效率变化规律与推力系数基本一致，紧凑队形下四条蝠鲼同相位扑动时，MANTA4 的推进效率较单体都会降低，稀疏队形下反相位扑动时，MANTA4 的推进效率会有所提升。四体蝠鲼集群整体的推进性能提升最好的队形也依旧是串联排列，并且由于反相位扑动时，MANTA4 的推进性能都有很好的表现，所以在串联队形大流向间距的反相位扑动工况下整体的平均推力系数与推进效率达到最佳。表中的数据表明，整体平均推力系数同单体推力系数相比提升最大的工况为：串联队形，D_x=1.5，$\Delta\Phi=180°$，提升 12.18%；而整体平均推进效率同单体推进效率相比提升最大的工况为：串联队形，D_x=1.4，$\Delta\Phi=180°$，提升 3.92%。因此，四个仿蝠鲼航行器巡游时选择串联队形排列反相位扑动，可有效提升整体的推进性能，节约能源。

图 8-40 为 t/T=5 时刻四体蝠鲼串联队形不同工况下的三维涡量等值面图(Q=300)和对应 MANTA4 的展向涡涡量云图(剖面距离鱼体纵向对称面 y/SL=0.62)。从尾流场的三维涡结构可以看出，在同相位扑动的三个工况下，MANTA2 的涡强度最大，所以不同队形中 MANTA2 的推进性能在数值上表现最好，但是由于受到 MANTA1 的强烈干扰，MANTA2 尾涡结构中出现大量零碎涡。由于涡间干扰消耗能量，主要涡结构向下游发展的过程中在较短时间内就不能保持原本完整的结构，破碎成自由发展不规则的小涡。这样的尾涡与下游的 MANTA3 发生作用，产生连锁反应，导致 MANTA3 与 MANTA4 的尾流结构中也都充斥着大量的小碎涡，变得不稳定。原本的主要结构在短时间内就发展成不规则的小涡，因此 MANTA3 和 MANTA4 即使与上游的蝠鲼保持相同的间距，其推力系数和推进效率在数值上都不如 MANTA2。相较于小间距的同相位扑动，大间距的反相位扑动各蝠鲼的尾流结构相对更加规律，流场中碎涡数量明显减少。由图 8-40(d)与(e)能看出，MANTA3 与 MANTA4 的尾流结构能量被加强并且主要涡结构的运动轨迹在流场中保持较长时间，尤其是图 8-40(d)中在 MANTA3 的鳍尖涡结构向后运动到 MANTA4 胸鳍前缘还能保持细长条状，具有一定的能量。因此，在这两个工况下，MANTA3 与 MANTA4 的推进性能都会得到提升。对比右侧的展向涡涡量云图也能发现，同相位扑动的工况下，如图 8-40(a)中的展向涡涡量云图所示，MANTA4 的尾涡中全是不规则的小碎涡；图 8-40(c)中 MANTA4 的尾涡形态相对规则，流场中还能发现前缘涡脱落后形成的一个细长形的高能量涡团，因此该工况下 MANTA4 的推力系数与推进效率相对更高。而反相位扑动时，在上游尾迹的影响下，MANTA4 的尾流得到加强，整个截面中流场结构更加“干净整洁”，说明尾

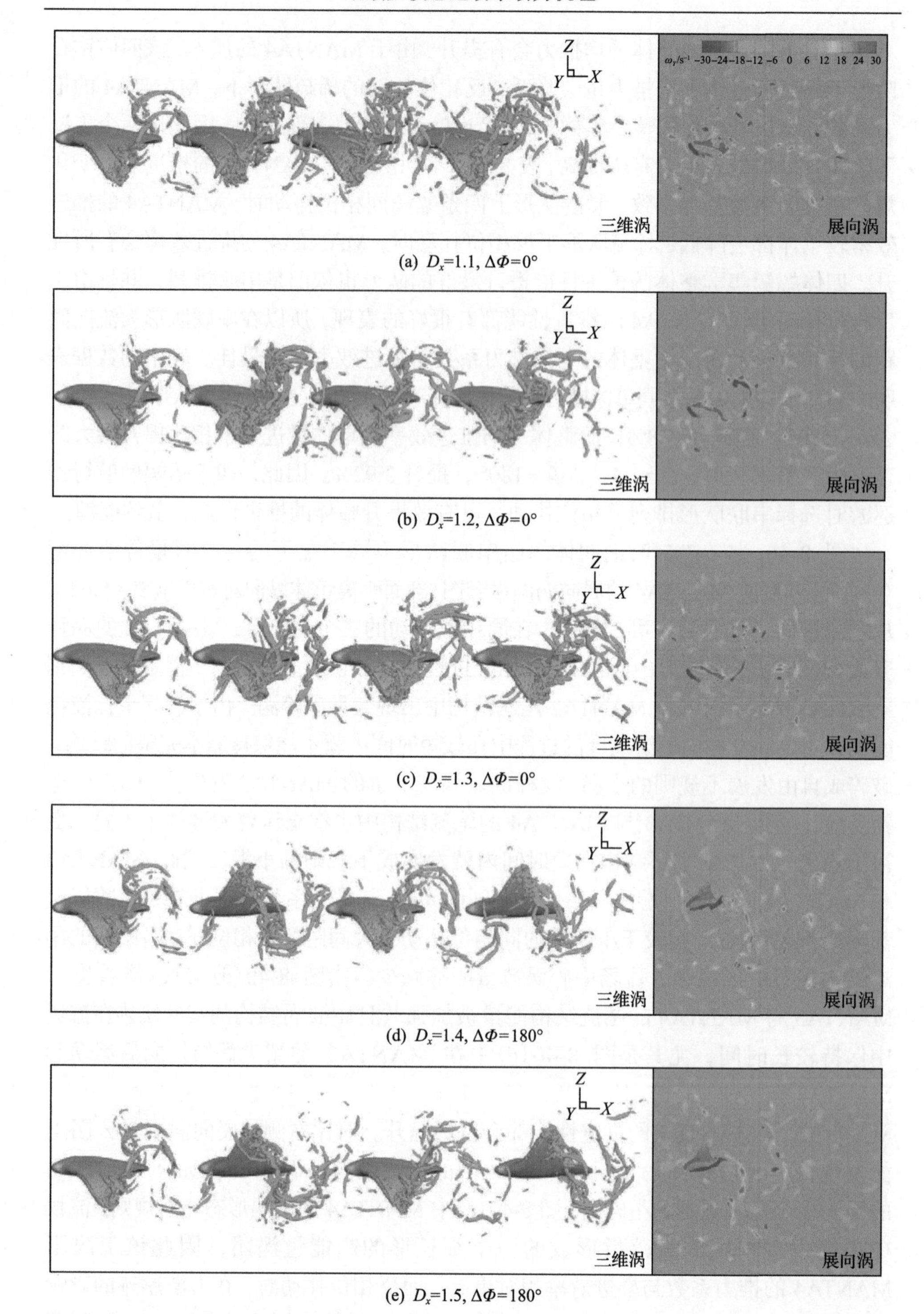

(a) D_x=1.1, $\Delta\Phi$=0°

(b) D_x=1.2, $\Delta\Phi$=0°

(c) D_x=1.3, $\Delta\Phi$=0°

(d) D_x=1.4, $\Delta\Phi$=180°

(e) D_x=1.5, $\Delta\Phi$=180°

图 8-40　t/T=5 时刻四体蝠鲼串联队形的三维涡量等值面图和对应 MANTA4 的展向涡涡量云图

涡的破碎程度更低，小碎涡数量更少，尾涡形态的规则性更明显，因此该工况下 MANTA4 的推力系数与推进效率也都会提升。

图 8-41 为 t/T=5 时刻四体蝠鲼钻石队形不同工况下的三维涡量等值面俯视图(Q=100)。图 8-41(a)中 MANTA4 完全处于上游蝠鲼的尾流之中，根据前文分析，前蝠鲼的射流作用会使 MANTA4 的推力减弱，并且在此上游蝠鲼的尾迹干扰下，MANTA4 身体周围和尾涡中会产生更多的小碎涡，所以推进效率也会降低。图 8-41(b)中四条蝠鲼由于间距增大，MANTA1 的尾流分别与 MANTA2 和 MANTA3 相互作用，可以看到 MANTA1 的两侧尾涡向后发展的过程中会向两端发生倾斜，在其尾涡发展到 MANTA4 位置之前，涡能量已经被消耗殆尽，因此 MANTA1 对 MANTA4 的影响很微弱，可以忽略，所以 MANTA4 受到的干扰就与上述三体蝠鲼倒三角队形中对应工况下(D_x=1.5，D_y=2，$\Delta\Phi$ =180°)的 MANTA3 受到的干扰基本一致，MANTA4 在这两个工况下的推进性能数值计算结果也与对应三体工况下的 MANTA3 的计算结果相差不大。为了进一步说明该钻石队形下的 MANTA4 与对应倒角队形下的 MANTA3 流场结构的相似性，绘制出了同种工况下(D_x=1.5，D_y=2，$\Delta\Phi$ =180°)两个队形相应的弦向涡涡量云图(图 8-42)，截面选取距离三角队形 MANTA3(钻石队形 MANTA4)头部 x/BL=1.05 处截面。经对比可以发现，两者的尾涡结构差异不大，图 8-42(a)中三体队形 MANTA3 尾部云图中颜色较深、能量较大的涡团在图 8-42(b)中都能找到一一对应的涡团，仅部分能量较弱的小涡团会有差异。该部分涡团对推进性能的数值结果影响较小，因此这也能从一定程度上解释 MANTA4 推进性能变化的原因，与前文分析相契合。

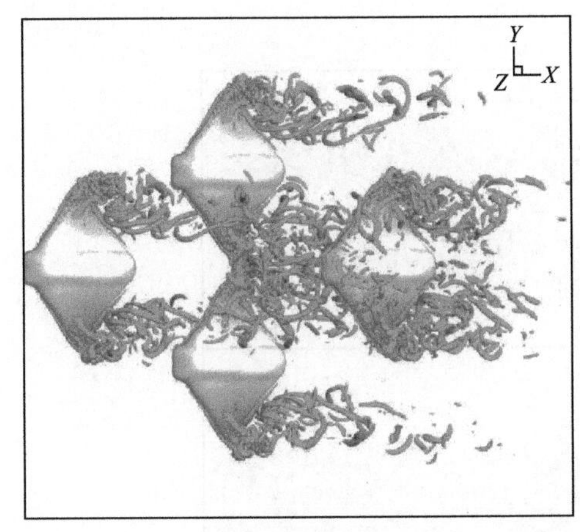

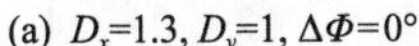
(a) D_x=1.3, D_y=1, $\Delta\Phi$=0°

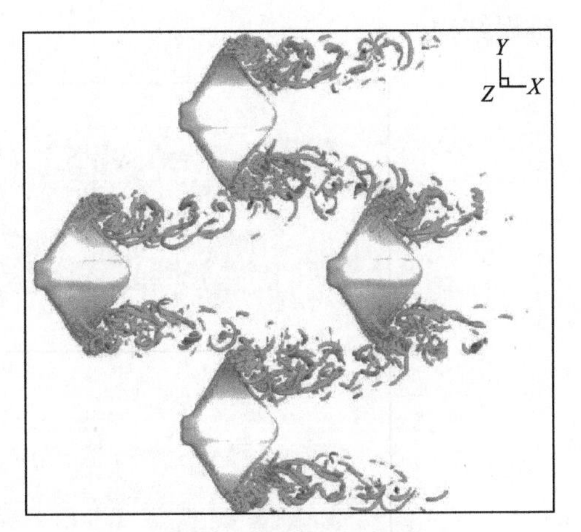

(b) D_x=1.5, D_y=2, $\Delta\Phi$=180°

图 8-41　t/T=5 时刻四体蝠鲼钻石队形不同工况下的三维涡量等值面俯视图

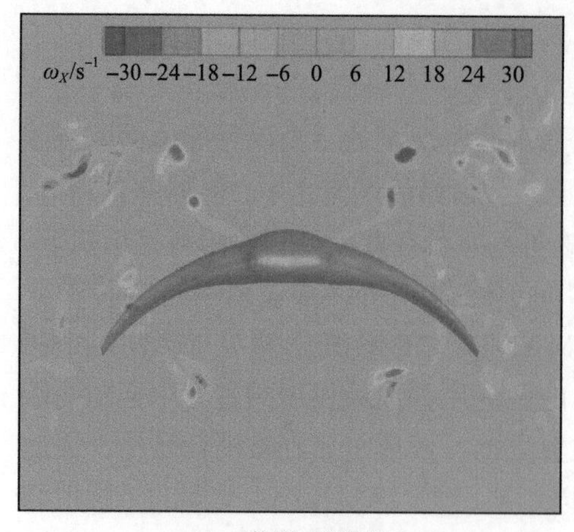

(a) 三体倒三角队形

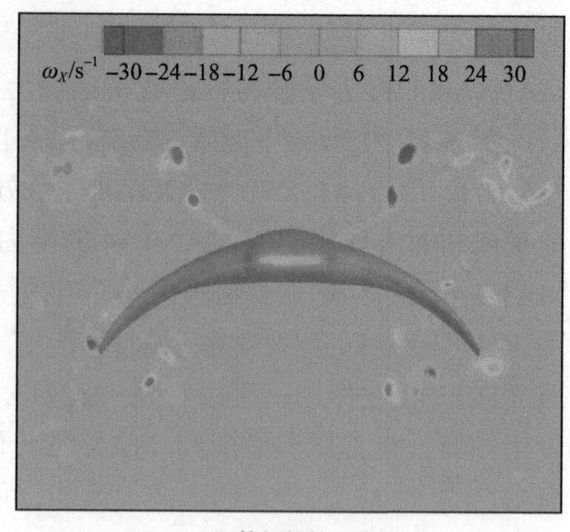

(b) 四体蝠鲼钻石队形

图 8-42　同一时刻下不同工况下的弦向涡涡量云图对比(D_x=1.5, D_y=2, $\Delta\Phi$ =180°)

8.4.2　六体蝠鲼集群游动

由前面所介绍的数值模拟方法可知，本书的数值计算方法在求解 N-S 方程时需要构造并求解一个 $N\times N$ 的矩阵，其中 N 为拉格朗日节点数量，即物体表面节点数量，因此增加蝠鲼数量，拉格朗日节点数量也就呈倍数增加，同时也将大大增加计算量，如果网格节点过多，就会超出计算机的计算能力。因此，在计算六体蝠鲼群游时需要适当减少网格节点数量，这会导致计算的数值结果出现误差，但不影响尾流结构。因此，本节仅展示六体蝠鲼群游的流场结构。图 8-43、图 8-44 和图 8-45 分别为六体蝠鲼串联排列队形、正三角排列队形和倒三角排列队形的三维涡结构。

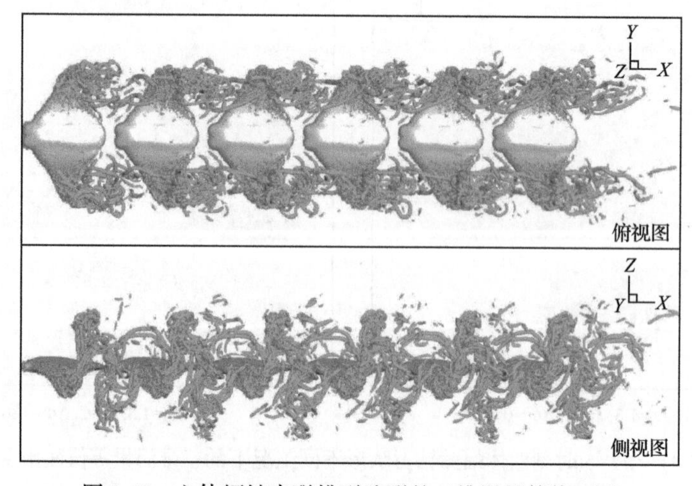

图 8-43　六体蝠鲼串联排列队形的三维涡量等值面图

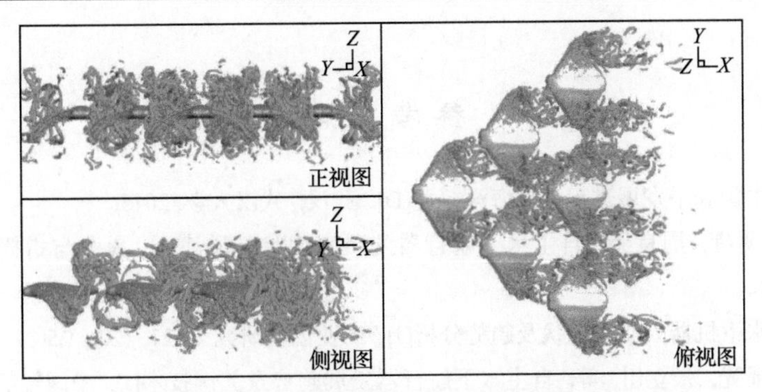

图 8-44　六体蝠鲼正三角排列队形的三维涡量等值面图

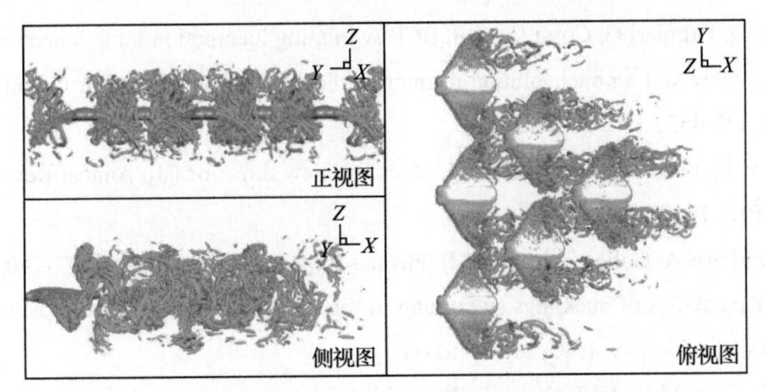

图 8-45　六体蝠鲼倒三角排列队形的三维涡量等值面图

参 考 文 献

[1] 李国选. 中国和平发展进程中的海洋权益[D]. 武汉: 武汉大学, 2015.

[2] 赵涛, 刘明雍, 周良荣. 自主水下航行器的研究现状与挑战[J]. 火力与指挥控制, 2010, 35(6): 1-6.

[3] 肖晴晗. 水下机器人研究现状及趋势分析[J]. 产业创新研究, 2021, (20): 25-27.

[4] 宋保维, 潘光, 张立川, 等. 自主水下航行器发展趋势及关键技术[J]. 中国舰船研究, 2022, 17(5): 27-44.

[5] Scaradozzi D, Palmieri G, Costa D, et al. BCF swimming locomotion for autonomous underwater robots: A review and a novel solution to improve control and efficiency[J]. Ocean Engineering, 2017, 130: 437-453.

[6] Lauder G V. Fish locomotion: Recent advances and new directions[J]. Annual Review of Marine Science, 2015, 7: 521-545.

[7] Vicsek T, Zafeiris A. Collective motion[J]. Physics Reports, 2012, 517(3/4): 71-140.

[8] Fish F E. Kinematics of ducklings swimming in formation: Consequences of position[J]. Journal of Experimental Zoology, 1995, 273(1): 1-11.

[9] Yuan Z M, Chen M L, Jia L B, et al. Wave-riding and wave-passing by ducklings in formation swimming[J]. Journal of Fluid Mechanics, 2021, 928: R2.

[10] Weihs D. Hydromechanics of fish schooling[J]. Nature, 1973, 241: 290-291.

[11] Portugal S J, Hubel T Y, Fritz J, et al. Upwash exploitation and downwash avoidance by flap phasing in ibis formation flight[J]. Nature, 2014, 505(7483): 399-402.

[12] 张天栋, 王睿, 程龙, 等. 鱼集群游动的节能机理研究综述[J]. 自动化学报, 2021, 47(3): 475-488.

[13] Tangorra J L, Davidson S N, Hunter I W, et al. The development of a biologically inspired propulsor for unmanned underwater vehicles[J]. IEEE Journal of Oceanic Engineering, 2007, 32(3): 533-550.

[14] Schaefer J T, Summers A P. Batoid wing skeletal structure: Novel morphologies, mechanical implications, and phylogenetic patterns[J]. Journal of Morphology, 2005, 264(3): 298-313.

[15] Gibb A C, Jayne B C, Lauder G V. Kinematics of pectoral fin locomotion in the bluegill sunfish Lepomis macrochirus[J]. Journal of Experimental Biology, 1994, 189(1): 133-161.

[16] Graham R T, Witt M J, Castellanos D W, et al. Satellite tracking of manta rays highlights challenges to their conservation[J]. PLoS One, 2012, 7(5): e36834.

[17] Dewar H, Mous P, Domeier M, et al. Movements and site fidelity of the giant manta ray, Manta birostris, in the Komodo Marine Park, Indonesia[J]. Marine Biology, 2008, 155(2): 121-133.

[18] Deakos M H, Baker J D, Bejder L. Characteristics of a manta ray Manta alfredi population off Maui, Hawaii, and implications for management[J]. Marine Ecology Progress Series, 2011, 429(16): 245-260.

[19] Breder C M. The locomotion of fishes[J]. Zoologica, 1926, 4(5): 159-297.

[20] Sfakiotakis M, Lane D M, Davies J B C. Review of fish swimming modes for aquatic locomotion[J]. IEEE Journal of Oceanic Engineering, 1999, 24(2): 237-252.

[21] Zhu Q, Wolfgang M J, Yue D K P, et al. Three-dimensional flow structures and vorticity control in fish-like swimming[J]. Journal of Fluid Mechanics, 2002, 468: 1-28.

[22] Han P, Wang J S, Fish F E, et al. Kinematics and hydrodynamics of a dolphin in forward swimming[C]. The AIAA Aviation 2020 Forum, Reston, 2020: 3015.

[23] Luo Y, Xiao Q, Zhu Q, et al. Pulsed-jet propulsion of a squid-inspired swimmer at high Reynolds number[J]. Physics of Fluids, 2020, 32(11): 111901.

[24] Mivehchi A, Zhong Q, Kurt M, et al. Scaling laws for the propulsive performance of a purely pitching foil in ground effect[J]. Journal of Fluid Mechanics, 2021, 919 (201): R1.

[25] Yu Y L, Huang K J. Scaling law of fish undulatory propulsion[J]. Physics of Fluids, 2021, 33(6): 061905.

[26] Gupta S, Sharma A, Agrawal A, et al. Hydrodynamics of a fish-like body undulation mechanism: Scaling laws and regimes for vortex wake modes[J]. Physics of Fluids, 2021, 33(10): 101904.

[27] Zhao Z J, Dou L. Effects of the structural relationships between the fish body and caudal fin on the propulsive performance of fish[J]. Ocean Engineering, 2019, 186: 106117.

[28] Hu W R. Hydrodynamic study on a pectoral fin rowing model of a fish[J]. Journal of Hydrodynamics, 2009, 21(4): 463-472.

[29] Kajtar J B, Monaghan J J. On the swimming of fish like bodies near free and fixed boundaries[J]. European Journal of Mechanics—B, 2012, 33: 1-13.

[30] Shao X M, Pan D Y, Deng J, et al. Hydrodynamic performance of a fishlike undulating foil in the wake of a cylinder[J]. Physics of Fluids, 2010, 22(11): 918-928.

[31] Liu G, Ren Y, Dong H B, et al. Computational analysis of vortex dynamics and performance enhancement due to body-fin andfin-fin interactions in fish-like locomotion[J]. Journal of Fluid Mechanics, 2017, 829: 65-88.

[32] Borazjani I, Sotiropoulos F. Numerical investigation of the hydrodynamics of carangiform swimming in the transitional and inertial flow regimes[J]. Journal of Experimental Biology, 2008, 211(10): 1541-1558.

[33] Borazjani I, Sotiropoulos F. Numerical investigation of the hydrodynamics of anguilliform swimming in the transitional and inertial flow regimes[J]. Journal of Experimental Biology, 2009, 212(4): 576-592.

[34] 胡文蓉. 鳐的典型运动方式的水动力学数值研究[J]. 水动力学研究与进展 A 辑, 2008, 23(3): 269-274.

[35] Liu G, Ren Y, Zhu J Z, et al. Thrust producing mechanisms in ray-inspired underwater vehicle propulsion[J]. Theoretical and Applied Mechanics Letters, 2015, 5(1): 54-57.

[36] 杨少波. 牛鼻鲼泳动动力学分析与仿生机器鱼研究[D]. 长沙: 国防科技大学, 2010.

[37] 朝黎明. 仿蝠鲼自主变形翼水动力性能研究[D]. 西安: 西北工业大学, 2019.

[38] Thekkethil N, Sharma A, Agrawal A. Three-dimensional biological hydrodynamics study on various types of batoid fishlike locomotion[J]. Physical Review Fluids, 2020, 5(2): 23101.

[39] 张栋. 牛鼻鲼游动过程中柔性变形对水动力影响研究[D]. 西安: 西北工业大学, 2020.

[40] Huang Q G, Zhang D, Pan G. Computational model construction and analysis of the hydrodynamics of a Rhinoptera javanica[J]. IEEE Access, 2020, 8: 30410-30420.

[41] Zhang D, Huang Q G, Pan G, et al. Vortex dynamics and hydrodynamic performance enhancement mechanism in batoid fish oscillatory swimming[J]. Journal of Fluid Mechanics, 2022, 930: A28.

[42] Menzer A, Gong Y C, Fish F E, et al. Bio-inspired propulsion: Towards understanding the role of pectoral fin kinematics in Manta-like swimming[J]. Biomimetics, 2022, 7(2): 45.

[43] Videler J J, Hess F. Fast continuous swimming of two pelagic predators, saithe（Pollachius virens）and mackerel（Scomber scombrus）: A kinematic analysis[J]. Journal of Experimental Biology, 1984, 109(1): 209-228.

[44] Webb P W. Simple physical principles and vertebrate aquatic locomotion[J]. Integrative and Comparative Biology, 1988, 28(2): 709-725.

[45] Dewar H, Graham J B, Brill R W. Studies of tropical tuna swimming performance in a large water tunnel II: Thermoregulation[J]. Journal of Experimental Biology, 1994, 192(1): 33-44.

[46] Gibb A C, Dickson K A, Lauder G V. Tail kinematics of the chub mackerel Scomber japonicus: Testing the homocercal tail model of fish propulsion[J]. Journal of Experimental Biology, 1999, 202(18): 2433-2447.

[47] Donley J M, Dickson K A. Swimming kinematics of juvenile kawakawa tuna（Euthynnus affinis）and chub mackerel（Scomber japonicus）[J]. Journal of Experimental Biology, 2000, 203(Pt 20): 3103-3116.

[48] Walker J A, Westneat M W. Labriform propulsion in fishes: Kinematics of flapping aquatic flight in the bird wrasse Gomphosus varius（Labridae）[J]. Journal of Experimental Biology, 1997, 200(11): 1549.

[49] Lauder G V, Prendergast T. Kinematics of aquatic prey capture in the snapping turtle chelydra serpentina[J]. Journal of Experimental Biology, 1992, 164(1):55-78.

[50] Lauder G V. Prey capture hydrodynamics in fishes: Experimental tests of two models[J]. Journal

of Experimental Biology, 1983, 104(1): 1-13.

[51] Borazjani I, Sotiropoulos F, Tytell E D, et al. Hydrodynamics of the bluegill sunfish C-start escape response: Three-dimensional simulations and comparison with experimental data[J]. Journal of Experimental Biology, 2012, 215(4): 671-684.

[52] Wöhl S, Schuster S. The predictive start of hunting archer fish: A flexible and precise motor pattern performed with the kinematics of an escape C-start[J]. Journal of Experimental Biology, 2007, 210(2): 311-324.

[53] Compagno L V. Endoskeleton in sharks, skates and rays: The biology of elasmobranch fishes[D]. Baltimore: Johns Hopkins University, 1999.

[54] Drucker E G, Jensen J S. Pectoral fin locomotion in the striped surfperch. I. Kinematic effects of swimming speed and body size[J]. Journal of Experimental Biology, 1996, 199(10): 2235-2242.

[55] Wood G A, Marshall R N. The accuracy of DLT extrapolation in three-dimensional film analysis[J]. Journal of Biomechanics, 1986, 19(9): 781-785.

[56] Roesgen T, Totaro R. Two-dimensional on-line particle imaging velocimetry[J]. Experiments in Fluids, 1995, 19(3): 188-193.

[57] Wolfgang M J, Anderson J M, Grosenbaugh M A, et al. Near-body flow dynamics in swimming fish[J]. Journal of Experimental Biology, 1999, 202 (17): 2303-2327.

[58] Müller U K, van den Boogaart J G M, van Leeuwen J L. Flow patterns of larval fish: Undulatory swimming in the intermediate flow regime[J]. Journal of Experimental Biology, 2008, 211(2): 196-205.

[59] 敬军. 鱼类C形起动的运动特性及机理研究[D]. 合肥: 中国科学技术大学, 2005.

[60] Anderson E J, McGillis W R, Grosenbaugh M A. The boundary layer of swimming fish[J]. Journal of Experimental Biology, 2001, 204(1): 81-102.

[61] Hove J R, O'Bryan L M, Gordon M S, et al. Boxfishes (Teleostei: Ostraciidae) as a model system for fishes swimming with many fins: Kinematics[J]. Journal of Experimental Biology, 2001, 204(Pt 8): 1459-1471.

[62] Nauen J C, Lauder G V. Hydrodynamics of caudal fin locomotion by chub mackerel, Scomber japonicus (Scombridae)[J]. Journal of Experimental Biology, 2002, 205(12): 1709-1724.

[63] 杨亮. 仿金枪鱼摆动尾鳍的水动力性能与推进机理研究[D]. 哈尔滨: 哈尔滨工程大学, 2009.

[64] Drucker E G, Lauder G V. Locomotor function of the dorsal fin in teleost fishes: Experimental analysis of wake forces in sunfish[J]. The Journal of Experimental Biology, 2001, 204(Pt 17): 2943-2958.

[65] Drucker E G, Lauder G V. Locomotor function of the dorsal fin in rainbow trout: Kinematic

patterns and hydrodynamic forces[J]. Journal of Experimental Biology, 2005, 208(23): 4479-4494.

[66] Standen E M. Pelvic fin locomotor function in fishes: Three-dimensional kinematics in rainbow trout (Oncorhynchus mykiss) [J]. Journal of Experimental Biology, 2008, 211(18): 2931-2942.

[67] Standen E M, Lauder G V. Dorsal and anal fin function in bluegill sunfish Lepomis macrochirus: Three-dimensional kinematics during propulsion and maneuvering[J]. Journal of Experimental Biology, 2005, 208(14): 2753-2763.

[68] Drucker E G, Lauder G V. Locomotor forces on a swimming fish: Three-dimensional vortex wake dynamics quantified using digital particle image velocimetry[J]. Journal of Experimental Biology, 1999, 202(8): 2393-2412.

[69] Drucker E G, Lauder G V. A hydrodynamic analysis of fish swimming speed: Wake structure and locomotor force in slow and fast labriform swimmers[J]. Journal of Experimental Biology, 2000, 203(16): 2379-2393.

[70] Hale M E, Day R D, Thorsen D H, et al. Pectoral fin coordination and gait transitions in steadily swimming juvenile reef fishes[J]. Journal of Experimental Biology, 2006, 209(19): 3708-3718.

[71] Wilga C D, Lauder G V. Locomotion in sturgeon: Function of the pectoral fins[J]. Journal of Experimental Biology, 1999, 202(18): 2413-2432.

[72] Heine C E. Mechanics of flapping fin locomotion in the cownose ray, Rhinoptera bonasus (Elasmobranchii: Myliobatidae) [D]. Durham: Duke University, 1992.

[73] Rosenberger L J. Pectoral fin locomotion in batoid fishes: Undulation versus oscillation[J]. Journal of Experimental Biology, 2001, 204(2): 379-394.

[74] Blevins E L, Lauder G V. Rajiform locomotion: Three-dimensional kinematics of the pectoral fin surface during swimming in the freshwater stingray Potamotrygon orbignyi[J]. Journal of Experimental Biology, 2012, 215(18): 3231-3241.

[75] Russo R S, Blemker S S, Fish F E, et al. Biomechanical model of batoid (skates and rays) pectoral fins predicts the influence of skeletal structure on fin kinematics: Implications for bio-inspired design[J]. Bioinspiration & Biomimetics, 2015, 10(4): 046002.

[76] Fish F, Schreiber C, Moored K, et al. Hydrodynamic performance of aquatic flapping: Efficiency of underwater flight in the Manta[J]. Aerospace, 2016, 3(3): 20.

[77] Fish F E, Dong H B, Zhu J J, et al. Kinematics and hydrodynamics of mobuliform swimming: Oscillatory winged propulsion by large pelagic batoids[J]. Marine Technology Society Journal, 2017, 51(5): 35-47.

[78] 童秉纲, 陆夕云. 关于飞行和游动的生物力学研究[J]. 力学进展, 2004, 34(1): 1-8.

[79] Zhang X, Ni S Z, Wang S Z, et al. Effects of geometric shape on the hydrodynamics of a self-propelled flapping foil[J]. Physics of Fluids, 2009, 21(10): 1200.

[80] Arora N, Gupta A, Sanghi S, et al. Flow patterns and efficiency-power characteristics of a self-propelled, heaving rigid flat plate[J]. Journal of Fluids and Structures, 2016, 66: 517-542.

[81] Moored K W, Quinn D B. Inviscid scaling laws of a self-propelled pitching airfoil[J]. AIAA Journal, 2019, 57 (9): 3686-3700.

[82] Benkherouf T, Mekadem M, Oualli H, et al. Efficiency of an auto-propelled flapping airfoil[J]. Journal of Fluids and Structures, 2011, 27 (4): 552-566.

[83] Lin X J, Wu J, Zhang T W. Performance investigation of a self-propelled foil with combined oscillating motion in stationary fluid[J]. Ocean Engineering, 2019, 175: 33-49.

[84] Das A, Shukla R K, Govardhan R N. Foil locomotion through non-sinusoidal pitching motion[J]. Journal of Fluids and Structures, 2019, 89: 191-202.

[85] Thekkethil N, Sharma A, Agrawal A. Self-propulsion of fishes-like undulating hydrofoil: A unified kinematics based unsteady hydrodynamics study[J]. Journal of Fluids and Structures, 2020, 93: 102875.

[86] Wei C, Hu Q, Liu Y, et al. Performance evaluation and optimization for two-dimensional fish-like propulsion[J]. Ocean Engineering, 2021, 233 (4): 109191.

[87] Zhang D, Pan G, Chao L M, et al. Effects of Reynolds number and thickness on an undulatory self-propelled foil[J]. Physics of Fluids, 2018, 30 (7): 071902.

[88] Hu J X, Xiao Q. Three-dimensional effects on the translational locomotion of a passive heaving wing[J]. Journal of Fluids and Structures, 2014, 46: 77-88.

[89] Xiao Q, Hu J X, Liu H. Effect of torsional stiffness and inertia on the dynamics of low aspect ratio flapping wings[J]. Bioinspiration & Biomimetics, 2014, 9 (1): 016008.

[90] Feng H, Wang Z M, Todd P A, et al. Simulations of self-propelled anguilliform swimming using the immersed boundary method in OpenFOAM[J]. Engineering Applications of Computational Fluid Mechanics, 2019, 13 (1): 438-452.

[91] Daghooghi M, Borazjani I, Karami M A, et al. Self-propelled swimming simulations of self-assembling smart boxes[C]. ASME 2014 Conference on Smart Materials, Adaptive Structures and Intelligent Systems, Newport, 2014: 46148.

[92] Feng Y K, Xu J X, Su Y M. Effect of trailing-edge shape on the swimming performance of a fish-like swimmer under self-propulsion[J]. Ocean Engineering, 2023, 287: 115849.

[93] Carling J, Williams T L, Bowtell G. Self-propelled anguilliform swimming: Simultaneous solution of the two-dimensional Navier-Stokes equations and Newton's laws of motion[J]. Journal of Experimental Biology, 1999, 201 (23): 3143-3166.

[94] Kern S, Koumoutsakos P. Simulations of optimized anguilliform swimming[J]. Journal of Experimental Biology, 2006, 209 (24): 4841-4857.

[95] Xin Z Q, Wu C J. Shape optimization of the caudal fin of the three-dimensional self-propelled

swimming fish[J]. Science China Physics, Mechanics and Astronomy, 2013, 56(2): 328-339.
[96] van Rees W M, Gazzola M, Koumoutsakos P. Optimal shapes for anguilliform swimmers at intermediate Reynolds numbers[J]. Journal of Fluid Mechanics, 2013, 722: R3.
[97] Xia D, Chen W S, Liu J K, et al. The three-dimensional hydrodynamics of thunniform swimming under self-propulsion[J]. Ocean Engineering, 2015, 110: 1-14.
[98] Xia D, Chen W S, Liu J K, et al. Using spanwise flexibility of caudal fin to improve swimming performance for small fishlike robots[J]. Journal of Hydrodynamics, 2018, 30(5): 859-871.
[99] 夏丹. 鲔科仿生原型自主游动机理的研究[D]. 哈尔滨: 哈尔滨工业大学, 2010.
[100] 刘焕兴. 仿金枪鱼水下机器人自主游动研究[D]. 哈尔滨: 哈尔滨工程大学, 2016.
[101] Li N Y, Liu H X, Su Y M. Numerical study on the hydrodynamics of thunniform bio-inspired swimming under self-propulsion[J]. PLoS One, 2017, 12(3): e0174740.
[102] 冯亿坤, 苏玉民, 宿原原, 等. 仿生机器鱼自主游动的数值计算方法与机理[J]. 华中科技大学学报(自然科学版), 2019, 47(12): 18-24.
[103] Feng Y K, Su Y M, Liu H X, et al. The effects of caudal fin deformation on the hydrodynamics of thunniform swimming under self-propulsion[J]. Journal of Hydrodynamics, 2020, 32(6): 1122-1137.
[104] Feng Y K, Su Y M, Liu H X, et al. Numerical simulation of a self-propelled fish-like swimmer with rigid and flexible caudal fins[J]. Journal of Environmental Biology, 2020, 41(2): 161-170.
[105] 伍志军. 基于晶吻鳐的波动推进数值模拟及其实验研究[D]. 哈尔滨: 哈尔滨工业大学, 2015.
[106] Bottom R G, Borazjani I, Blevins E L, et al. Hydrodynamics of swimming in stingrays: Numerical simulations and the role of the leading-edge vortex[J]. Journal of Fluid Mechanics, 2016, 788: 407-443.
[107] Bianchi G, Cinquemani S, Schito P, et al. A numerical model for the analysis of the locomotion of a cownose ray[J]. Journal of Fluids Engineering, 2022, 144(3): 031203.
[108] Gleiss A C, Jorgensen S J, Liebsch N, et al. Convergent evolution in locomotory patterns of flying and swimming animals[J]. Nature Communications, 2011, 2: 352.
[109] Weihs D. Energetic advantages of burst swimming of fish[J]. Journal of Theoretical Biology, 1974, 48(1): 215-229.
[110] Chung M H. On burst-and-coast swimming performance in fish-like locomotion[J]. Bioinspiration & Biomimetics, 2009, 4(3): 036001.
[111] 戴龙珍, 张星. 间歇式俯仰转动扑翼的自主推进[J]. 空气动力学学报, 2018, 36(1): 151-155.
[112] Gupta S, Thekkethil N, Agrawal A, et al. Body-caudal fin fish-inspired self-propulsion study on

burst-and-coast and continuous swimming of a hydrofoil model[J]. Physics of Fluids, 2021, 33(9): 091905.

[113] Moored K, Akoz E, Liu G, et al. Enhancing the efficiency of bio-inspired propulsion via intermittent swimming gaits[C]. The 47th AIAA Fluid Dynamics Conference, Denver, 2017: 3981.

[114] 杨焱. 锦鲤常规自由游动的流动物理研究[D]. 合肥: 中国科学技术大学, 2008.

[115] Akoz E, Moored K W. Unsteady propulsion by an intermittent swimming gait[J]. Journal of Fluid Mechanics, 2018, 834: 149-172.

[116] Akoz E, Han P, Liu G, et al. Large-amplitude intermittent swimming in viscous and inviscid flows[J]. AIAA Journal, 2019, 57(9): 3678-3685.

[117] Akoz E, Mivehchi A, Moored K W. Intermittent unsteady propulsion with a combined heaving and pitching foil[J]. Physical Review Fluids, 2021, 6(4): 043101.

[118] 刘焕兴, 苏玉民, 庞永杰. 仿金枪鱼水下机器人摆动-滑行游动数值研究[J]. 船舶力学, 2020, 24(2): 145-153.

[119] Li L, Ravi S, Xie G M, et al. Using a robotic platform to study the influence of relative tailbeat phase on the energetic costs of side-by-side swimming in fish[J]. Proceedings of the Royal Society A, 2021, 477(2249): 20200810.

[120] Pitcher T J. Functions of shoaling behaviour in teleosts[J]. The behaviour of Teleost Fishes, 1993, 1: 294-337.

[121] Parrish J K, Edelstein-Keshet L. Complexity, pattern, and evolutionary trade-offs in animal aggregation[J]. Science, 1999, 284(5411): 99-101.

[122] Chen S Y, Fei Y H J, Chen Y C, et al. The swimming patterns and energy-saving mechanism revealed from three fish in a school[J]. Ocean Engineering, 2016, 122: 22-31.

[123] Pan Y, Dong H B. Computational analysis of hydrodynamic interactions in a high-density fish school[J]. Physics of Fluids, 2020, 32(12): 121901.

[124] Lin X J, Wu J, Zhang T W, et al. Phase difference effect on collective locomotion of two tandem autopropelled flapping foils[J]. Physical Review Fluids, 2019, 4(5): 054101.

[125] Daghooghi M, Borazjani I. The hydrodynamic advantages of synchronized swimming in a rectangular pattern[J]. Bioinspiration & Biomimetics, 2015, 10(5): 056018.

[126] Xu Z J, Qin H D. Fluid-structure interactions of cage based aquaculture: From structures to organisms[J]. Ocean Engineering, 2020, 217: 107961.

[127] Verma S, Novati G, Koumoutsakos P. Efficient collective swimming by harnessing vortices through deep reinforcement learning[J]. Proceedings of the National Academy of Sciences of the United States of America, 2018, 115(23): 5849-5854.

[128] Liu H, Kolomenskiy D, Nakata T, et al. Unsteady bio-fluid dynamics in flying and

swimming[J]. Acta Mechanica Sinica, 2017, 33(4): 663-684.

[129] Gao P C, Tian X S, Huang Q G, et al. Research on the swimming performance of two manta rays under staggered propulsion on the same frequency: When the follower is above the leader[J]. Physics of Fluids, 2024, 36(1): 011902.

[130] Maertens A P, Gao A, Triantafyllou M S. Optimal undulatory swimming for a single fish-like body and for a pair of interacting swimmers[J]. Journal of Fluid Mechanics, 2017, 813: 301-345.

[131] Lighthill M J. Large-amplitude elongated-body theory of fish locomotion[J]. Proceedings of the Royal Society of London Series B Biological Sciences, 1971, 179(1055): 125-138.

[132] Wen L, Wang T M, Wu G H, et al. Quantitative thrust efficiency of a self-propulsive robotic fish: Experimental method and hydrodynamic investigation[J]. IEEE/ASME Transactions on Mechatronics, 2013, 18(3): 1027-1038.

[133] Delcourt J, Denoël M, Ylieff M, et al. Video multitracking of fish behaviour: A synthesis and future perspectives[J]. Fish and Fisheries, 2013, 14(2): 186-204.

[134] Dell A I, Bender J A, Branson K, et al. Automated image-based tracking and its application in ecology[J]. Trends in Ecology & Evolution, 2014, 29(7): 417-428.

[135] Rodriguez A, Zhang H Q, Klaminder J, et al. ToxId: An efficient algorithm to solve occlusions when tracking multiple animals[J]. Scientific Reports, 2017, 7(1): 14774.

[136] Barreiros M O, Dantas D O, Silva L C O, et al. Zebrafish tracking using YOLOv2 and Kalman filter[J]. Scientific Reports, 2021, 11(1): 3219.

[137] Breder C M. Vortices and fish schools[J]. Zoologica, 1965, 50(2): 97-114.

[138] Weihs D. Optimal fish cruising speed[J]. Nature, 1973, 245(5419): 48-50.

[139] Liao J C, Beal D N, Lauder G V, et al. Fish exploiting vortices decrease muscle activity[J]. Science, 2003, 302(5650): 1566-1569.

[140] Liao J C, Beal D N, Lauder G V, et al. The Kármán gait: Novel body kinematics of rainbow trout swimming in a vortex street[J]. Journal of Experimental Biology, 2003, 206(6): 1059-1073.

[141] Liao J C. Neuromuscular control of trout swimming in a vortex street: Implications for energy economy during the Karman gait[J]. Journal of Experimental Biology, 2004, 207(20): 3495-3506.

[142] Liao J C. The role of the lateral line and vision on body kinematics and hydrodynamic preference of rainbow trout in turbulent flow[J]. Journal of Experimental Biology, 2006, 209(20): 4077-4090.

[143] Burgerhout E, Tudorache C, Brittijn S A, et al. Schooling reduces energy consumption in swimming male European eels, Anguilla anguilla L[J]. Journal of Experimental Marine

Biology and Ecology, 2013, 448: 66-71.

[144] Marras S, Killen S S, Lindström J, et al. Fish swimming in schools save energy regardless of their spatial position[J]. Behavioral Ecology and Sociobiology, 2015, 69: 219-226.

[145] Ashraf I, Godoy-Diana R, Halloy J, et al. Synchronization and collective swimming patterns in fish (Hemigrammus bleheri) [J]. Journal of the Royal Society Interface, 2016, 13(123): 20160734.

[146] Ashraf I, Bradshaw H, Ha T T, et al. Simple phalanx pattern leads to energy saving in cohesive fish schooling[J]. Proceedings of the National Academy of Sciences, 2017, 114(36): 9599-9604.

[147] Deng J, Shao X M. Hydrodynamics in a diamond-shaped fish school[J]. Journal of Hydrodynamics, 2006, 18(1): 428-432.

[148] Chung M H. Hydrodynamic performance of two-dimensional undulating foils in triangular formation[J]. Journal of Mechanics, 2011, 27(2): 177-190.

[149] Chao L M, Zhang D, Cao Y H, et al. Numerical studies on the interaction between two parallel D-cylinder and oscillated foil[J]. Modern Physics Letters B, 2018, 32(6): 1850034.

[150] Chao L M, Pan G, Zhang D, et al. On the thrust generation and wake structures of two travelling-wavy foils[J]. Ocean Engineering, 2019, 183: 167-174.

[151] Tian F B, Wang W Q, Wu J, et al. Swimming performance and vorticity structures of a mother-calf pair of fish[J]. Computers & Fluids, 2016, 124: 1-11.

[152] Tian F B, Luo H X, Zhu L D, et al. An efficient immersed boundary-lattice Boltzmann method for the hydrodynamic interaction of elastic filaments[J]. Journal of Computational Physics, 2011, 230(19): 7266-7283.

[153] Gazzola M, Tchieu A A, Alexeev D, et al. Learning to school in the presence of hydrodynamic interactions[J]. Journal of Fluid Mechanics, 2016, 789: 726-749.

[154] Novati G, Verma S, Alexeev D, et al. Synchronisation through learning for two self-propelled swimmers[J]. Bioinspiration & Biomimetics, 2017, 12(3): 036001.

[155] Li Y F, Chang J T, Kong C, et al. Recent progress of machine learning in flow modeling and active flow control[J]. Chinese Journal of Aeronautics, 2022, 35(4): 14-44.

[156] Zhu Y, Tian F B, Young J, et al. A numerical study of fish adaption behaviors in complex environments with a deep reinforcement learning and immersed boundary-lattice Boltzmann method[J]. Scientific Reports, 2021, 11(1): 1691.

[157] Mimeau C, Mortazavi I. A review of vortex methods and their applications: From creation to recent advances[J]. Fluids, 2021, 6(2): 68.

[158] 王亮. 仿生鱼群自主游动及控制的研究[D]. 南京：河海大学, 2007.

[159] Li S M, Li C, Xu L Y, et al. Numerical simulation and analysis of fish-like robots swarm[J].

Applied Sciences, 2019, 9(8): 1652.

[160] Dai L Z, He G W, Zhang X, et al. Stable formations of self-propelled fish-like swimmers induced by hydrodynamic interactions[J]. Journal of the Royal Society Interface, 2018, 15(147): 20180490.

[161] Lin X J, Wu J, Zhang T W, et al. Self-organization of multiple self-propelling flapping foils: Energy saving and increased speed[J]. Journal of Fluid Mechanics, 2020, 884: R1.

[162] Lin X J, He G Y, He X Y, et al. Hydrodynamic studies on two wiggling hydrofoils in an oblique arrangement[J]. Acta Mechanica Sinica, 2018, 34(3): 446-451.

[163] Lin X J, He G Y, He X Y, et al. Dynamic response of a semi-free flexible filament in the wake of a flapping foil[J]. Journal of Fluids and Structures, 2018, 83: 40-53.

[164] Li X H, Gu J Y, Su Z, et al. Hydrodynamic analysis of fish schools arranged in the vertical plane[J]. Physics of Fluids, 2021, 33(12): 121905.

[165] 高鹏骋，刘冠杉，黄桥高，等. 垂向双蝠鲼变攻角滑翔水动力性能研究[J]. 力学学报，2023, 55(1): 62-69.

[166] 高鹏骋，黄桥高，宋东，等. 蝠鲼集群滑翔水动力性能研究[J]. 西北工业大学学报，2023, 41(3): 595-600.

[167] Gao P C, Huang Q G, Pan G, et al. Research on the hydrodynamic performance of double manta ray gliding in groups with variable attack angles[J]. Physics of Fluids, 2022, 34(11): 111908.

[168] Gao P C, Huang Q G, Pan G, et al. Group gliding of three manta rays in multiple formations[J]. Ocean Engineering, 2023, 278: 114389.

[169] Gao P C, Huang Q G, Pan G, et al. Research on swimming performance of fish in different species[J]. Physics of Fluids, 2023, 35(6): 1-15.

[170] Dewey P A, Boschitsch B M, Moored K W, et al. Scaling laws for the thrust production of flexible pitching panels[J]. Journal of Fluid Mechanics, 2013, 732: 29-46.

[171] Dewey P A, Quinn D B, Boschitsch B M, et al. Propulsive performance of unsteady tandem hydrofoils in a side-by-side configuration[J]. Physics of Fluids, 2014, 26(4): 041903.

[172] Boschitsch B M, Dewey P A, Smits A J. Propulsive performance of unsteady tandem hydrofoils in an in-line configuration[J]. Physics of Fluids, 2014, 26(5): 051901.

[173] Ryuh Y S, Yang G H, Liu J D, et al. A school of robotic fish for mariculture monitoring in the sea coast[J]. Journal of Bionic Engineering, 2015, 12(1): 37-46.

[174] Becker A D, Masoud H, Newbolt J W, et al. Hydrodynamic schooling of flapping swimmers[J]. Nature Communications, 2015, 6: 8514.

[175] 裴正楷，李亮，陈世明，等. 机器鱼在线功率检测系统设计与实现[J]. 测控技术，2016, 35(11): 9-13.

[176] 裴正楷, 刘俊恺, 陈世明, 等. 双鱼并排游动时水动力性能研究[J]. 测控技术, 2016, 35(12): 16-20.

[177] Zhang Z, Yang T, Zhang T H, et al. Global vision-based formation control of soft robotic fish swarm[J]. Soft Robotics, 2021, 8(3): 310-318.

[178] Xing C, Cao Y, Cao Y H, et al. Asymmetrical oscillating morphology hydrodynamic performance of a novel bionic pectoral fin[J]. Journal of Marine Science and Engineering, 2022, 10(2): 289.

[179] Hao Y W, Cao Y, Cao Y H, et al. Course control of a Manta robot based on amplitude and phase differences[J]. Journal of Marine Science and Engineering, 2022, 10(2): 285.

[180] Lu Y, Cao Y H, Pan G, et al. Effect of cross-joints fin on the thrust performance of bionic pectoral fins[J]. Journal of Marine Science and Engineering, 2022, 10(7): 869.

[181] Zhang D L, Pan G, Cao Y H, et al. A novel integrated gliding and flapping propulsion biomimetic Manta-ray robot[J]. Journal of Marine Science and Engineering, 2022, 10(7): 924.

[182] Koehler C, Liang Z X, Gaston Z, et al. 3D reconstruction and analysis of wing deformation in free-flying dragonflies[J]. Journal of Experimental Biology, 2012, 215(17): 3018-3027.

[183] Triantafyllou G S, Triantafyllou M S, Grosenbaugh M A. Optimal thrust development in oscillating foils with application to fish propulsion[J]. Journal of Fluids and Structures, 1993, 7(2): 205-224.

[184] Guo Z L, Liu H W, Luo L S, et al. A comparative study of the LBE and GKS methods for 2D near incompressible laminar flows[J]. Journal of Computational Physics, 2008, 227(10): 4955-4976.

[185] Wu J, Shu C. Implicit velocity correction-based immersed boundary-lattice Boltzmann method and its applications[J]. Journal of Computational Physics, 2009, 228(6): 1963-1979.

[186] Yang L M, Shu C, Wang Y, et al. Development of discrete gas kinetic scheme for simulation of 3D viscous incompressible and compressible flows[J]. Journal of Computational Physics, 2016, 319(C): 129-144.

[187] Yang L M, Shu C, Wu J. A three-dimensional explicit sphere function-based gas-kinetic flux solver for simulation of inviscid compressible flows[J]. Journal of Computational Physics, 2015, 295: 322-339.

[188] Yang L M, Shu C, Yang W M, et al. An immersed boundary-simplified sphere function-based gas kinetic scheme for simulation of 3D incompressible flows[J]. Physics of Fluids, 2017, 29(8): 083605.

[189] Zhang J D, Sung H J, Huang W X. Specialization of tuna: A numerical study on the function of caudal keels[J]. Physics of Fluids, 2020, 32(11): 111902.

[190] Patankar S. A calculation procedure for two-dimensional elliptic situations[J]. Numerical Heat

Transfer, Part B: Fundamentals, 1981, 4(4): 409-425.

[191] Tytell E D, Lauder G V. The hydrodynamics of eel swimming: I. Wake structure[J]. Journal of Experimental Biology, 2004, 207(11): 1825-1841.

[192] Schultz W W, Webb P W. Power requirements of swimming: Do new methods resolve old questions?[J]. Integrative and Comparative Biology, 2002, 42(5): 1018-1025.

[193] Hieber S E, Koumoutsakos P. An immersed boundary method for smoothed particle hydrodynamics of self-propelled swimmers[J]. Journal of Computational Physics, 2008, 227(19): 8636-8654.

[194] Peng B, Zhou C H. An approach of dynamic mesh adaptation for simulating three-dimensional unsteady moving-immersed-boundary flows[J]. International Journal for Numerical Methods in Fluids, 2017, 87(2): 180-201.

[195] Zhou C H, Shu C. Simulation of self-propelled anguilliform swimming by local domain-free discretization method[J]. International Journal for Numerical Methods in Fluids, 2012, 69(12): 1891-1906.

[196] 孙春亚. 翼身融合水下滑翔机外形设计与运动分析[D]. 西安: 西北工业大学, 2017.

[197] 李天博, 王鹏, 孙斌, 等. 一种联翼式水下滑翔机外形优化设计方法[J]. 哈尔滨工业大学学报, 2019, 51(4): 26-32.

[198] Triantafyllou M S, Triantafyllou G S, Yue D K P. Hydrodynamics of fishlike swimming[J]. Annual Review of Fluid Mechanics, 2000, 32(1): 33-53.

[199] Li C Y, Dong H B. Three-dimensional wake topology and propulsive performance of low-aspect-ratio pitching-rolling plates[J]. Physics of Fluids, 2016, 28(7): 071901.

[200] Dong H, Mittal R, Najjar F M. Wake topology and hydrodynamic performance of low-aspect-ratio flapping foils[J]. Journal of Fluid Mechanics, 2006, 566: 309.

[201] Schouveiler L, Hover F S, Triantafyllou M S. Performance of flapping foil propulsion[J]. Journal of Fluids and Structures, 2005, 20(7): 949-959.

[202] Li C Y, Dong H B. Wing kinematics measurement and aerodynamics of a dragonfly in turning flight[J]. Bioinspiration & Biomimetics, 2017, 12(2): 026001.

[203] 蔡月日, 毕树生. 胸鳍摆动推进仿生鱼研究进展与分析[J]. 机器人技术与应用, 2010, (6): 11-14.